Wolfram zu Mondfeld

Enzyklopädie des historischen Schiffsmodellbaus

Titelübersicht

Neckar-Verlag GmbH
78008 Villingen-Schwenningen

Der Autor:

Wolfram zu Mondfeld (mit vollem Namen Wolfram Prinz zu Löwenstein-Wertheim-Freudenberg-Mondfeld) gilt seit über 30 Jahren international als ***der*** Spezialist für historischen Schiffs- und Schiffsmodellbau. Bisher hat er 32 Bücher (in fast alle Weltsprachen übersetzt) veröffentlicht, zahllose Fachartikel zum Thema geschrieben und über 30 Modelle gebaut, die heute großteils im Deutschen Technikmuseum in Berlin ihren endgültigen Ankerplatz gefunden haben. Die Berliner Zeitung nannte ihn „Europas Modellbau-Papst". Die Welt fasste es so zusammen: „Der Autor erweist sich als Koryphäe für die Geschichte des Schiffbaus und Schiffsmodellbaus, wie es wohl keine andere gibt." 2003 wurde Wolfram zu Mondfeld für seine außerordentlichen wissenschaftlich-künstlerischen Leistungen mit dem Verdienstorden der Bundesrepublik Deutschland (Bundesverdienstkreuz) ausgezeichnet.

Die Herausgeberin:

Barbara zu Wertheim (Prinzessin zu Löwenstein-W.-F.-M.) ist seit einem Jahrzehnt mit dem Autor verheiratet. Sie ist eine ebenso kompetente Autorin, Herausgeberin und begeisterte Modellbauerin wie ihr Gatte.

Das Buch:

Die Enzyklopädie des historischen Schiffsmodellbaus ist Theorie und Praxis des historischen Schiffbaus, speziell aufbereitet für den Modellbauer – vom Anfänger bis zum Spitzenkönner.

In den 12 Bänden dieser Enzyklopädie kommen sämtliche irgendwie relevanten Themen zur Sprache: Quellen und Materialkenntnisse, Arbeitstechniken und Tricks, originale Bauformen, Proportionstabellen und Werkzeuge für Modelle, deren Zeitbogen sich vom mehr als 10.000 Jahre alten, eiszeitlichen Jägerfellboot bis zum Dampf-Segel-betriebenen Passagierschiff der Mitte des 19. Jahrhunderts, vom europäischen 74-Kanonen-Zweidecker und der eleganten Fregatte bis zur chinesischen Futschou-Dschunke zieht.

Ausgestattet mit Tausenden (buchstäblich!) von Zeichnungen, Ansichten und Rissen sowie Hunderten von Fotos erstklassiger Modelle, mischt sich in dieser Enzyklopädie optimal das Wissen eines exzellenten Fachhistorikers mit den Kenntnissen eines nicht weniger brillanten Modellbauers, um für den Bau maßstäblicher und exakt detailgetreuer Schiffsmodelle das Rüstzeug zu vermitteln.

Wolfram zu Mondfeld

Enzyklopädie des historischen Schiffsmodellbaus

Herausgegeben von **Barbara zu Wertheim**

Band 7

Masten und Rahen

Neckar-Verlag GmbH
78008 Villingen-Schwenningen

Wieder einmal – und wohl nicht letztmalig – mache ich von dem Vorrecht eines Autors Gebrauch auch einzelne Bände offiziell zu widmen.
So widme ich diesen Band:
Herrn Thomas Feige in Berlin (Chefredakteur des LOGBUCHS).
Obwohl Berlin und Hohenfurch (bei Schongau am Alpenrand) nun einmal nicht so benachbart liegen, dass man sich wöchentlich oder monatlich persönlich treffen könnte, zählt Thomas trotzdem seit vielen Jahren zu den wahrhaft besten Freunden. Zudem liefert er immer wieder wahrhaft hervorragendes Material, etwa auch für diesen Band der ENZYKLOPÄDIE DES HISTORISCHEN SCHIFFSMODELLBAUS.
Ein herzlichstes Dankeschön war damit wohl mehr als überfällig.

ISBN 978-3-7883-1163-6

Gestaltung und Layout: Wolfram zu Mondfeld und Barbara zu Wertheim

Printed by Baur-Offset, Lichtensteinstraße 76, 78056 Villingen-Schwenningen

Inhaltsverzeichnis

Vorwort

Am Ende des 6. Bandes hätte ich eigentlich einen dicken roten Strich ziehen müssen, weil hier der Teil der Enzyklopädie endet, der sich mit dem Rumpf im Allgemeinen und Besonderen beschäftigt.
In den Bänden 7 bis 10 werden Sie nun das sichere Deck verlassen müssen, um in die luftigen Höhen der Masten, Segel und der Takelage zu klettern, mit ihrer auf den ersten Blick so verwirrenden Anzahl von Spieren und Schnüren, die auf einem Schiff manchmal bis zu 60 Meter über dem Deck aufragten.

Vielleicht wird Sie die Reihenfolge der Arbeitsgänge in den nächsten Bänden gelegentlich überraschen – etwa, dass bereits in Band 8 von den SEGELN die Rede sein wird, noch bevor Sie im Band 10 LAUFENDES GUT erfahren, wie man eine Rah überhaupt an einem Mast anbringt.
Nun, diese Reihenfolge ist keineswegs zufällig. Sie ist vielmehr das Ergebnis der Erfahrungen von Generationen von Modellbauern.

Masten, Rahen und Takelage sind zwar keineswegs so verwirrend und unübersichtlich, wie sie dem Anfänger erscheinen wollen, doch immerhin verwirrend genug, dass man sich die Arbeit beträchtlich erleichtern oder erschweren kann, je nachdem, ob man die falsche oder die richtige Reihenfolge der Arbeitsgänge einhält. Mit Geduld und Ausdauer werden Sie zwar auf die eine wie auf die andere Weise ans Ziel kommen. Aber warum sich unnötige Mühe machen?
Um ehrlich zu sein: Sämtliche Maß- und Proportionsangaben in diesem Buch entsprechen zwar oft den überlieferten Tabellen zeitgenössischer Experten; manchmal freilich auch nur den Berechnungen, freilich exquisiter, Schiffbauhistoriker.
In *beiden* Fällen ist bei jedem einzelnen Schiffsmodell eine gewisse Vorsicht geboten: Dass auch die besten Experten irren können, muss gar nicht wiederholt werden. Aber auch „Originaltabellen“ spiegeln nur eben das wider, wie es etwa eine Admiralität befahl – was dann wirklich auf der Werft geschah, was ein Kapitän wünschte, oder was ganz einfach real „machbar“ war, das stand auf einem ganz anderen Blatt!
Verklemmen Sie sich also bitte nicht in Zehntelmillimeter bei Ihrem Modell! Wenn das in diesem Band (übrigens auch in allen anderen!) jeweilige Grund-/Durchschnittsmaß stimmt, dann stimmt fraglos auch Ihr Modell!
In diesem Sinne sind auch die beiden großen Tabellen mit Maßangaben zu Masten und Rahen in diesem Buch zu sehen:
Sie sind keine *conditio sine qua non* (notwendige, absolute, unerlässliche Bedingung), sondern sozusagen eine „Momentaufnahme“ eines zu dieser Zeit höchst relevanten Schiffes/Schiffstyps.
Diese Tabellen sollen Ihnen eine grundsätzliche Richtlinie geben, was genau zu jener Zeit durchaus gebaut wurde, ohne sich deshalb bereits exakt auf *Ihr* Modell zu beziehen. Wirklich optimale Pläne (und selbst da können Fehler vorkommen), intensives Quellenstudium und, nicht zuletzt, ein fundiert-geübter Blick werden Ihnen fraglos den rechten Weg weisen.

Von manchen Kritikern wurde ich schon für die bislang erschienenen Bände der ENZYKLOPÄDIE als „Korinthen-Kacker“ (bayrisch „i-Tüpfel-Scheißer“) bezeichnet.

Diesen Vorwurf trage ich nicht nur mit Würde, ich rühme mich dessen sogar! Denn was unterscheidet ein wahrhaft „gutes“ Modell noch von einem echten „Spitzenmodell“? Das sind doch genau diese Kleinigkeiten, die einem Laien meist zwar gar nicht auffallen und deshalb bei Plänen – von Baukästen ganz zu schweigen – gnadenlos vernachlässigt/simplifiziert werden. Aber genau das sind eben auch jene Kleinigkeiten, die den „gewissen Unterschied“ machen.
Im vorliegenden Band sind diese besonders zahlreich! Wer dann nicht, wie der Autor, über viele hundert seit über 40 Jahren gesammelten Bücher, d. h. über eine recht umfassende Fachbibliothek verfügt, der steht da oft ziemlich nass im Regen. Vielleicht gehen Ihnen die englischen Eselshäupter generell „am A… vorbei“. Doch dann finden Sie die exakte Form für ein französisches Eselshaupt zwischen 1770 bis 1790, dem Modell an dem Sie bauen, und nach dessen exaktem Aussehen Sie so lange gesucht haben.
Vergeben Sie mir also bitte meine „i-Tüpfel-Scheißerei“!
Selbstverständlich kann auch ich nicht in dieser ENZYKLOPÄDIE jede zeitliche/lokale Variante eines Bauteils berücksichtigten – das würde fraglos den vorgegebenen Rahmen sprengen –, aber generelle (vielfach bei Plänen oder gar Baukästen unbeachtete) Bauprinzipien, das kann ich Ihnen wenigstens durchaus bieten.

Englische Smack COMET
(Modell im Science Museum, London)

Masten und Rahen

Masten und Rahen bilden sozusagen das Skelett der gesamten Takelage. Ihr Zweck war es, die Kraft des Windes, welche die an ihnen befestigten Segel auffingen, auf den Rumpf umzuleiten und diesem damit entsprechenden Vortrieb zu geben. Diese Teile zu halten bzw. zu bewegen war die Aufgabe des stehenden und laufenden Gutes.
Im Modellbau ist hier die Wahl des richtigen Materials von allergrößter Wichtigkeit! Denn mehr als irgendein Teil des Rumpfes sind Masten Stengen und Rahen der Gefahr des Verbiegens, Verziehens und Verdrehens ausgesetzt.

An Hölzern kommen in Frage:

Ahorn
Hervorragend zu bearbeiten. Ist aber nicht immer ganz bruchsicher und verdrehfrei – lieber doch ein anderes Holz wählen.

Birne
Entsprechend abgelagert ist Birne – wie auch sonst auf einem Schiffmodell – nahezu unschlagbar.

Buche
Steht, entsprechend abgelagert, ebenfalls tadellos. Beim Einkauf darauf achten, dass sie nicht von Anfang an ein wenig verzogen ist!

Buchsbaum
Steht ebenfalls tadellos. Ist freilich schwer zu bearbeiten, schwer zu bekommen und extrem teuer (was einen echten Buchsbaum-Fetischisten kaum abschreckt).

Eibe
Steht wie eine Eins – ist aber schwer zu bekommen. (Die berühmt-berüchtigen Langbogen etwa der walisischen Schützen wurden aus diesem Material gefertigt).

Esche
Im Prinzip ist da das gleiche zu sagen wie bei Eibe. (Ritterlanzen wurden gern aus diesem Holz gefertigt).

Kiefer
Steht ebenso tadellos. Ihre jedoch eher grobe Struktur macht sie freilich für den Modellbau generell kaum tauglich; etwa bei feinen Rahenden tendiert sie zudem leicht zum Absplittern.

Kirsche
Generell wie Birne, nur etwas gröber in der Struktur.

Nussbaum
Ähnlich wie Birne – persönlich habe ich mit Nussbaum freilich weniger gute Erfahrungen gemacht.

Rüster
Ist gewiss nicht das „edelste“ Holz, hat aber den Vorteil sich nach entsprechendem Durchtrocknen so gut wie nicht mehr zu verziehen. Rüster lässt sich gut bearbeiten und einfärben. Persönlich baue ich schon längst meine Masten und Rahen aus Rüster, das man sogar in jedem einigermaßen gut sortierten Baumarkt bekommt.

Generell: Verwenden Sie unter allen Umständen nur astfreies und gründlich abgelagertes Holz!

Ahorn

Birnbaum

Buche

Buchsbaum

Eibe

Esche

Kiefer

Kirsche

Afrikan. Nuss (Mansonia)

Amerik. Nussbaum

Europ. Nussbaum

Rüster

Namen von Masten und Rahen

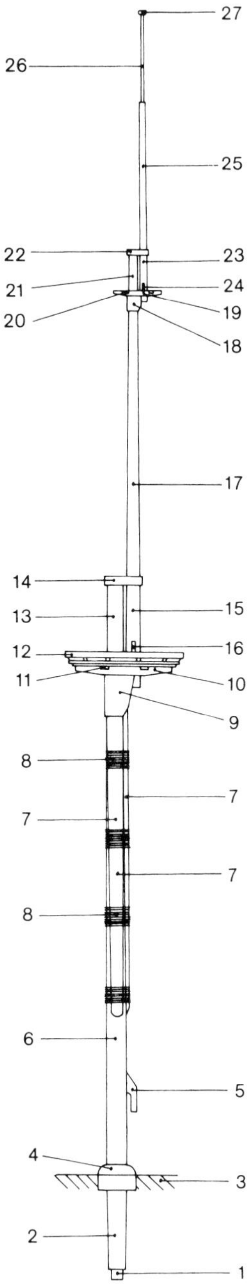

Bezeichnungen der Mastteile

__Bezeichnungen der Mastteile__

1. Spurzapfen, 2. Mastfuß, 3. Deck, 4. Fischung, 5. Mastklampe, 6. Untermast, 7. Schalung, 8. Wulinge, 9. Mastbacken, 10. Marslängssaling, 11. Marsquersaling, 12. Mars, 13. Masttopp, 14. Eselshaupt, 15. Stengefuß, 16. Schlossholz, 17. Stenge (Marsstenge), 18. Stengebacken, 19. Bramlängssaling, 20. Bramquersaling, 21. Stengetopp, 22. Stengeeselshaupt, 23. Bramstengeholz, 24. Schlossholz, 25. Bramstenge, 26. Royalstenge oder Flaggstenge, 27. Flaggenknopf

__Bezeichnungen der Masten, Stengen und Rahen auf einem Schiff bis 1810__

A. Bugspriet, B. Fockmast, C. Großmast, D. Besanmast, E. Bonaventurmast

1. Bugspriet, 2. Bugsprietknie, 3. Sprietmars, 4. Sprietmast, 5. Flaggstock, 6. Stampfstock, 7. Klüverbaum, 8. Blinderah, 9. Oberbinderah, 10. Fockmast, 11. Fockmars, 12. Fockstenge, 13. Vorbrammars, 14. Vorbramstenge, 15. Vorroyalmars, 16. Vorroyalstenge, 17. Flaggstenge, 18. Fockrah, 19. Vormarsrah, 20. Vorbramrah, 21. Vorroyalrah, 22. Großmast, 23. Großmars, 24. Großstenge, 25. Großbrammars, 26. Großbramstenge, 27. Großroyalmars, 28. Großroyalstenge, 29. Flaggstenge, 30. Großrah, 31. Großmarsrah, 32. Großbramrah, 33. Großroyalrah, 34. Besanmast, 35. Besanmars, 36. Kreuzstenge, 37. Kreuzmars, 38. Kreuzbramstenge, 39. Flaggstenge, 40. Besanrute, 41. Bagienrah, 42. Kreuzrah, 43. Kreuzbramrah, 44. Oberbesanrute, 45. Brambesanrute, 46. Bonaventurmast, 47. Bonaventurmars, 48. Bonaventurstenge, 49. Flaggstock, 50. Bonaventurrute, 51. Oberbonaventurrute, 52. Flaggmast, 53. Ausleger

__Bezeichnungen der Masten, Stengen und Rahen auf einem Schiff nach 1810__

A. Bugspriet, B. Fockmast, C. Großmast, D. Kreuzmast, E. Besanmast

1. Bugspriet, 2. Stampfstock, 3. Klüverbaum, 4. Außenklüverbaum, 5. Fockmast, 6. Fockmars, 7. Vormarsstenge, 8. Vorbrammars, 9. Vorbramstenge, 10. Vorroyalstenge, 11. Fockrah, 12. Voruntermarsrah, 13. Vorobermarsrah, 14. Vorunterbramrah, 15. Voroberbramrah, 16. Vorroyalrah, 17. Vorskyrah, 18. Großmast, 19. Großmars, 20. Großmarsstenge, 21. Großbrammars, 22. Großbramstenge, 23. Großroyalstenge, 24. Großrah, 25. Großuntermarsrah, 26. Großobermarsrah, 27. Großunterbramrah, 28. Großoberbramrah, 29. Großroyalrah, 30. Großskyrah, 31. Kreuzmast, 32. Kreuzmars, 33. Kreuzmarsstenge, 34. Kreuzbrammars, 35. Kreuzbramstenge, 36. Kreuzroyalstenge, 37. Kreuzrah, 38. Kreuzuntermarsrah, 39. Kreuzobermarsrah, 40. Kreuzunterbramrah, 41. Kreuzoberbramrah, 42. Kreuzroyalrah, 43. Besanmast, 44. Besanmars, 45. Besanmarsstenge, 46. Gaffel, 47. Gaffelbaum, 48. Toppgaffel

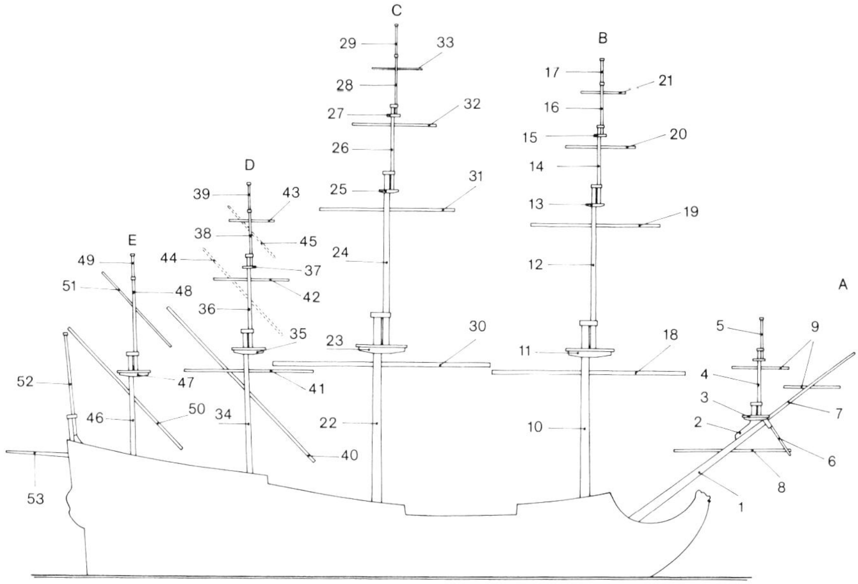

Bezeichnungen der Masten, Stengen und Rahen auf einem Schiff bis 1810

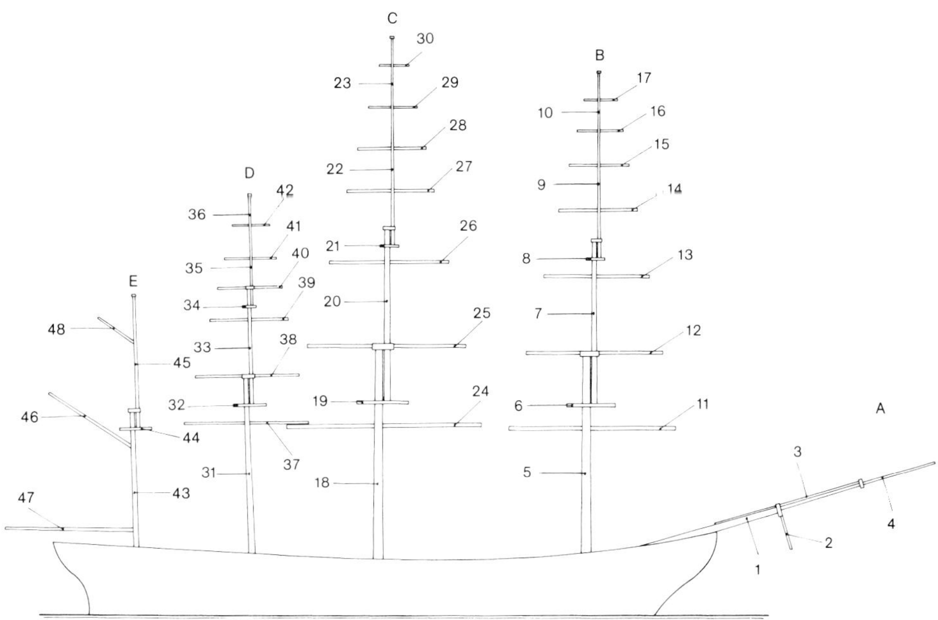

Bezeichnungen der Masten, Stengen und Rahen auf einem Schiff nach 1810

Mast- und Rahfarben

Die Farben der Masten und Rahen waren bis Anfang des 17. Jahrhunderts durchweg naturbraun – aber selbstverständlich ebenfalls mit verdünntem Teer eingelassen, was ihre Farbe etwas dunkler machte. Lediglich im Mittelmeer und auf spanischen Schiffen kamen gelegentlich schwarze oder rote Masten und Rahen vor.

Im 17. Jahrhundert wurden auf englischen und französischen (in deren Gefolge auch spanischen) Schiffen Mast- und Stengetoppen, Salinge, Marsen (diese waren bis dahin oft bunt bemalt und natürlich ohne die Böden der Marsen! Auf „wichtigen“ Schiffen bevorzugte man die Farbe Rot), Stengefüße bis zur Höhe der Eselshäupter und auch eben diese schwarz gestrichen.
Ebenso wurden die Rahen englischer und französischer Schiffe schwarz gestrichen.
Naturbraun blieben Masten, Stengen und Rahen holländischer oder nach niederländischem Vorbild gebauter Schiffe, die dieser Vorgabe nur eher zögerlich folgten.

Im 18. Jahrhundert änderte sich an dieser Farbgebung nichts, außer, dass ab Mitte des dieses Jahrhunderts Untermasten, Bugspriet und Stengetoppen französischer Schiffe zumeist weiß gestrichen wurden und Holland mehr und mehr schwarze Rahen verwendete.

Seit der ersten Hälfte des 19. Jahrhunderts wurden die Untermasten samt Toppen durchweg weiß, die Masten von waren Klippern naturbraun, auf Kriegsschiffen manchmal auch schwarz gestrichen.
Die Rahen waren auf Handelsschiffen nun häufig weiß, doch immer mit weißer Nock. Auf Klippern waren sie schwarz ebenfalls mit weißer Nock. Auf Kriegsschiffen schwarz mit roter Nock.
Die Stengen blieben naturbraun gelegentlich mit weißen Toppen. Weiß waren gelegentlich auch die Marsen, Salinge und Eselshäupter von Handelsschiffen, seit ca. 1860 auch Klipper, während Kriegsschiffe (aber auch viele Handelsschiffe) hier das strenge Schwarz vorzogen.
Der Bugspriet richtete sich jeweils nach der Farbe der Untermasten. Klüver- und Außenklüverbaum hielten sich die Farbe der Stengen, das Eselshaupt war in der Regel schwarz.

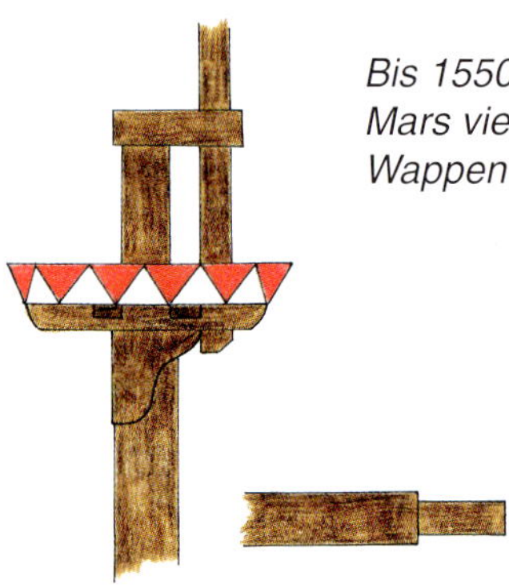

Bis 1550 allgemein.
Mars vielfach bunt in
Wappenfarben gefasst.

1550 bis 1630 allgemein.
Bunte Streifen mitunter
noch durchaus üblich.

Spanien folgte weitgehend dem französischen Vorbild. Doch im restlichen Mittelmeer ließ man sich ungern etwas vorschreiben, und so strich man seine Masten, Toppen oder Rahen an, wie es einem eben gefiel und „gut aussah".
Die USA, bis ins späte 18. Jahrhundert ohnehin noch englische Kolonie, folgte auch später strikt dem britischen Vorbild, Kanada eher dem französischen, Südamerika weitgehend dem spanischen.
Auf kleineren Küsten- und Fischereifahrzeugen wurden in aller Regel solche Farbvorgaben freilich generell schlicht ignoriert.

1550 bis 1630.
Allgemein bei besonderen Schiffen (Flaggschiffen).

1630 bis 1750.
Allgemein bis 1630.
Holländisch: bis 1750.

1630 bis 1820.
Englisch u. USA: bis 1820.
Französisch: bis 1750.
Holländisch: bis 1820.

1750 bis 1820.
Französisch: bis 1820.

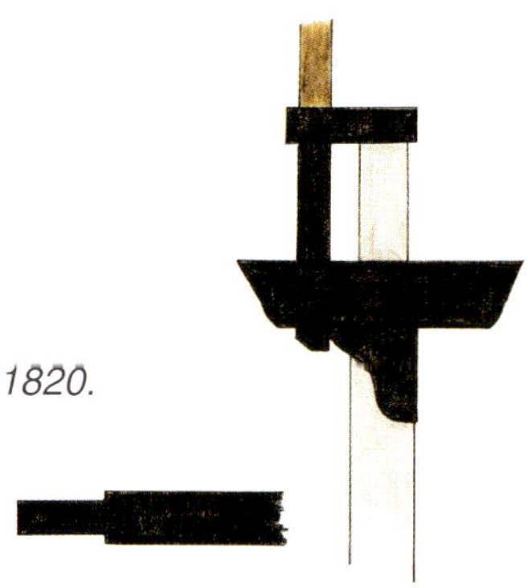

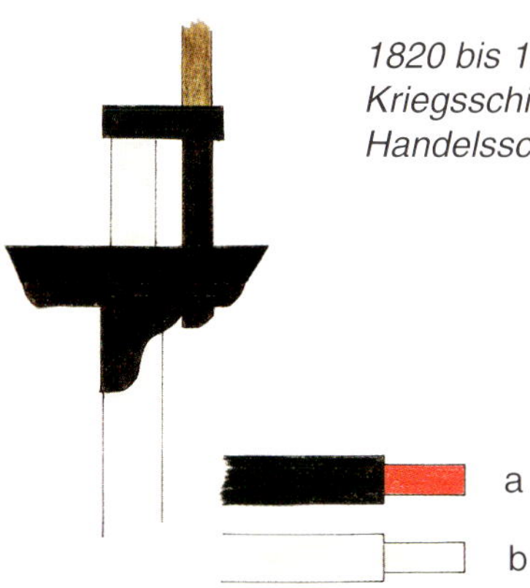

1820 bis 1865.
Kriegsschiffe: bis 1865 (a).
Handelsschiffe: bis 1865 (b).

1840 bis 1880.
Klipper: bis 1860.
Klipper: nach 1860.
Mast, Topp, Saling, Eselshaupt oft weiß.

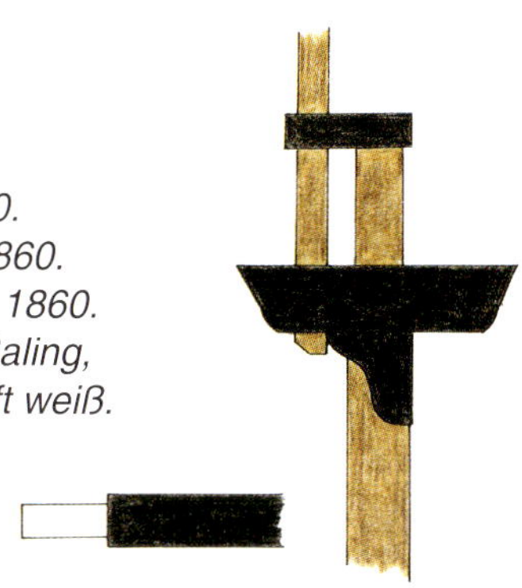

Handelsschiffe (mitunter auch Kriegs- und Kaperschiffe) um 1765

Fredrik Henrik af Chapman, fraglos einer der besten Schiffskonstrukteure seiner Epoche, hat sie in seiner 1768 in Stockholm erschienenen ARCHITECTURA NAVALIS MERCATORIA gezeichnet.
Natürlich ist dies nur ein „Sekundenausschnitt" aus den letzten mindestens 6000 Jahren belegbarer Schiffbaugeschichte. Ihnen soll dies nur ein wenig zeigen wie vielfältig etwa Masten, Rahen, Segel und Takelage – zeitlich durchaus parallel – sein konnten.

Fregatte (K)

Schoner (K)

Schnau (K)

Ketsch oder Huker (K)

Schiffe, die auch als Kriegs- bzw. Kaperschiffe eingesetzt wurden, sind mit *(K)* gekennzeichnet.

Brigantine
oder
Brigg (K)

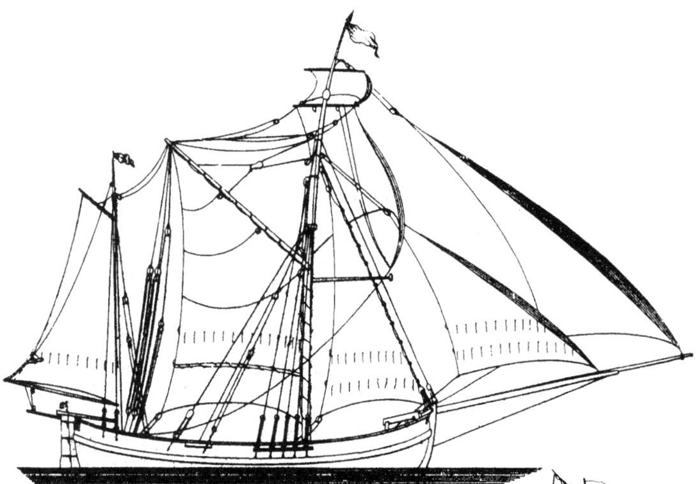

Schnellläufer Galiot

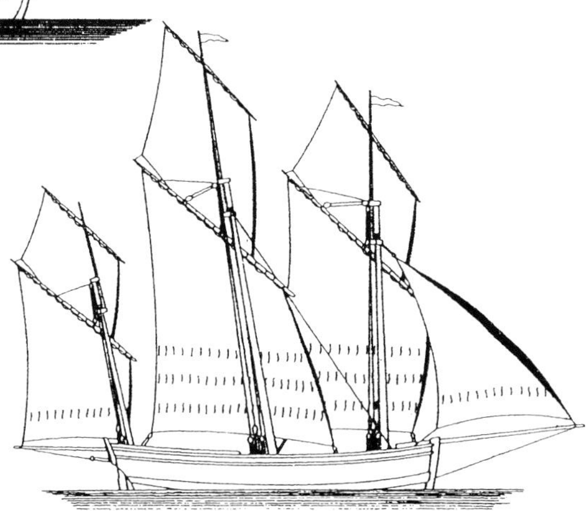

Französischer Lugger
oder
Chasse-marée (K)

Yacht (K)

Bilander

Spielyacht (Luxusfahrzeug)

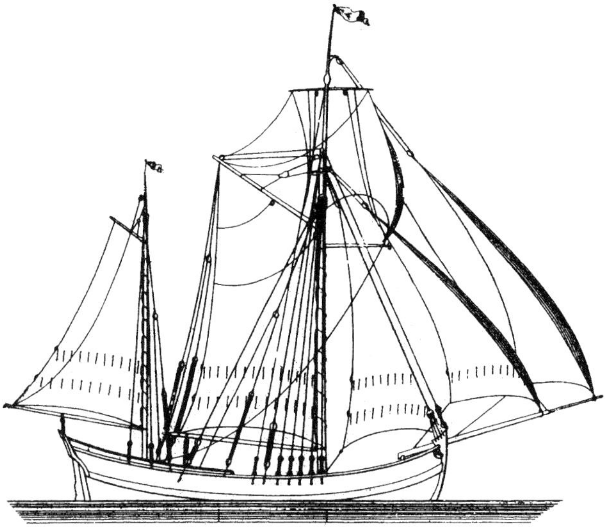

Galeasse

Holländischer Fisch-Huker

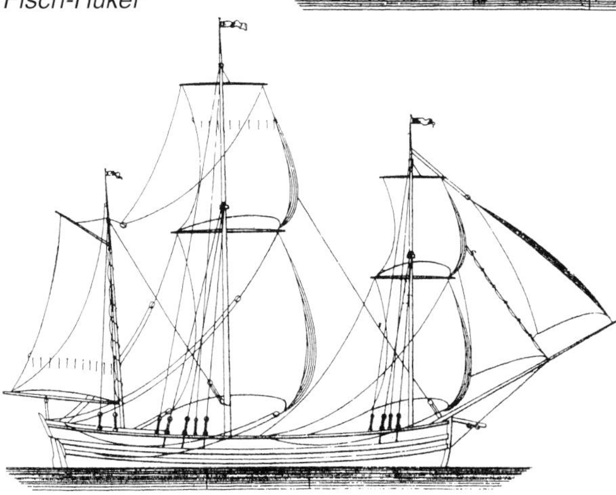

Kraier

Huker-Yacht (K)

Chalk oder Tjalk

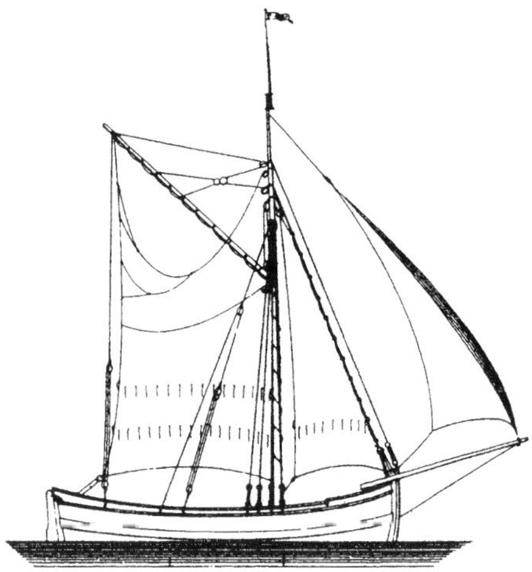

Englischer Hoy

Englischer Kutter (K)

Fregatten, und die noch etwas kleineren Korvetten, zählten im 18. und 19. Jahrhundert zu den beliebtesten Kriegsschiffen.
Vor allem auf Schnelligkeit „gezüchtet", waren sie relativ „billig" im Bau, aber extrem schnell, wendig und für ihre Größe optimal bewaffnet.
Neben Brigg, Schoner, Lugger, Yacht und Kutter zählten sie deshalb auch zu den bevorzugten Kaperfahrzeugen jener Epoche.
So gelang es 1800 Robert Surcouf, dem wohl erfolgreichsten Korsaren Frankreichs, mit der Korvette La Confiance (18 9-Pfünder, 160 Mann Besatzung) den britischen Ostindienfahrer Kent (38 9-, 12- und 24-Pfünder Kanonen, 287 Mann Besatzung nebst 150 Marinesoldaten) binnen gerade einmal 20 Minuten zu erobern.
Das Bild zeigt, vermutlich, die um 1815 gebaute Kaperkorvette Napoleon Robert Surcoufs, welche sogar am Flaggmast ein zusätzliches, provisorisches Lateinersegel trägt.

Proportionen Masten und Stengen

Die Proportionen von Masten wechselten, je nach Bauprinzip, im Laufe der Jahrhunderte höchst beträchtlich.
Die folgende Tabelle mag Ihnen dazu einen gewissen Anhaltspunkt geben, will sich aber keinesfalls als „verbindlich“ betrachten! Details müssen Sie aus Ihren Plänen entnehmen – und im Zweifelsfall anhand glaubwürdigerer Unterlagen sogar korrigieren.

B = Breite am Hauptspant   *L = Länge des Bauteils*

L = Länge der Untermasten ist jeweils gemessen ab Unterkante der durchgehenden Kielsponung.
(Natürlich ist dies historisch völliger Blödsinn, denn auch der Hauptmast reichte nicht bis zu diesen Sponung hinunter; der Fockmast saß gewöhnlich weit höher auf dem Vorsteven und der Besanmast hatte seinen Fuß auf einem höheren Deck, wo er das Ruder nicht behinderte.
Aber um dem Modellbauer ein praktikables Höhenmaß der Masten zu geben, mag dies einigermaßen berechtigt sein …)

	Wikinger Langschiff um 1000	Nef 13. Jahrhundert	Deutsch. Kogge 1400	Portug. Karavelle 15. Jahrhundert	Flämi. Karracke 1470	Span. Não 1490
Bugspriet L		2,690 B			1,860 B	1,701 B
Ø (Deck)		0,030 L			0,025 L	0,015 L
Fockmast L				2,690 B	2,620 B	2,214 B
Ø (Deck)				0,028 L	0,030 L	0,013 L
Topp L				0,056 L	0,180 L	0,050 L
Saling L					0,170 L	
Flaggstock L				0,194 L	0,640 L	0,088 L
Grossmast L	2,027 B	2,640 B	2,821 B	2,269 B	3,240 B	2,714 B
Ø (Deck)	0,027 L	0,027 L	0,030 L	0,022 L	0,060 L	0,029 L
Topp L	0,030 L	0,020 L	0,040 L	0,052 L	0,200 L	0,088 L
Saling L		0,135 L	0,155 L		0,185 L	0,088 L
Flaggstock L	0,150 L	0,240 L	0,160 L	0,115 L	0,340 L	0,100 L
Grossmarsstenge L						0,942 B
Ø (Mars)						0,172 L
Topp L						0,076 L
Flaggstock L						0,325 L
Besanmast				1,990 B	2,180 B	2,227 B
Ø (Deck)				0,019 L	0,025 L	0,016 L
Topp L				0,553 L		0,047 L
Saling L					0,145 L	

	Große Karracke Kr.schiff 1520	Spani. Galeone Kr.schiff 1535	Engli. Galeone Kr.schiff 1580	Spani. Zweide. Kr.schiff 1600	Schwed. Zweide. Kr.schiff 1625	Französ. Zweide. Kr.schiff 1630
Bugspriet L	2,608 B	2,603 B	2,235 B	2,000 B	2,099 B	2,366 B
Ø (Deck)	0,017 L	0,018 L	0,028 L	0,040 L	0,032 L	0,030 L
Sprietmaststenge L					0,592 B	0,570 B
Ø (Saling)					0,036 L	0,030 L
Saling L					0,262 L	0,280 L
Flaggstock L					0,328 B	0,318 B
Klüverbaum L						
Ø (Eselshaupt)						
Außenklüverbaum L						
Ø (Eselshaupt)						
Fockmast L	2,696 B	2,667 B	1,990 B	2,225 B	2,191 B	1,900 B
Ø (Deck)	0,018 L	0,021 L	0,029 L	0,030 L	0,026 L	0,030 L
Topp L	0,065 L	0,070 L	0,100 L	0,100 L	0,996 L	0,110 L
Saling L	0,091 L	0,100 L	0,110 L	0,980 L	0,130 L	0,115 L
Fockmarsstenge L	0,797 B	1,306 B	1,150 B	1,040 B	1,524 B	1,085 B
Ø (Mars)	0,025 L	0,029 L	0,028 L	0,034 L	0,028 L	0,026 L
Topp L	0,055 L	0,073 L	0,100 L	0,110 L	0,118 L	0,110 L
Saling L					0,112 L	0,112 L
Vorbramstenge L				0,610 B	0,535 B	0,575 B
Ø (Saling)				0,040 L	0,030 L	0,026 L
Vorroyalstenge L						
Flaggstock L	0,260 B	0,444 B	0,470 B	0,550 B	0.313 B	0,330 B
Großmast L	2,870 B	2,794 B	2,610 B	2,585 B	2,219 B	2,210 B
Ø (Deck)	0,020 L	0,020 L	0,029 L	0,033 L	0,035 L	0,030 L
Topp L	0,066 L	0,070 L	0,087 L	0,078 L	0,108 L	0,110 L
Saling L	0,101L	0,128 L	0,125 L	0,130 L	0,130 L	0,150 L
Großmarsstenge L	0,913 B	1,174 B	1,340 B	1,200 B	1,380 B	1,380 B
Ø (Mars)	0,048 L	0,052 L	0,034 L	0,026 L	0,026 L	0,026 L
Topp L	0,159 L	0,216 L	0,100 L	0,110 L	0,112 L	0,110 L
Saling L	0,175 L	0,160 L	0,141 L	0,125 L	0,115 L	0,155 L
Großbramstenge L	0,392 B	0,635 B	0,680 B	0,620 B	0,757 B	0,660 B
Ø (Saling)	0,059 L	0,050 L	0,045 L	0,050 L	0,031 L	0,033 L
Großroyalstenge L						
Flaggstock L	0,290 B	0,470 B	0,530 B	0,550 B	0,444 B	0,400 B
Besanmast L	2,478 B	2,540 B	2,365 B	2,450 B	2,211 B	2,138 B
Ø (Deck)	0,018 L	0,020 L	0,027 L	0,022 L	0,015 L	0,030 L
Topp L	0,070 L		0,075 L	0,075 L	0,080 L	0,110 L
Saling L	0,085 L		0,075 L	0,075 L	0,073 L	0,073 L
Besanmarsstenge L	0,681 B		0,620 B	0,695 B	0,099 B	0,610 B
Ø (Mars)	0,050 L		0,045 L	0,045 L	0,025 L	0,030 L
Besanbramstenge L						
Ø (Mars)						
Flaggstock L	0,174 B		0,440 B	0,430 B	0,493 B	0,460 B
Bonaventurmast L	2,377 B	2,413 B	1,653 B	1,300 B		
Ø (Deck)	0,017 L	0,020 L	0,020 L	0,033 L		
Saling L	0,082 L					
Flaggstock L	0,174 B		0,410 B	0,600 B		

Hollän. Zweide. Kr.schiff 1660	Engli. Zweide. Kr.schiff 1660	Franz. Dreid. Kr.schiff 1680	Engli. Zweid. Kr.schiff 1710	Franz. Zweid. Kr.schiff 1760	Engli. Dreid. Kr.schiff 1800	Engli. Fregatte H.schiff 1810	Franz. Fregatte Kr.schiff 1820
1,157 B	1,660 B	1,000 B	1,500 B	1,380 B	1,410 B	1,000 B	1,400 B
0,030 L	0,035 L	0,033 L	0,040 L	0,043 L	0,043 L	0,027 L	0,053 L
0,570 B	0,730 B	0,464 B	0,400 B				
0,035 L	0,040 L	0,035 L	0,040 L				
0,340 L	0,350 L	0,340 L	0,360 L				
0,320 B	0,500 B	0,600 B	0,350 B	0,410 B	0,325 B		0,415 B
			0,765 B	0,980 B	1,100 B	1,100 B	1,080 B
			0,020 L	0,020 L	0,022 L	0,022 L	0,025 L
					1,250 B	1,250 B	1,000 B
					0,010 L	0,010 L	0,020 L
2,136 B	2,400 B	2,280 B	2,250 B	2,130 B	2,110 B	2,135 B	2,279 B
0,030 L	0,027 L	0,027 L	0,026 L	0,028 L	0,027 L	0,027 L	0,028 L
0,120 L	0,110 L	0,100 L	0,100 L	0,120 L	0,150 L	0,150 L	0,170 L
0,132 L	0,135 L	0,133 L	0,135 L	0,131 L	0,135 L	0,134 L	0,136 L
1,200 B	1,430 B	1,330 B	1,375 B	1,330 B	1,250 B	1,250 B	1,270 B
0,030 L	0,022 L	0,024 L	0,022 L	0,028 L	0,027 L	0,028 L	0,028 L
0,140 L	0,110 L	0,100 L	0,110 L	0,110 L	0,130 L	0,150 L	0,170 L
0,147 L	0,105 L	0,105 L	0,116 L	0,120 L	0,137 L	0,158 L	0,162 L
0,530 B	0,950 B	0,610 B	0,786 B	0,573 B	1,034 B	0,714 B	1,225 B
0,030 L	0,023 L	0,023 L	0,023 L	0,025 L	0,027 L	0,027 L	0,028 L
						0,444 B	
0,320 B	0,500 B	0,500 B	0,500 B	0,290 B			
2,290 B	2,620 B	2,480 B	2,625 B	2,275 B	2,343 B	2,330 B	2,450 B
0,027 L	0,027 L	0,027 L	0,025 L	0,028 L	0,027 L	0,027 L	0,028 L
0,120 L	0,110 L	0,100 L	0,100 L	0,120 L	0,150 L	0,150 L	0,175 L
0,138 L	0,126 L	0,115 L	0,115 L	0,138 L	0,172 L	0,172 L	0,190 L
1,430 B	1,583 B	1,400 B	1,500 B	1,416 B	1,362 B	1,360 B	1,415 B
0,030 L	0,022 L	0,024 L	0,022 L	0,028 L	0,027 L	0,027 L	0,028 L
0,120 L	0,110 L	0,100 L	0,100 L	0,110 L	0,130 L	0,150 L	0,170 L
0,128 L	0,118 L	0,107 L	0,107 L	0,118 L	0,139 L	0,160 L	0,180 L
0,670 B	1,048 B	0,660 B	0,625 B	0,600 B	1,227 B	0,776 B	1,360 B
0,030 L	0,023 L	0,023 L	0,023 L	0,024 L	0,027 L	0,027 L	0,028 L
						0,485 B	
0,270 B	0,610 B	0,620 B	0,600 B	0,300 B	0,460 B	0,270 B	0,320 B
1,850 B	1,940 B	1,740 B	1,750 B	1,583 B	1,950 B	1,940 B	1,500 B
0,027 L	0,022 L	0,027 L	0,022 L	0,025 L	0,025 L	0,020 L	0,028 L
0,120 L	0,100 L	0,100 L	0,100 L	0,120 L	0,150 L	0,120 L	0,170 L
0,135 L	0,125 L	0,125 L	0,125 L	0,135 L	0,169 L	0,135 L	0,165 L
0,680 B	0,950 B	0,770 B	0,750 B	0,870 B	1,030 B	0,970 B	0,980 B
0,030 L	0,022 L	0,022 L	0,022 L	0,022 L	0,027 L	0,020 L	0,028 L
	0,640 B	0,500 B	0,400 B	0,400 B	0,846 B	0,640 B	0,680 B
	0,022 L	0,022 L	0,022 L	0,022 L	0,026 L	0,020 L	0,027 L
0,260 B	0,400 B	0,400 B	0,250 B	0,300 B	0,310 B	0,240 B	0,300 B

Der Mast

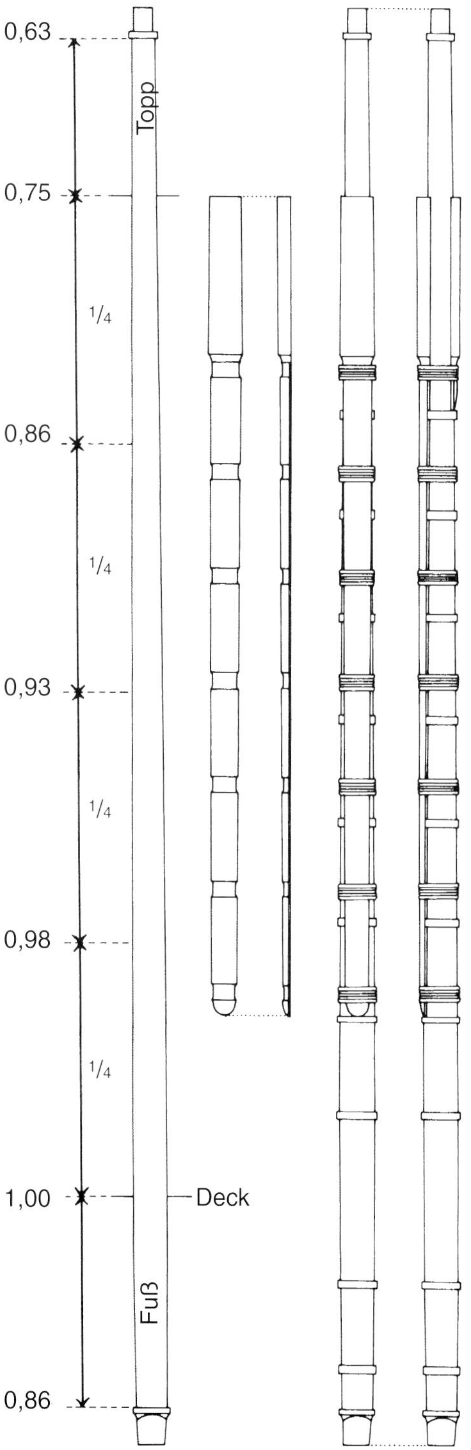

Bevor man mit dem Bau von Masten, Stengen und Rahen beginnt, empfiehlt es sich, die im Plan gezeigten Maße und Proportionen gründlich zu überprüfen, denn nur oft sieht man Modelle, die zu hoch und zu schwer getakelt sind.
Die im Vorkapitel genannten Zahlen beziehen sich natürlich nur auf entsprechend „große" Schiffe und sind keineswegs in jedem Fall verbindlich (!) – auch wenn es zur jeweiligen Zeit ± gewöhnlich die Regel war.

Proportionen per se

Die Proportionen *in sich* von Masten, Stengen und Rahen blieben von der Antike bis heute praktisch identisch, gleichgültig ob mächtiger Dreidecker, Klipper oder kleine Fischerjolle.
Der Durchmesser an Deck betrug seit dem 15. Jahrhundert etwa 0,027 der gesamten Mastlänge und nahm bis unter die Saling auf etwa $^2/_3$ ab.

Position der Masten

Der Großmast sollte in der Mitte des Kiels oder in der Mitte des Großdecks stehen, also zumindest sehr nahe dem Hauptspant. In der Antike und im Mittelalter tendierte man dazu, den Großmast etwas *vor* den Hauptspant zu setzen, da diese Schiffe ja nur *einen* Mast trugen. Im 16. und 17. Jahrhundert rutschte mitunter etwas *hinter* den Hauptspant, seit dem 18. Jahrhundert stand er in aller Regel wieder genau auf diesem.
Bei Booten – s. Band 5 BOOTE UND KLEINFAHRZEUGE – war und ist dies natürlich eine ganz andere Sache!

Mast, Mastproportion und Mastschalen

Die richteten sich nicht nach offiziellen Farbvorschriften.

Der Fockmast stand bis um 1630 etwa $^{1}/_{3}$ der Länge zwischen vorderem Kielende und Vorderstevenkopf hinter dem Vorderstevenkopf, bewegte sich bis 1660 auf etwas die Hälfte dieser Entfernung zurück und rückte um 1700 auf $^{2}/_{3}$ dieses Abstandes nach hinten. Auf jeden Fall pflegte er hinter dem Bugschott (so vorhanden) zu stehen.
Der Bonaventurmast stand in aller Regel genau über dem Achtersteven.
Und der Besanmast in der Mitte zwischen Groß- und Bonaventurmast, allenfalls ein bisschen weiter nach hinten gerückt. Auf Dreimastern des frühen 17. bis Mitte des 19. Jahrhunderts stand der Besanmast $^{1}/_{3}$ bis $^{1}/_{2}$ der Entfernung zwischen Spiegel und Großmast vor dem Spiegel.

Während man sich in Nordeuropa im Früh- und Hochmittelalter noch mit den Problemen einmastiger Schiffe herumquälte, hatte man im Mittelmeer längst die Vorzüge von zwei- und dreimastigen Schiffen erkannt. An der Position der Masten änderte sich entsprechend zu späteren Zeiten kaum etwas, allenfalls, dass der Großmast etwas vor die Schiffsmitte gerückt war, in der Besanmast näher an den Großmast, d. h. in Richtung Schiffsmitte, gerückt war.

Oben links: Mosaik 13. Jahrhundert. Oben rechts: byzantinisches Handelsschiff 7. Jahrhundert. Unten: byzantinisches Handelsschiff (möglicherweise Galeere) 7. Jahrhundert. (Zeichnungen: N. Kalogeropoulos, Athen, nach Graphiti am „Tessalion“-Tempel in Athen)

Fall der Masten

Die Masten standen in aller Regel nicht exakt parallel zu einander (ein typischer Fehler sehr vieler Baukastenmodelle!), sondern neigten sich in ihren Spitzen deutlich sichtbar voneinander weg, wobei allgemein eine eindeutige Tendenz achterwärts zu beobachten ist. Einen tieferen, bautechnischen Sinn konnte ich dafür bislang zwar nicht immer ausmachen, aber das sah eben nun einmal sehr viel hübscher und eleganter aus.

Der Fall der Masten hatte aber auch einen vernünftigen Sinn!
Zitat aus Peter Kirsch, Die Galeone: „Für den Fall des Großmastes gab es zwei Gründe: Zum einen verringerte er den Druck der Segel auf den Bug, zum anderen verlagerte er die Segelfläche nach achtern und wirkte so der Luvgierigkeit der Schiffe entgegen. Mainwaring (etwa 1620) schreibt: ‚Generell gilt: Je größer der Fall nach achtern ist, desto besser bleibt das Schiff am Wind. Je aufrechter, oder nach vorn geneigt, die Masten stehen, desto weniger. Die Flamen stagen ihre Masten stark nach achtern geneigt ab. Wäre es nicht so, würden ihre langen, flach gehenden Schiffe nie am Wind bleiben. Kurze und tiefgehende Schiffe brauchen jedoch aufrecht stehende Masten.‘ Sir Henry Mainwaring (1587–1653) sollte eigentlich wissen, wovon er schreibt, schließlich ‚arbeitete‘ er sich vom Piraten zum englischen Vizeadmiral hoch.“

Zwei venezianische Kauffahrer, 14. Jahrhundert, aus dem illustrierten Tagebuch eines unbekannten venezianischen Kaufmanns.
(Beinecke Rare Book and Manuscrpit Library, in Yale University, Yale)

Im Spätherbst 827 klauten Kaufleute die Gebeine des Evangelisten Markus in Alexandria und fuhren mit ihrer Beute triumphal am 31.01.828 in Venedig ein. Seither ist St. Marco der Schutzheilige Venedigs! Angemessen wurde diese Großtat auch in dem Goldmosaik in der Kirche von St. Marco mit einem zeitgenössischem Dreimaster gewürdigt.
(Mosaik 13. Jahrhundert, Erzbasilika St. Marco, Venedig)

Masten von nordischen Einmastern des Mittelalters und auf kleineren Fahrzeugen späterer Zeit standen in aller Regel senkrecht zur KWL.
Diese Position behielt der Fockmast üblicherweise auch später. Im 16. Jahrhundert tendierte er sogar dazu, sich um 1 bis 3 Grad nach vorne zu neigen – bei manchen Schiffen des Mittelmeers sogar noch erheblich mehr (s. Band 1 Modelle und Vorkenntnisse S. 79 bis 89).
Der Großmast pflegte sich bereits im späten 16. – im frühen 17. Jahrhundert sogar oft *deutlich* – achterwärts zu neigen. Der Besanmast noch deutlich und der Bonaventurmast noch stärker.

Im mediterranen Raum hatte der Großmast freilich oft auch einen deutlichen Fall bugwärts, der Fockmast oft einen noch viel deutlicheren, was fraglos mit der traditionellen Lateinertakelung zu tun hatte.

Dieser Mastfall kann aus ordentlichen Plänen problemlos abgelesen werden. So die Masten parallel stehen (zumindest nach der ersten Hälfte des 16. Jahrhunderts), ist unbedingt größtes Misstrauen in die Pläne geboten!
Auf manchen Schiffen – etwa Bermuda-Slups oder spanischen Kriegskuttern – stand der Groß- (und einzige) Mast sogar mit einem oft extremen Achterfall über

Französische Schebecke des 18. Jahrhunderts. Ursprünglich von algerischen Piraten entwickelt, wurde dieser extrem schnelle und wendige Schiffstyp bald auch in den Kriegsmarinen Spaniens, Frankreichs und der italienischen Staaten beliebt. (Modell von Freerk de Vries, Bremervörde)

dem Deck. Auch in diesem Fall konnte ich eine echte konstruktive Notwendigkeit nicht ausmachen, aber so wurden diese Schiffe nun einmal gebaut und gesegelt.

Im mediterranen und arabischen Schiffbau stand der Großmast in der Regel senkrecht, während der Fockmast einen deutlichen Fall bugwärts hatte (auf römischen Schiffen der Antike war dieser sogar ausgesprochen extrem), während der Besanmast sich nach hinten neigte. So wirklich logische Erklärungen gibt es hierfür nicht, außer dass dies eben äußerst elegant aussah – und darauf legte man in jener Weltgegend großen Wert! (Abb. s. auch Band 1 MODELLE UND VORKENNTNISSE S. 78–90).

Bau der Masten

Die Masten mussten im Zweifelsfall einem enormem Winddruck standhalten, der im Extremfall sogar das ganze Schiff umwerfen konnte (s. MARY ROSE 1545 und WASA 1628) ohne dabei zu brechen.

Pfahlmasten

Sie bestanden aus einem einzigen, möglichst gerade gewachsenen Stück Holz, das in der Werft dann entsprechend zugehauen wurde.

Pfahlmasten gibt es seit der Antike über die Wikinger bis ins frühe 14. Jahrhundert, wo sie ganz einfach die Regel waren. Pfahlmasten waren im mediterran-arabischen Raum die Regel, und es gibt sie immer noch auf Fischereibooten oder kleinen Küstenfahrern, die immer noch weitgehend unter Segel laufen (auch wenn sie solch einen „Dieselstinker“ aus Sicherheit an Bord haben müssen). Und auch die Masten von Sportjollen und modernsten Hochseesegeljachten sind immer noch „Pfahlmaster“, auch wenn die Masten nun aus Stahl oder gar Fiberglas gefertigt sind. Historisch waren Bonaventurmasten, und in der Regel auch Besanmasten, „Pfahlmasten“. Auf jeden Fall waren dies generell die Stengen.

Zusammengesetzte Masten

Doch der Winddruck wurde auf die immer höher aufragenden Masthölzer im 14. Jahrhundert ganz einfach zu hoch, die Bruchgefahr immer höher.

So verfiel man auf einen eigentlich ganz logischen Trick: Wenn man die Masten aus mehreren Holzteilen zusammensetzte, so wurde das Ganze einfach etwas

Extremer Mastfall nach achtern. Spanischer Kutter mit 16 Geschützen um 1807 mit „gebautem“ Mast.
Zeitgenössisches Gefangenmodell aus Knochen.
(Modell im Musée du Château des Duces de Betagne, Nantes)

elastischer ohne zu brechen (und man bedurfte keiner gerade gewachsenen Riesenbäume mehr für die Herstellung).

Schalenmasten

Claus Störtebeker: Weshalb ihn die zumal die Hamburger Hanseaten inzwischen zu einer Art von „Nationalheiligen" erkoren, wird mir wohl ein ewiges Rätsel bleiben. Er hatte sie nicht nur, wo immer er konnte, als „Pfeffersäcke" und „Heringsbändiger" verhöhnt. Und als man ihn 1401 oder 1402 um einen Kopf kürzer machte, war dies wahrhaft gerecht! Selbst den Ruhm, dass er noch, ohne Kopf, an etlichen seiner Kumpane vorbeigelaufen sei, um sie so vor der Hinrichtung zu retten, ist schlicht bei dem 1337 zu München geköpften Raubritter Dietz von Schauenburg geklaut.
Eine andere Legende könnte allerdings, wenn auch höchst unwahrscheinlich, tatsächlich einen historischen Hintergrund haben, dass er nämlich einen Großteil seines Piratenschatzes im hohen Mast versteckt habe:
Die Masten jener Epoche wurden immer höher, und damit schwerer. Das waren ja wirklich große Schiffe, wenn auch immer noch mit nur *einem* Mast. So versuchte man den Mast irgendwie zu entlasten: Klartext, man baute keine Pfahlmasten mehr, sondern setzte diese aus kräftigen Bretter, die um entsprechende Mittelringe angeordnet und elastisch waren, zusammen (s. auch Band 8 Blöcke, Taue und Segel S. 9). Diese Masten waren naturgemäß freilich um einiges dicker als wir das seit dem 16. Jahrhundert gewohnt sind.

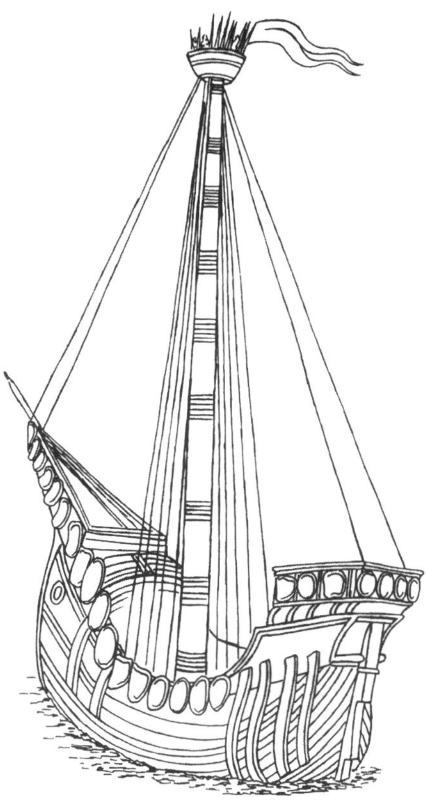

Derart riesige und entsprechend dicke Masten konnte kein Schiff tragen! Auch wenn die Abbildungen (prestigeträchtig!) übertrieben sein mögen, doch derlei Gigantmasten versuchte man damals tatsächlich zu fahren (s. auch Band 8 Taue, Blöcke und Segel S. 9). Man versuchte es also mit „Schalenmasten", die zwar leichter, biegsamer, aber eben auch extrem bruchgefährdet waren und sich deshalb nie durchsetzen konnten. (Zeichnung nach den „Chroniques" des Jean Froissant um 1400. Bibliothèque Nationale, Paris)

Schalenmast:
Gelegentlich im 14. bis zum frühen 15. Jahrhundert bei sehr hohen und entsprechend dicken Masten gebaut, konnte sich jedoch nicht durchsetzen. 1. Holzringe, 2. Schalbretter (mit Wulingen zusammen gehalten).

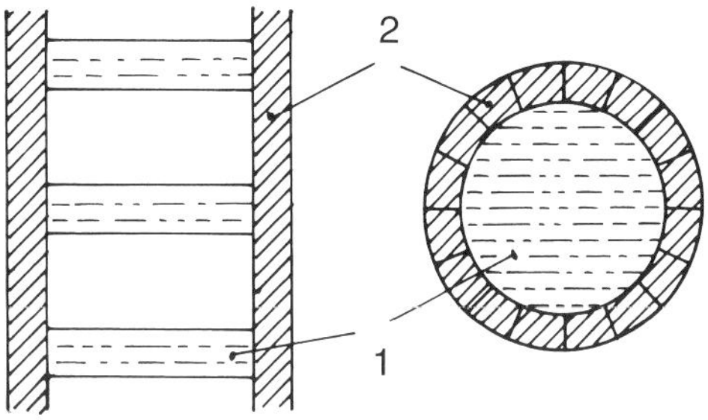

Gebaute Masten

Die Idee war generell gar nicht schlecht – auch heute bestehen Masten aus entsprechenden Stahlrohren. Doch mit den damaligen Mitteln war dies einfach nicht vernünftig zu verwirklichen.
So wurden die größeren Masten bis ins 19. Jahrhundert aus einer Reihe ineinander verzahnter Kanteln zusammengebaut, die dem Mast bei unbedingt erforderlicher Stabilität trotzdem auch eine gewisse Biegsamkeit gaben.

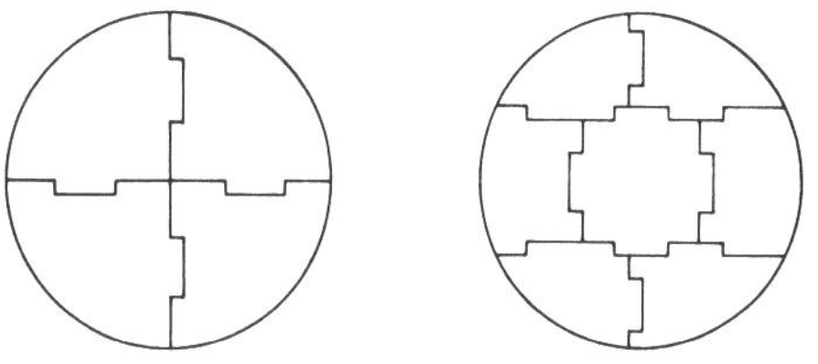

Aus Kanteln gebauter Mast (Querschnitt).

Modellbau:

Einen Modellmast aus solchen Kanteln zu bauen wäre natürlich absoluter Schwachsinn. Modellmasten sind „Pfahlmasten", in die man allenfalls die Stöße von Kanteln und Schalenteilen einritzt, wobei dies auch bei einem 1:50-Modell überflüssiger Aufwand ist.
Modellbaumasten fertigt man aus einer Vierkantleiste, die man zunächst genau den entsprechenden Durchmesserproportionen zuschneidet. Diese Leiste wird mit einem kleinen Hobel erst 8-, dann 16-kantig gebrochen und schließlich mit Feile und Schmirgelpapier rund geschliffen. Persönlich bevorzuge ich dabei sogar Rundstäbe, die dann entsprechend an ihren Enden zurechtgehobelt und -geschliffen werden.

Modellmast: 1. Vierkantleiste, 2. 8-kantig brechen, 3. 16-kantig brechen, 4. rund schleifen.

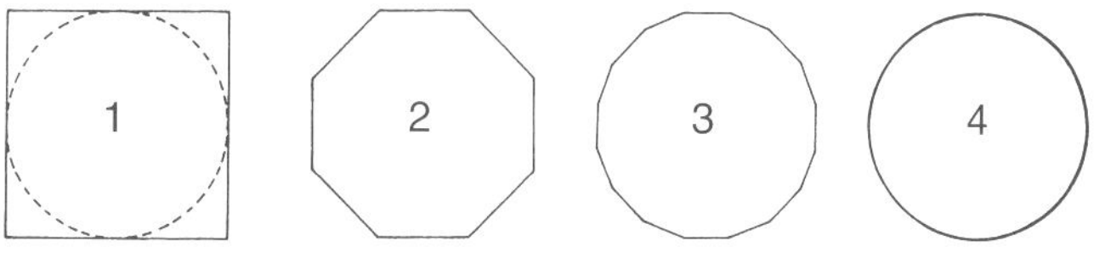

Mastfuß

Der original gestaltete Mastfuß, der im Mastschuh steckte (Band 3.1 DER RUMPF S. 106 f.) spielt allenfalls bei Spant-, Längsschnitt- und Admiralty-Models eine

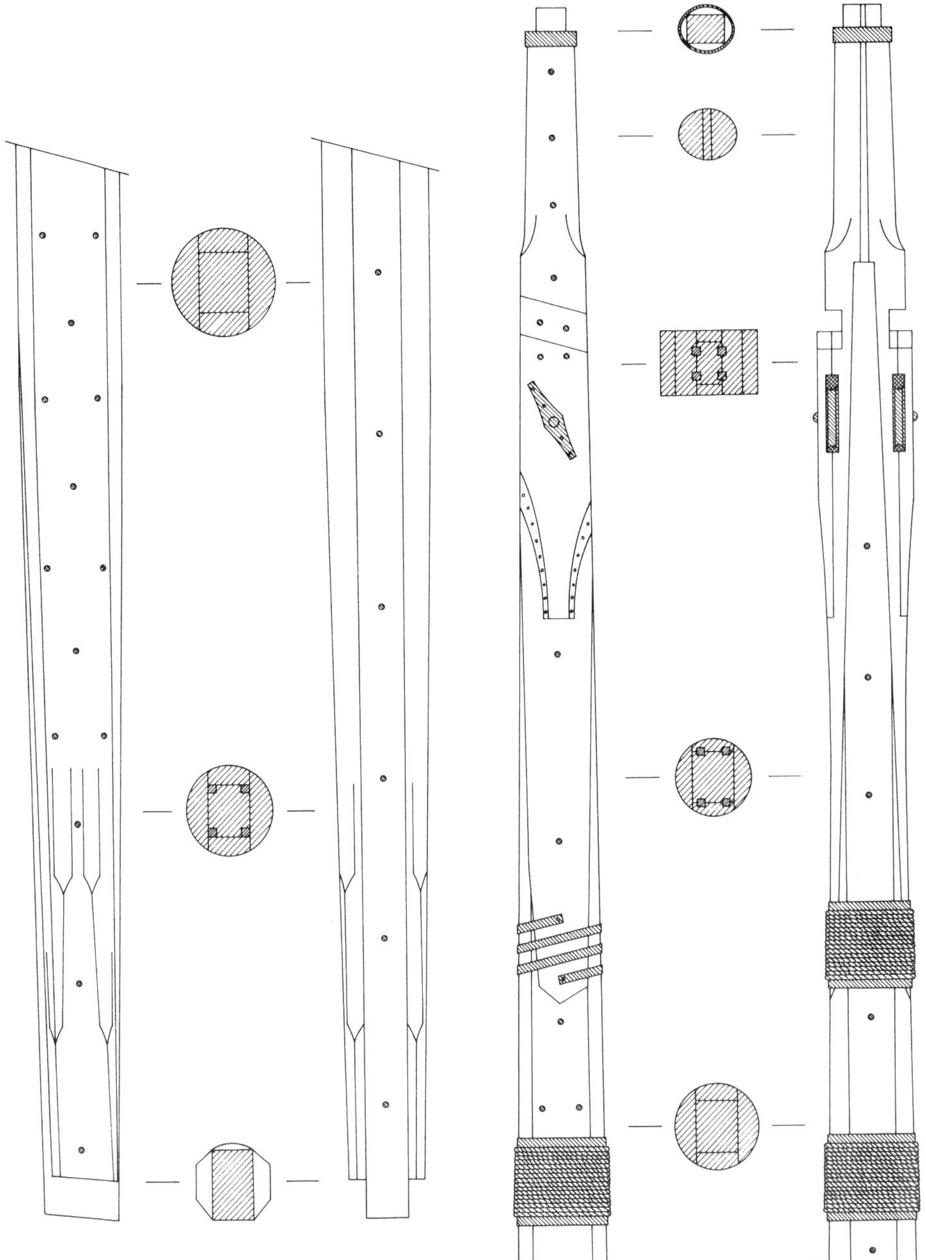

Großmast der WASA *1628. Das grundsätzliche Bauprinzip galt wohl nicht nur für Schiffe niederländischer Bauart im 17. Jahrhundert.*

Rolle. Bei voll geplankten Modellen darf man ihn zwar keineswegs vergessen, doch er kann sehr viel einfacher gestaltet werden wie in Band 3.1 DER RUMPF S. 122 beschrieben.

Wulinge und Mastbandagen

Holz- und Eisenreifen wie, üblicherweise, Tauwulinge um dem Mast dienten dazu, die Kanteln gebauter Masten zusammen zu halten, manchmal auch, um ein Splittern von Pfahlmasten zu verhindern.

Wulinge gab es am Großmast seit dem Mittelalter, am Fockmast seit dem frühen 16. Jahrhundert, am Bugspriet seit dem 17., am Besanmast seit dem späten 18. Jahrhundert. Mitunter lag unter diesen Wulingen sogar eine eiserne Mastbandage, um die sich der Modellbauer freilich nicht kümmern muss.

Tauwulinge wurden, seit es Schalmasten bzw. gebaute Masten gab, aus einzölligem geteertem Tau hergestellt. Die Höhe der Wulinge war bis Mitte des 17. Jahrhunderts gleich dem Mastdurchmesser, dann schrumpften sie in der Höhe auf etwa $^2/_3$ des Mastdurchmessers. Seit 1580 setzte man über und unter die Wulinge noch Holzringe. Ab 1668 auch entsprechend geschwärzte Eisenreifen bis zu 0,13 bis 0,15 in der Wulingshöhe. Der Abstand der Wulinge betrug bis Ende des 16. Jahrhunderts etwa das dreifache des Mastdurchmessers, im Verlauf des 17. Jahrhunderts schrumpfte dieser Abstand auf etwa gut das Zweifache des Mastdurchmessers.

Seit Mitte des 18. Jahrhunderts wurden mehr und mehr eiserne Bastbandagen ohne Tauwulinge eingesetzt, bzw. die beiden Methoden wurden kombiniert. Ihre Höhe betrug ca. $^1/_7$ des Mastdurchmessers. Wobei die Eisenbandagen jeweils in der Mitte zwischen den Tauwulingen oder etwas über diesen lagen.

Nach 1800 wurden dann in der Regel nur noch Eisenbandagen verwendet. Ihre Höhe blieb gleich bei $^1/_7$ des Mastdurchmessers, allerdings rückten die Abstände auf ca. $^1/_2$ Mastdurchmesser zusammen.

Diese Angaben gelten generell für Groß- und Fockmast seit Anfang des 15. Jahrhunderts, Bugspriet und Besanmast kamen im Verlauf des 17. und 18. Jahrhunderts hinzu.

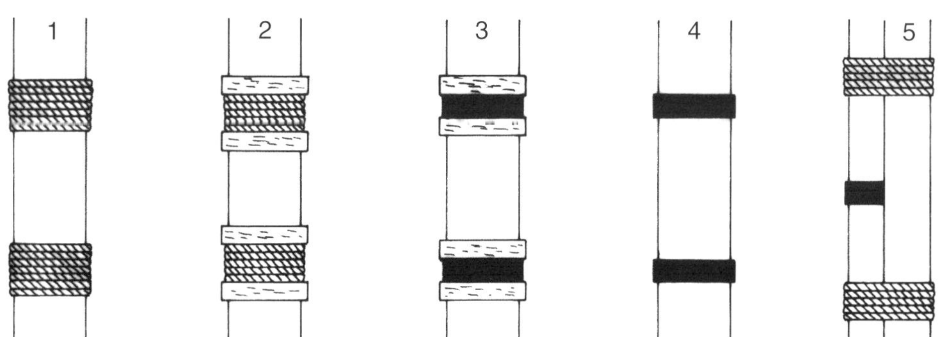

Mastbandagen: 1. einfache Tauwulinge (seit es aus Kanteln gebaute Masten gibt), 2. Tauwulinge mit Holzringen (seit dem frühen 14. Jahrhundert, seit dem 16. Jahrhundert auch Eisenringe), 3. Eisenringe mit Holzringen (im 16./17. Jahrhundert eine eher seltene Variante), 4. Eisenringe (seit Anfang des 18. Jahrhunderts zunehmend üblich, ab 1800 generell), 5. Eisenringe am Mast und Tauwulinge über die Mastschalen (seit Anfang des 18. Jahrhunderts üblich, seit dem frühen 19. Jahrhundert vielfach allgemein durchgehend Eisenringe).

Original eines „gebauten" (durch Trocknung inzwischen natürlich geschrumpften) Mastes nebst den (natürlich nicht geschrumpften Eisenringen der Wuling). (Original: unbekannt. Foto: Gérard Piouffre, Bourg en Bresse)

Modellbau:

Tauwulinge werden, wie die Zeichnung zeigt, aus dunklem, „geteertem" Tauwerk um den Mast gelegt.

Hölzerne Mastringe fertigt man am besten aus entsprechend dünnem Peddigrohr, das man auf der Innenseite zunächst entsprechend plan, also halbrund schleift.

Eiserne Mastbandagen fertigt man am besten aus dünnem, schwarzen Zeichenkarton. Geschwärzte Kupfer- oder gar Messingringe, wie von manchen „Fundis" gefordert, sind modellbauerischer Unsinn. Man bekommt sie zwar durchaus sogar in der benötigten Stärke, aber sie sind für den praktischen Modellbau einfach viel zu starr. Ich sagte es schon, und ich bleibe bei dieser Meinung, Schiffsmodellbau ist eigentlich eine einzige Trickserei – nicht das Material ist ausschlaggebend, sondern die *optische Wirkung* – und Zeichenkarton ist für diesen Zweck nun einmal ideal und sieht „echt" aus.

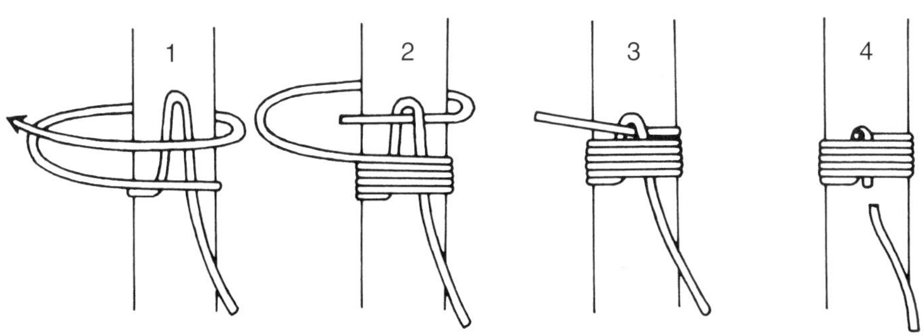

Legen einer Modell-Wuling.

Mastschalen

Die scharfen Kanten der Eisenbandagen taten dem am Mast entlang laufenden Tauwerk nicht sonderlich gut, anders ausgedrückt, sie verstärkten ein Schamfielen dieser Teile.
So begann man Ende des 17. Jahrhunderts zunächst die Vorderseite des Mastes mit dünnen, glatten, nur aufgenagelten Brettern abzudecken, über denen Tauwulinge verliefen, während die Eisenbandagen unter ihnen verschwanden. Wenig später wurden solche Schalbretter auch seitlich im oberen Drittel oder Viertel des Mastes angebracht.

Mastquerschnitt: A. bis ca. 1730 allgemein, dann vielfach Handelsschiffe. B. nach 1730 Kriegsschiffe. 1. Mast, 2. Eisenreifen, 3. Schalung.

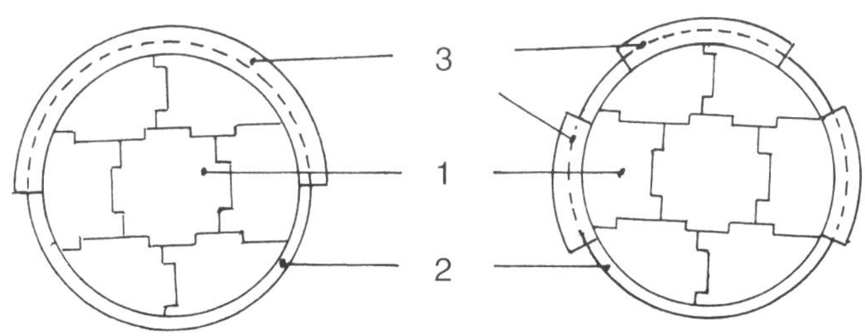

Modellbau:
Derlei Schalbretter stellt man am besten aus Furnierholz her. Ihr genaues Aussehen und ihre Position muss man aus den entsprechenden Plänen ermitteln. Wie dem auch sei: Schalbretter am Mast gehören ebenfalls zu jenen Details, mit denen nur ein wirklich gutes Modell aufwarten kann.

Masttopp

Den Masttopp aus dem vollen Holz eines Mastes exakt herauszuhacken – seit dem 13. Jahrhundert üblich (und davor keineswegs unbekannt) – war zweifellos äußerst schwierig gewesen und erforderte hohes handwerkliche Können. So setzte man den Masttopp seit dem frühen 16. Jahrhundert *auf*, bzw. *ein*. Die Methode, wie man dies machte – eingekeilt oder mit Zapfen – müssen Sie Ihren Plänen und sonstigen Unterlagen entnehmen.
In England war der Masttopp seit dem 16. Jahrhundert viereckig im Querschnitt.

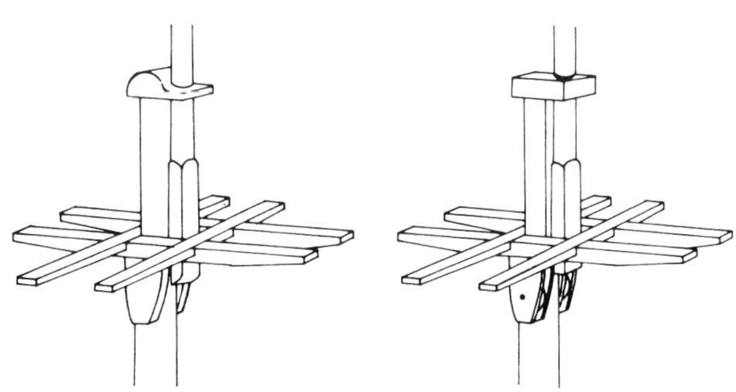

Masttopp 16./17. Jahrhundert: links rundes Topp kontinental, rechts eckiges Topp englisch.

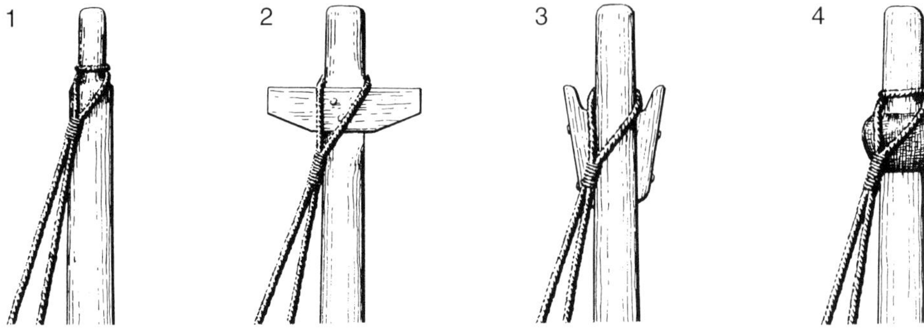

Masttoppvarianten vor dem 14. Jahrhundert: 1. gestuftes Topp (im Mittelmeer noch heute gebräuchlich), 2. Topp mit Saling (später die obligate Form, auch wenn die Saling dann erheblich länger war), 3. Topp mit Stopperklampen, 4. Topp mit „Maus" aus Taugeflecht (3. und 4. verschwanden weitgehend im 12./13. Jahrhundert). (Zeichnung von Werner Zimmermann, Augsburg)

Auf dem Kontinent war er traditionell rund oder allenfalls leicht oval. Das änderte sich erst im 18. Jahrhundert, als sich mehr und mehr die englische Bauweise, zumindest für große und größere Schiffe durchsetzte – etwas kleinere Schiffe des Mittelmeers verblieben bei der traditionellen Bauweise.

Am oberen Ende war stets ein Zapfen, auf dem das Eselshaupt befestigt wurde. Bis Ende des 15. Jahrhunderts waren im Masttopp ein oder manchmal auch zwei Scheibgatts eingelassen, durch die das Fall der untersten Rah geschoren wurde. Bei Masten, die keine Stengen führten, blieb das auch weiter so.
Bei Masten mit Stengen fand man seit dem frühen 16. Jahrhundert andere, effektivere Methoden, um diese Taue zu führen.

Mastfisch und Mastkragen

Von der Antike bis zumindest der hohen Wikingerzeit wurden Seekämpfe ausschließlich unter Riemen und nicht unter Segeln ausgetragen. Ein Mast war da allenfalls störend. So baute man die ja notwendige Verankerung an Deck so, dass der Mast im Ernstfall mit nur wenigen Handgriffen niedergelegt werden konnte. Dafür, wie man das in der Antike bewerkstelligte, gibt es nur äußerst wenige Zeugnisse. Prinzipiell kann das freilich auch nicht wesentlich anders als auf Wikingerschiffen funktioniert haben.

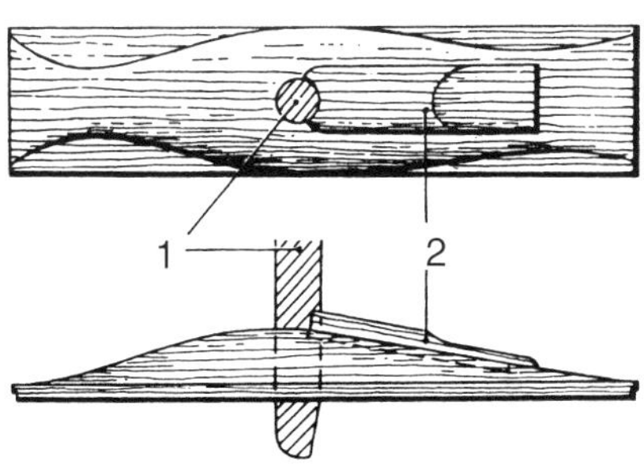

*Mastfischung (Gokstad-Schiff um 800): Die fischförmige Aufbildung des Bauteils ist in der Aufsicht deutlich zu erkennen.
1. Mast, 2. Schossbrett.
(Zeichnung von Werner Zimmermann, Augsburg)*

Karracke oder Não um 1490. Der Schalenmast wird von breiten Tauwulingen zusammengehalten. Am Mastfuß gut zu erkennen der hohe Mastkragen. (Zeichnung von Toudouze, Manuskript in der Bibliothèque National, Paris)

Mastfisch

Einen sicheren Halt auch an Deck gab damals die Mastfisch, ein massives, hinter dem Groß- oder Segelbalken aufgenageltes Holzteil, in das rückseitig ein „Schlossholz" eingeschoben und verkeilt wurde. Die Bezeichnung „Fisch" dürfte daher stammen, dass dieses Bauteil bei Wikinger-Schiffen optisch fischförmig ausgestaltet war. Löste man das Schlossbrett, so konnte der Mast unverzüglich und problemlos niedergelegt werden.

Ob bei den ja durchaus fest stehenden Masten von Nefs des 13. Jahrhunderts noch Schlosshölzer verwendet wurden, darüber gibt es keine schlüssigen Zeugnisse. Das Überleben des Begriffs in der Seemannssprache bis heute könnte aber ein Anzeichen dafür sein, dass dieses Bauteil auch nach der Wikingerzeit noch lange in seiner ursprünglichen Form (wenn auch mit fest vernageltem Schlossholz) in Gebrauch war. Auf Kleinfahrzeugen – s. Band 5 BOOTE UND KLEINFAHRZEUGE – war diese Technik auch im 19. und 20. Jahrhundert in Varianten noch durchaus im Gebrauch.

Mastkragen

Meist waren auch in späteren Jahrhunderten die entsprechenden Decköffnungen nicht nur so groß bemessen, dass der Mast gerade noch knapp hindurch passte, sondern eben doch ein bisschen größer (wer wusste denn schon so ganz genau, wie ein Zimmermann eventuell einen neuen Mast exakt dimensionieren würde?). Der Mast „wackelte" also an Deck, etwas, das aber unbedingt vermieden werden musste!

Das Problem löste man höchst pragmatisch: Rund um den gesetzten Mast wurden zwischen Mast und Deck Holzkeile eingeschlagen.

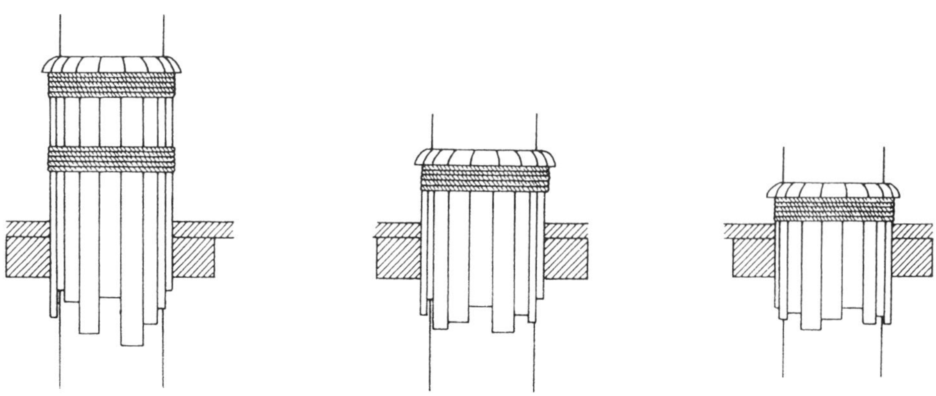

Der notwendige Mastkragen wurde bis in die Mitte des 16. Jahrhunderts zwar immer niedriger, blieb aber immer ein technisch unbedingt erforderliches Bauteil.

Bis in die Mitte des 16. Jahrhunderts waren diese Keile ziemlich hoch und wurden vielfach mit einer Tauwuling entsprechend angepresst. Seit dieser Zeit schrumpften diese Hölzer massiv in ihrer Höhe ohne deshalb zu verschwinden. Man nannte ihn nun meist „Keilring", der seit dem frühen 18. Jahrhundert auch vielfach mit Segeltuch abgedeckt war.

Mastkragen (rechts) einer spanischen Não um 1490, jener Schiffstyp der SANTA MARÍA, mit der 1492 Christoforo Colombo die „Neue Welt“ entdeckte. Beachten Sie auch die an Deck verzurrten Reservespieren. (Modell von Wolfram zu Mondfeld, Hohenfurch, im Deutschen Technikmuseum, Berlin. S. auch Band 1 MODELLE UND VORKENNTNISSE S. 19 und 111)

Modellbau:

Bei älteren Fahrzeugen muss man den Mastkragen tatsächlich aus schmalen Holzstreifen herstellen. Bei Modellen aus neuerer Zeit kann man die Mastkragen aus Linden- oder Abachiholz entsprechend aussägen und mit „Segeltuch“ oder entsprechend gefärbten Tempotaschentüchern bekleben. Generell zählen auch Mastkragen zu jenen Teilen, die man nur auf wirklich guten Modellen findet.

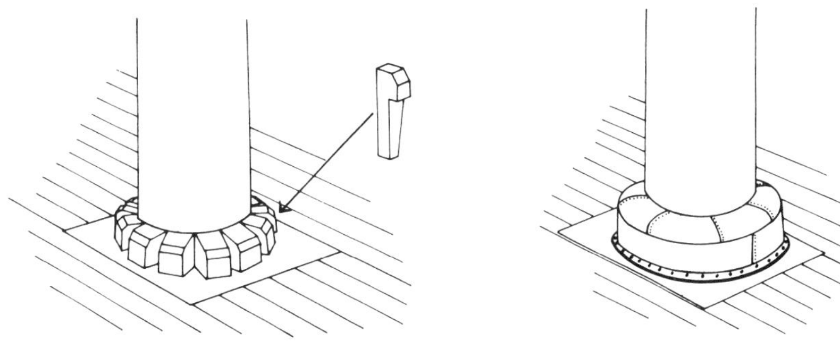

Mastkragen seit Mitte des 16. Jahrhunderts. Links Verkeilung, rechts Planenabdeckung.

Doppelter Besanmast

Die Zeit des späten 15. und frühen 16. Jahrhunderts war eine Epoche des radikalen Umbruchs im Schiffbau – und somit auch eine Zeit der mitunter verwegensten Experimente.
So versuchte man es beispielsweise auch mit einem doppelten Besanmast, damit man jeweils zumindest *ein* optimal im Wind stehendes Besansegel hatte. Die Methode hat sich *nicht* durchgesetzt, mag aber für Modellbauer von Schiffen gerade jener Epoche irgendwie interessant sein.

Die Louise, das Flaggschiff des Admirals von Frankreich 1516.
In der Farbgebung eigentlich wohl eher schlicht (naturbraun) hatte man sie mit Wappenschilden an der Reling, mit Flaggen und Wappensegel prächtig herausgeputzt. Und der Maler, der den Auftrag bekam, dieses Schiff zu „porträtieren", war sorgfältig genug, dass man ihm den „doppelten" Besan tatsächlich glauben muss!
(Manuskript in der Bibliothèque Nationale, Paris)

Deutsche Karracke um 1400 nach einer zeitgenössischen Buchillustration.
Trotz einiger zweifelhafter Details – etwa dem Heckanker, der in dieser Form der Aufhängung gnadenlos als „Abbruchbirne" gewirkt hätte, und einer eindeutig zu kurzen Großrah – verfügte auch dieses Schiff offenbar über einen doppelten Besanmast.

Schnaumast

Der Begriff findet sich vor allem im 18. Jahrhundert bei Handelsschiffen, die sogar oft als „Schnau" bezeichnet wurden.
Der Schnaumast war kein Mast im eigentlichen Sinne, sondern eine Stange knapp hinter dem Besanmast, an dem es ganz einfach leichter war, die Vorderkante des Gaffelsegels anzuschlagen. Im späten 18. und 19. Jahrhundert wurde er durch ein Jackstag ersetzt (s. auch Band 8 Taue, Blöcke und Segel S. 128).

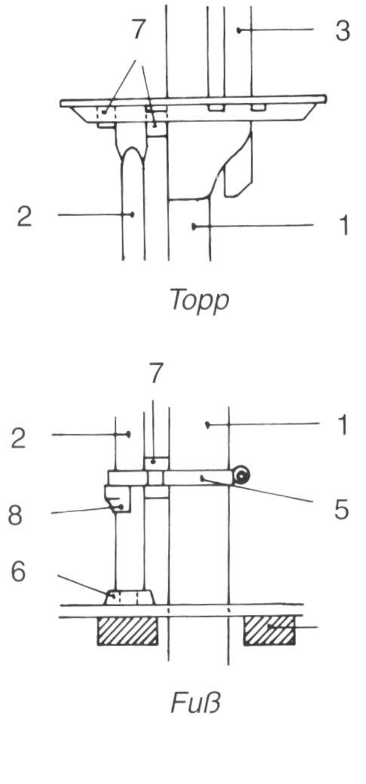

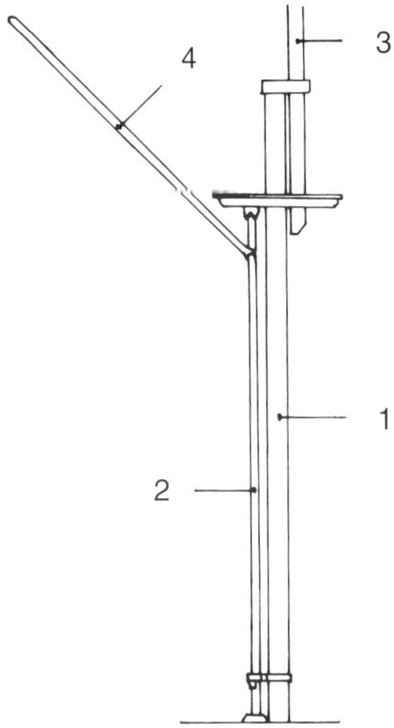

Schnaumast hinter dem Besanmast: 1. Besanmast, 2. Schnaumast, 3. Stenge, 4. Gaffel, 5. Bandage (Eisen), 6. Fuß, 7. Verkeilung, 8. Sattel (etwas größer auch für Baum).

Saling und Mastbacken

Um den Wanten am Masttopp sicheren Halt zu geben waren von der Antike an bis ins Hochmittelalter die verschiedensten Methoden in Gebrauch:
Die einfachste war zweifellos den Masttopp etwas zu verschlanken und die so entstehende Übergangskante als Abrutschsicherung zu benutzen. Bis heute wird diese Methode, zumal im Mittelmeer, verwendet.
Da diese Technik jedoch oft doch nicht so recht ausreichte, verstärkte man diesen Absatz zwischen Mast und Topp vielfach mit einer „Maus". Sie war mitunter aus Holz, in der Regel jedoch aus einem Geflecht dünner Taue. Die Wikinger nagelten zumindest seit dem 9. Jahrhundert vielfach zwei Klampen an den Mast, der den Wanten nun oben wirklich festen Halt gaben. Oder man nagelte seitlich zwei kurze Bretter an, welche die identische Wirkung hatten (s. dazu S. 40!).

Anfang der 80er-Jahre wollten auch die „Slaven" (sprich Polen und Deutsche an der südlichen Ostmeerküste) teilhaben an den weltberühmten skandinavischen Wikingerschiffen, wenn auch durchaus mit eigenen Bauakzenten. Tatsächlich wurden auch einige Reste solcher Schiffe gefunden (Starigard, Ohra, Mechlinken, Schuby). So gab die Stiftung „Oldenburger Wall" in Polen den Auftrag, solch ein Schiff im Originalmaßstab nachzubauen – die Starigard. Fachleute (und solche die es gerne wären) streiten immer noch darüber, wie historisch exakt dieser Nachbau denn nun wirklich sei. In den Augen des Autors ist dies aber fraglos ein, besonders im Detail auch nach dem Stand der heutigen Wissenschaft, optimaler Rekonstruktionsversuch!
Links das rekonstruierte Schiff, rechts der Masttopp mit Klampen.
(Rekonstruktion im Wallmuseum Oldenburg, Holstein, Fotos H. Menzel)

Saling

Wenn man diese Bretter entsprechend verlängerte und sie sogar mit eingelassenen Querstücken versah, so hatte man nicht nur einen optimalen Halt für die Wanten, sie trugen nun auch problemlos das im 13. Jahrhundert immer beliebter werdende Toppkastell. Die Saling war geboren!

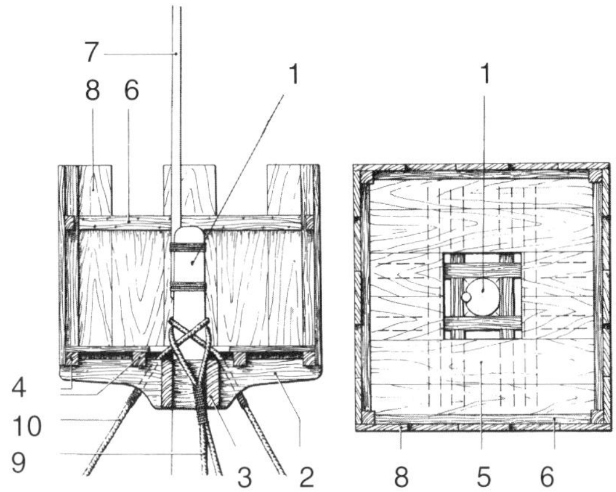

Viereckiges Toppkastell 13. Jahrhundert. Querschnitt und Aufsicht. 1. Mast, 2. Längssaling, 3. Quersaling, 4. Tragbalken, 5. Boden, 6. Rahmenbalken, 7. Flaggstock, 8. Schanzkleid, 9. Stag, 10. Wanten. (Zeichnung von Werner Zimmermann, Augsburg)

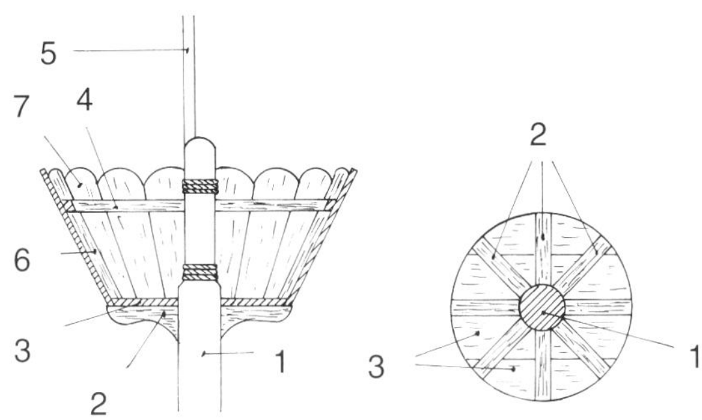

Rundes Toppkastell 13./14. Jahrhundert auf 4 bis 8 hängende Knie gestützt. Querschnitt und rechts der Marsboden von unten. 1. Mast, 2. hängende Knie, 3. Boden, 4. Rahmenbalken, 5. Flaggstock, 6. Schanzkleidstützen, 7. Schanzkleid.

Gewiss, man experimentierte bis in die Mitte des 15. Jahrhunderts auch mit anderen Formen: etwa mit einem an den Mast genagelten hängenden Knien, auf das sich das Toppkastell stützen konnte, oder gar vier bis sogar acht solcher Knie. Doch im Lauf des 15. Jahrhunderts setzte sich allgemein die Überzeugung durch, das die „Kreuz"-Saling die unbedingt optimale Bauform für diesen Zweck sei. Schon Mitte des 16. Jahrhunderts war sie ausgereift und veränderte sich bis heute nicht mehr grundsätzlich.

Die Länge der Großlängssalinge betrug 0,3 bis 0,35 der oberen Breite des Hauptspants, die Höhe 0,08 der Länge, die Breite 0,9 der Höhe im 16./17. Jahrhundert und reduzierte sich bis Mitte des 18. Jahrhunderts auf 0,45 der Höhe. Die Quersalinge waren im 16./17. Jahrhundert ebenso lang wie die Längssalinge, ebenso breit wie diese, jedoch nur halb so hoch und in diese eingelassen. Im 18. Jahrhundert stieg die Länge der Quersalinge auf 1,3 der Länge der

Die Kreuzsaling war bereits im 12. Jahrhundert bekannt. Seit dem späten 14. Jahrhundert wurde sie zur allgemeinen Regel.
(Zeichnung nach einem Bronzerelief „Opferung des Jonas“ in der Basilika St. Antonio, Padua, von 1484)

Längssalinge, sie waren oft doppelt so breit wie diese, jedoch immer noch halb so hoch und in diese eingelassen.
Die Salinge an Fock- und Besanmast standen im gleichen Verhältnis zur Großsaling wie ihre Masten untereinander.

Gewiss gab es da verschiedene nationale Ausformungen. Für den Modellbauer sind diese durchaus wichtig. Aber das Prinzip blieb aber immer gleich.
Varianten: Kontinental waren die Enden der Längssaling stets gerate. Die Quersalinge (vor allem in Frankreich) wurde seit 1700 gerne etwas nach hinten gebogen, während ihre Enden ebenfalls eckig blieben. In England waren die Enden der Salinge abgerundet, blieben aber stets gerade. Auch der Winkel an den Enden der Längssaling war unterschiedlich – größer aus dem Kontinent, kleiner in England.

Wichtig: Sämtliche Längssalinge waren am Topp im Mastbereich mit hölzernen, außen abgerundeten Polstern, den „Kalben“ oder „Kälbern“, besetzt, die ein Schamfielen der Wanten an den Kanten verhindern sollten.

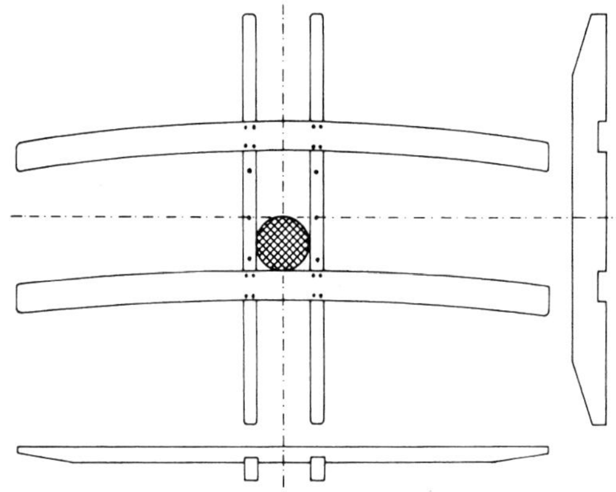

Saling der Untermasten.
Längssaling stets gerade.
Quersaling kontinental leicht nach hinten gebogen mit eckigen Enden.
Quersaling englisch gerade mit abgerundeten Enden.

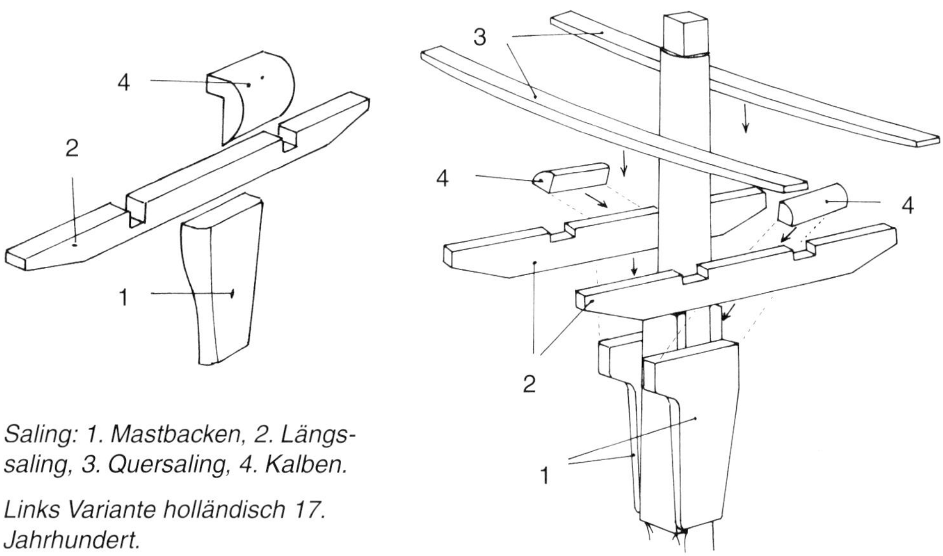

Saling: 1. Mastbacken, 2. Längssaling, 3. Quersaling, 4. Kalben.

Links Variante holländisch 17. Jahrhundert.

Stellung der Salinge

Dass sie querschiffs exakt waagerecht standen, ist selbstverständlich.
Ihre Ausrichtung in der Längsachse war freilich höchst unterschiedlich:
In der Antike im frühen Mittelalter und weit später noch im Mittelmeer (so sie da überhaupt vorhanden waren) folgten Toppkastelle und Mastkörbe ganz der Neigung des Mastes. Sie standen also mehr oder minder „gerade“ – oder eben „schief“ (s. dazu etwa Band 8 Blöcke, Taue und Segel Seite 75).

Doch schon seit dem 13. Jahrhundert wurden sie, zumindest bei „umbauten“ Toppkastellen, in der Regel parallel zur Wasserlinie gesetzt, das gab den dort positionierten Männern einen ebenen Halt unter den Füßen.

So vernünftig dies auch immer sein mochte, so „unvernünftig“ zeigte sich in dieser Beziehung das 16. und frühe 17. Jahrhundert. Hier wurde nämlich der

Spanische Karracken und Galeonen um 1550. Die parallel zu Deck oder gar Reling stehenden Marsen/Salinge sind offenkundig kein Zeichenfehler, sondern waren historische Realität.
(Stich von Pieter Breughel in Cornelis van Yk „De Nederlandsche Scheepsbouwkonst ..." 1697)

„Sprung" der Marsen keineswegs der Wasserlinie, sondern dem Sprung des jeweiligen Decks, oft sogar der entsprechenden Reling angeglichen. Das sah zweifellos gut aus, machte die Marsen aber zu überaus gefährlichen Rutschbahnen. Aber was zählte damals schon das Leben eines Matrosen, wenn er abstürzte? Allenfalls eine eingesparte Heuer.
Lange Zeit wollte man diesem auf zeitgenössischen Darstellungen durchaus gezeigten Bauprinzip nicht glauben, erklärte es zu Perspektivfehlern der Zeichner. Bis dann Anfang der 60er-Jahre Saling und Mars der WASA auf dem Grund des Stockholmer Hafenbeckens gefunden wurden – und genau diese Bauweise unmissverständlich bewiesen.
So elegant diese dem Relingssprung angepassten Salinge und damit Marsen auch aussehen mochten, kehrte Mitte des 17. Jahrhunderts, angeführt vom „republikanischen" Holland, doch wieder Vernunft ein. Anders gesagt, man setzte seither die Salinge und Marsen wieder parallel zur Wasserlinie.

Der mediterrane Raum folgte da allerdings seinen vielfach höchst eigenen, keineswegs immer technisch logischen Vorstellungen ...

Der Fall des Großmastes nach achtern und die Ausrichtung der Marsen/Salinge nach dem Deck- bzw. Relingsprung mögen extrem erscheinen. Doch genau so ist der Fundbestand der Wasa von 1628 nun einmal – und daran gibt es nichts zu drehen und zu deuteln! Anders gesagt: Die Salinge wurden vielfach tatsächlich so an den Mast gesetzt! Die – – – Linie (rechts) gibt die Linie der KWL an.
(Linke Zeichnung von Elisabeth Gaudlitz-Holzschuher, Polling)

Mastbacken

Als die Toppkastelle und Marsen jedoch immer größer und vor allem damit immer schwerer wurden, reichten einfach ein paar an den Mast genagelte Längslatten nicht mehr. Da mussten schon eine massivere untere Auflage her!
Diese stabile Auflage gewährten die seit dem frühesten 16. Jahrhundert im obersten Teil seitlich am Mast befestigten „Mastbacken".
Ihre jeweilige genaue Konstruktion war zeitlich und national mehr oder minder verschieden, doch das Grundprinzip blieb sich gleich: solid am Mast befestigt und oben so breit, dass es die entsprechende Saling tragen konnte.
Am Untermast waren dies hängende Knie. An Stengen und Bramstengen genügte dafür gewöhnlich eine „Hummer" genannte Verstärkung.
Ihr Aussehen muss man aus den Plänen entnehmen – vor allem im Zweifelsfall mit Originaldokumenten nachrecherchieren! Denn die Planzeichner von Modellbaufirmen (und keineswegs nur diese!) tendieren gerne dazu manches, was es etwa im 16. noch gar nicht gab, als *gegeben* zu verarbeiten …

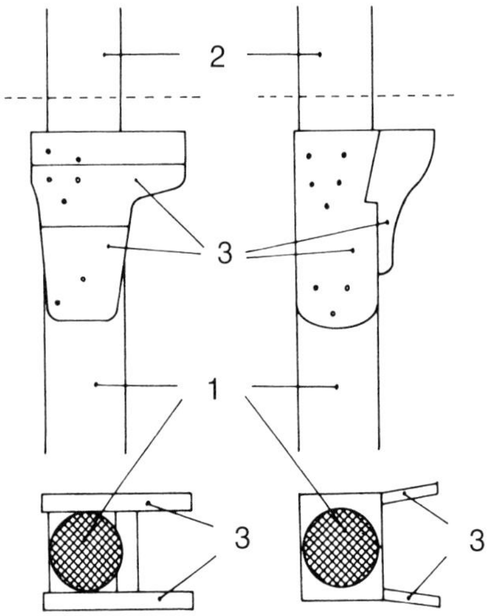

Links:
Mastbacken:
1. Mast, 2. Masttopp, 3. Mastbacken.
Links kontinental, rechts englisch ab 1750.

Unten:
Masttopp im 18. Jahrhundert: links kontinental, rechts englisch.
1. Mast, 2. Schalung, 3. Kerbe für Wuling, 4. Seitenschalung, 5. Topp, 6. Eisenbänder, 7. Zapfen für Eselshaupt, 8./9. Vorder- und Rückschalung, 10. Backen.

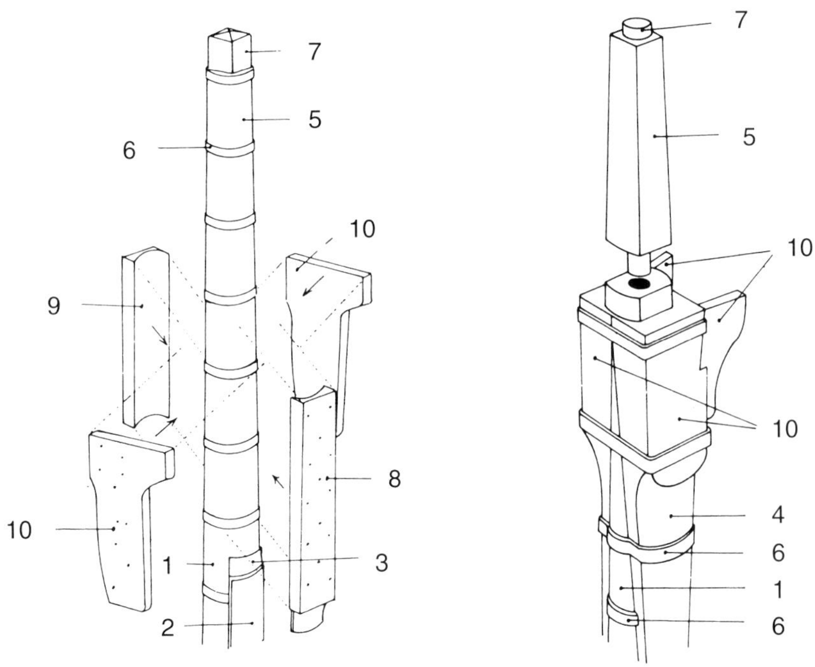

Im 16. bis knapp Mitte des 17. Jahrhunderts wurden die Mastbacken mit Scheibgatten ausgerüstet, durch welche die Großfallen geschoren wurden. Diese Anordnung behielten englische Schiffe bis ins 18. Jahrhundert bei, während auf kontinentalen Schiffen nun die Fallen über die Eselshäupter geführt wurden. Im 18. Jahrhundert verschwanden beide Methoden und wurden durch entsprechende Doppel- oder auch Drillingsblöcke ersetzt. S. hierzu Näheres in Band 9 LAUFENDES GUT Kap. Fallen.

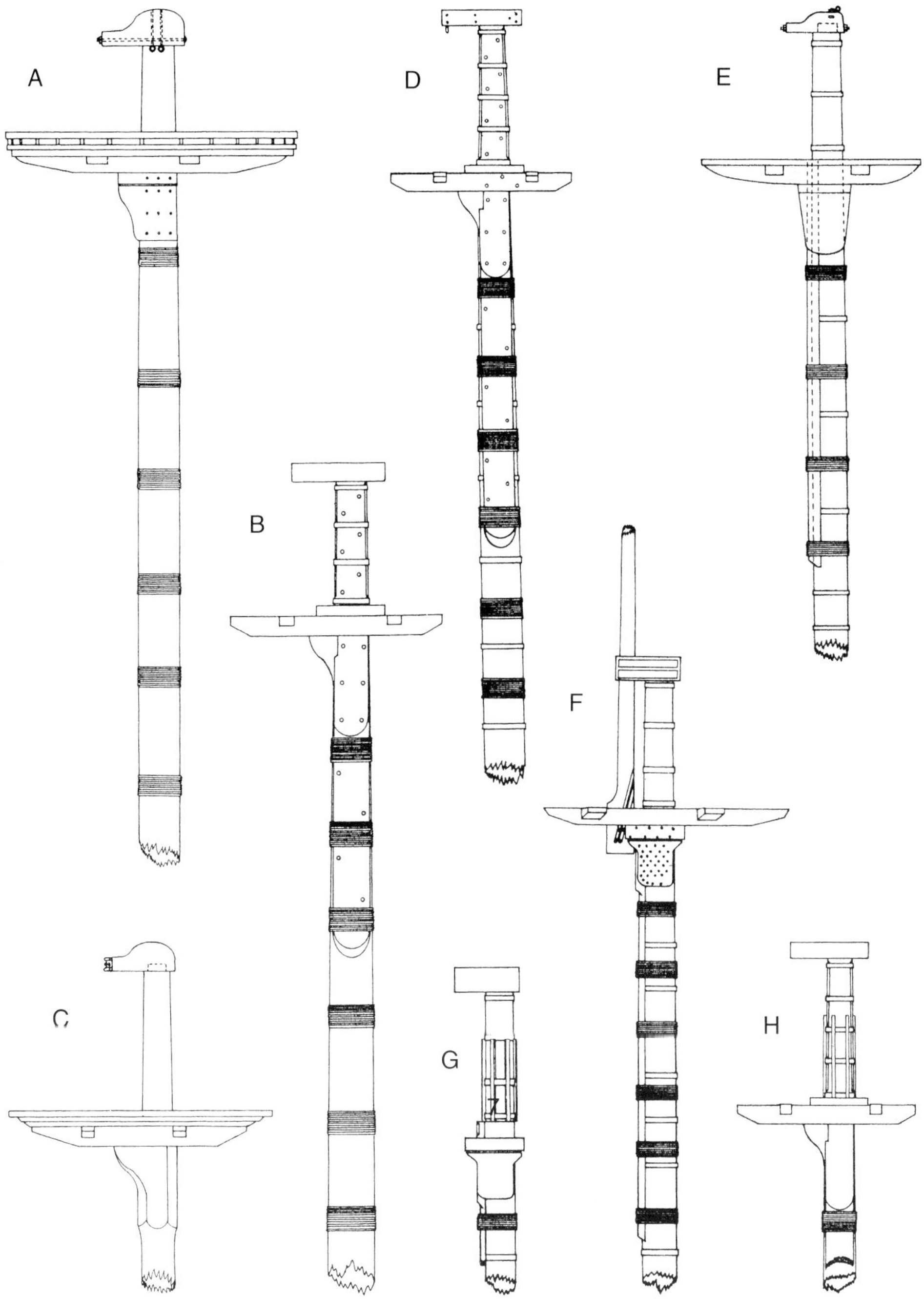

Mast mit Schalen und Wulingen, Topp, Mastbacken, Saling und Eselshaupt:
A. kontinental um 1700, B. englisch um 1700, C. holländisch um 1700, D. englisch nach 1760, E. französisch nach 1780, F. kontinental um 1780, G. Mastlatten kontinental 1780, H. Mastlatten englisch nach 1780.
(Zeichnungen von Karl Heinz Marquardt, Montrose, Victioria/AUS)

Toppkastell und Mastkorb

Der Begriff „Mastkorb“ ist eigentlich, generell zumindest, höchst zweifelhaft. Da er sich nun einmal eingebürgert hat, mag er für die Antike und das Mittelalter bis in die frühe Neuzeit aber so stehen bleiben. Zu jener Zeit stellte dieser Aufsatz eines Mastes ja tatsächlich vielfach eine Art „Korb“ dar.
Mastkörbe gab es vereinzelt bereits in der Antike (s. Band 3 DER RUMPF S. 416).

Aufheißbares Toppkastell

Dass es sich von oben nach unten besser kämpfen ließ, war allen im 13. Jahrhundert klar; und dass ein Ausguck dort oben einen besseren Überblick hatte als von Deck aus, ebenso.
So begann man die Masttoppen mit entsprechenden Kastellen auszurüsten.
Die älteste Form war wohl die eines kleinen Kastells, das im Bedarfsfall über einen am Topp angeschlagenen Block hochgezogen werden konnte und dort mit Tauen oder Lederschnüren am Mast angeflanscht wurde. Die Grundidee war die gleiche wie bei den zerlegbaren Deckkastellen (s. Band 3 DER RUMPF Abschnitt Zerlegbare Kastelle S. 148 ff.), den Schwerpunkt des Schiffes auf Fahrt möglichst niedrig zu halten. In der Praxis traten dann aber genau die gleichen Nachteile auf, vor allem war das wohl auch eine ziemlich wackelige Angelegenheit. So verschwand diese Form so schnell wie sie aufgekommen war.

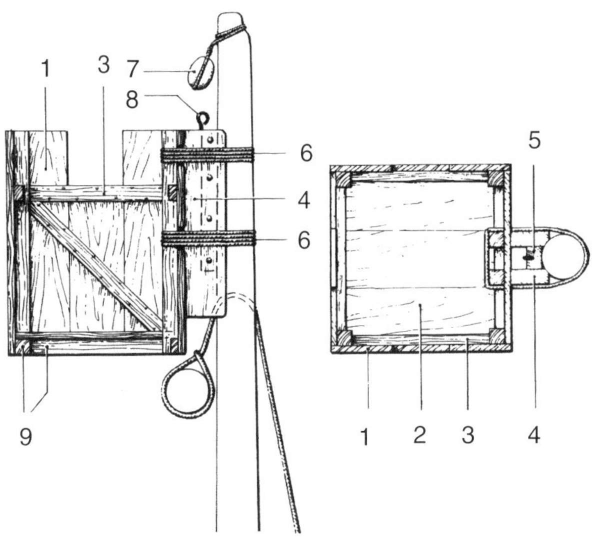

Aufheißbares Toppkastell: 1. Tragebalken, 2. Rahmenbalken, 3. Boden, 4. Schanzkleid, 5. Backen, 6. Füllung, 7. Zurring, 8. Heißblock, 9. Beschlaghaken. (Zeichnung von Werner Zimmermann, Augsburg)

Ein Kuriosum: In Frankreich scheint den Seeleuten das kleine Toppkastell allein oft nicht genügt zu haben. Von dort wird berichtet, dass mitunter zusätzlich ein Beiboot am Mast aufgeheißt wurde, in dem sich dann eine kampfstarke Besatzung niederließ und feindliche Krieger mit Pfeilen und Wurfgeschossen bedachte. Dieses Verfahren scheint jedoch eine so höchst unsichere und schwankende Angelegenheit gewesen zu sein, denn es wird nirgendwo berichtet, dass etwa auch englische Schiffe diese originelle Methode übernommen hätten.

Toppkastelle vor und hinter dem Mast

Der praktische Nutzen stand jedoch außer Frage, und so setzten mehr und mehr Kapitäne von Nefs solche Kastelle vor den Masttopp, allerdings nicht mehr provisorisch, sondern dauerhaft fest montiert, um dort einen Ausguck zu postieren. Im Fall eines Kampfes stand dort dann *der* – mehr hatten auf dem engen Raum nicht Platz – beste Bogenschütze oder Speerwerfer, der von diesem unangreifbaren Platz aus nach Belieben die Feinde niederstrecken konnten.
In Nordeuropa wurden derlei Kastelle stets vor dem Mast montiert. Im Mittelmeer saßen sie in aller Regel *hinter* dem Mast.

Mastumschließende Toppkastelle

Die bahnbrechende Idee war es nicht nur ein Kastell vorne am Mast anzubringen, sondern dieses rund um den Mast zu bauen, so dass man bis zu vier Kämpfer dort oben unterbringen konnte. Und da die Schiffe zunehmend größer wurden, spielten auch die Stabilitätsprobleme keine ganz so große Rolle mehr.

Zunächst waren diese Toppkastelle wohl viereckig, doch schnell setzte sich eine runde Form allgemein durch (s. auch S. 47).
Vom 13. bis 16. Jahrhundert besaßen die Toppkastelle hohe Brüstungen (zumindest bauch- oft sogar brusthoch). Diese waren aus Holzbrettern gefertigt und, zumindest auf Kriegsschiffen, vielfach bunt bemalt. Freilich, das sollte man nicht vergessen, gab es damals noch gar keinen so klaren Unterschied zwischen Kriegs- und Handelsfahrzeugen: Ein Schiff, das in diesem Jahr tapfer und erfolgreich in einer Seeschlacht gekämpft hatte, mochte durchaus im nächsten Jahr als friedliches Handelsfahrzeug oder auch als Heringsfänger unterwegs sein; andererseits verzichtete kaum ein Handelsschiff darauf, einen unterlegenen Gegner anzugreifen, zu kapern und als Beute in den Heimathafen einzuschleppen.

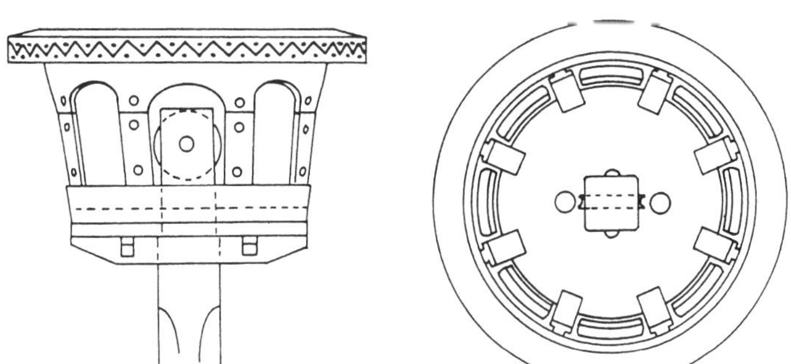

Mastkorb der Mataró-Não von 1450 (Abb. s. Band 2 Material und Werkzeug S. 29). (Zeichnung nach Karl-Heinz Noldt, Wolfsburg)

Um 1400 wurden die, zumindest repräsentativen, Schiffe nicht nur immer größer und ihre Masten immer höher, auch die Toppkastelle wurden immer umfangreicher und boten bis zu sechs Elitekämpfern ausreichend Bewegungsraum.

Allerdings war es mühsam mit einem Bündel Speere, Pfeile oder einen „handlichen“ Stein x-fach die lange Strickleiter bis zum Topp hinaufzuklettern, und dabei auch noch von dort wieder herunterkommenden Männern auszuweichen. So wurden vielfach dort oben kurze, primitive Kranbalken montiert, durch deren Scheibgatt ein mit Schlaufen versehenes Endlostau zu einem entsprechenden Block an Deck führte, mit dessen Hilfe man entsprechendes Schieß- und Wurfmaterial nach oben transportieren konnte.

Große Karracke um 1475 des Meisters WA. Deutlich sichtbar am Großmast der Kranbalken im Topp und das Geschirr zum Aufziehen von Wurf- und Schießmaterial.

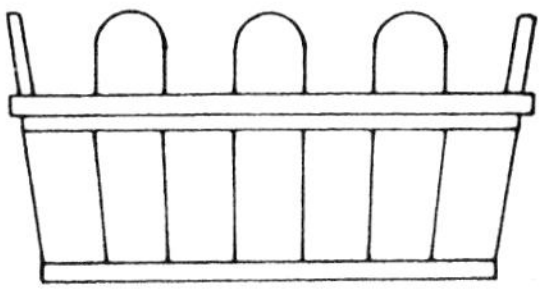

13./14. Jahrhundert

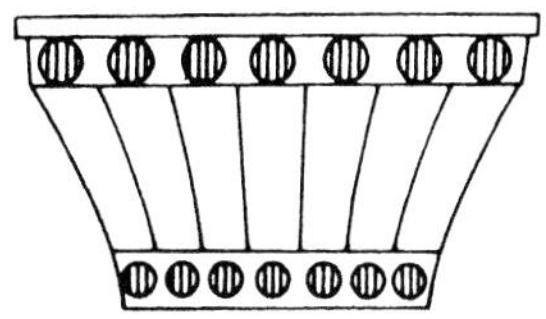

13./15. Jahrhundert

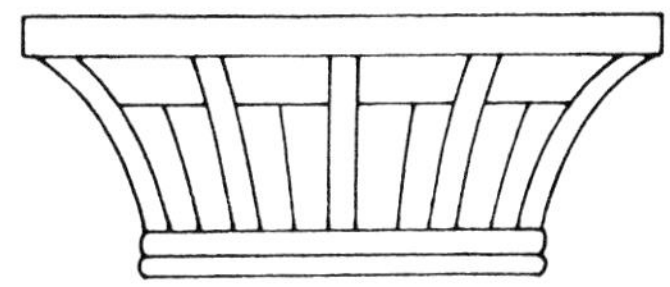

14./15. Jahrhundert

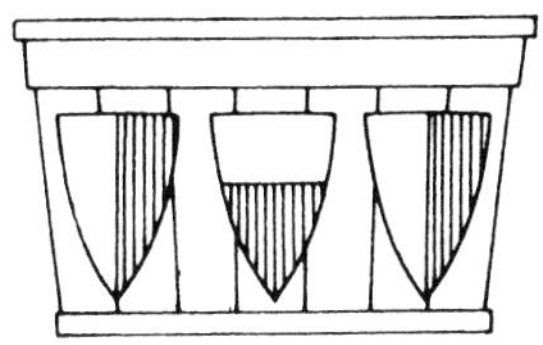

14./15. Jahrhundert

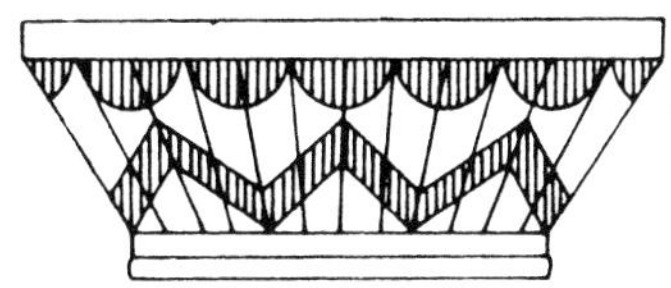

15./16. Jahrhundert

Toppkastelle/Mastkörbe „nordischer" Bauart.

Mediterrane Toppkastelle/Mastkörbe

Auf Darstellungen aus dem Mittelmeer tauchen bereits um 1200 v. Chr. vereinzelt Toppkastelle auf. Durchgesetzt haben sie sich damals nicht (s. auch Abb. Band 3 Der Rumpf S. 416).
Im 13. Jahrhundert erscheinen sie, praktisch zeitgleich mit den Toppkastellen im Norden, wieder gehäuft und fast regelmäßig. *Wer* hat da nun vom *wem* „geklaut"? Dank der technisch ausgereifteren Konstruktion sowie der späteren Weiterentwicklung vermutet der Autor, dass dieser „Technologietransfer" von Nord nach Süd ging – auch wenn dies eine herbe Tatsache für all jene sein mag, die der Überzeugung sind, dass Kultur und Technologie in Europa ausschließlich aus dem Süden „importiert" worden sei. Der höchst erfolgreiche Schiffstyp der Cocca im Mittelmeer war schließlich auch ein „Import" aus dem Norden (Abb. s. auch Band 8 Taue, Blöcke, Segel S. 75).
Im Mittelmeer bestand die Reling übrigens tatsächlich oft aus Korbgeflecht, mitunter sogar das ganze Teil – es waren also tatsächlich Mast-„Körbe".

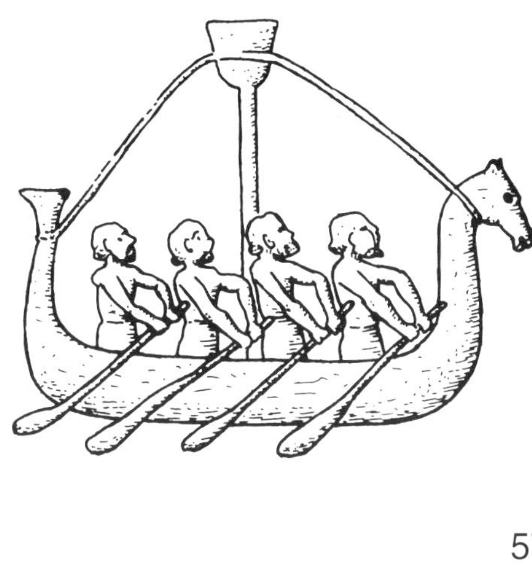

Phönizisches Schiff um 700 v. Chr. (Zeichnung nach einem Originalrelief im British Museum, London)

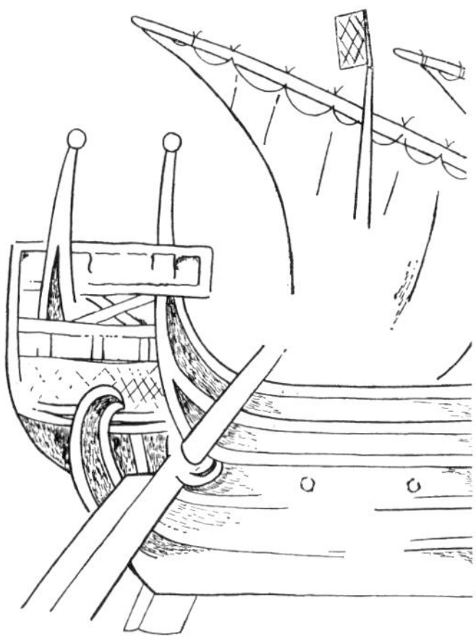

Links:
Mastkorb (offenbar aus „Geflecht") 13. Jahrhundert. (Zeichnung nach einem Original in der Bibliothèque National, Paris)

Darunter:
Offensichtlich „umbaute" Mastkörbe 13. Jahrhundert. (Zeichnung nach einem Relief am Schiefen Turm in Pisa)

Mit diesen tonnenförmigen Mastkörben auf einem Schiff aus dem „Codex de las Cantigas" von König Alfonso X., 13. Jahrhundert, hatte der Illustrator offenkundig einige Probleme. (Zeichnung noch einem Original in der Bibliothek des Escorial, Madrid)

Kaiserlich-deutsche Não vermutlich in der Adria im 14. Jahrhundert. Den runden Strebenring oben am Mastkorb mag man als zusätzliche Brustwehr interpretieren, der untere Ring freilich (beide Ringe aus Metall?) kann freilich nur als „Einstiegshilfe“ in den Mastkorb interpretiert werden.
Interessant auch der Heckausleger (s. entsprechendes Kapitel), der variabel durch zwei Öffnungen im Heck geschoben werden konnte.
(Zeichnung nach einem Gemälde von Lorenzetti, Uffizien, Florenz)

Mitte des 14. Jahrhunderts konnten im Mittelmeer „rund umbaute“ Mastkörbe durchaus noch viereckig sein, obwohl diese Methode im Norden längst runden Formen gewichen war.
(Zeichnung nach einem Gemälde von Giovanni di Milano 1350)

Abmessungen von Toppkastellen/Mastkörben

Exakte Maßangaben, wie in späteren Jahrhunderten, fehlen natürlich für diese Zeiten noch vollständig.

Ein Rekonstrukteur oder auch Modellbauer ist also allein auf „gefühlte“ Maße angewiesen.
Doch daraus kann man durchaus vernünftige Schlüsse ziehen:
Aufheißbare oder auch fest montierte Mastkörbe, vor oder hinter dem Mast, boten in aller Regel nur für einen Ausguck oder, im Zweifelsfall, einen Kämpfer Platz. 60 cm^2 Bodenfläche reichte da durchaus.
Bei fest umbauten Toppkastellen für drei Elitekämpfer mochten es 1,5 bis 2,5 m^2 sein.
Ernsthaft schwieriger wird es im 15./16. Jahrhundert, wo dort oben sechs bis sogar acht Mann Platz finden und im Kampf agieren mussten. Zeitgenössische Darstellungen zeigen oft proportional riesige Mastkörbe, doch man sollte damit (Prestigemalerei!) eher ein wenig vorsichtig sein.
Werner Zimmermann gibt die Schanzkleidhöhe mit etwa 1,15 m an. Das erscheint praktikabel bei Mastkörben, die ausschließlich von einem Ausguck besetzt waren. Sollte von dort oben aber auch gekämpft werden, dürften sie kaum höher als 90 bis maximal 100 cm gewesen sein (vergessen Sie nicht, dass die Menschen damals in der Regel ein gutes Stück kleiner waren als heute).

Im 15. Jahrhundert glichen sich die Mastkörbe großer (quer-) rahgetakelter Schiffe in aller Regel den nordischen Vorgaben für solche Schiffe an.
(Holzschnitt von Gulielmo Caoursin in „Rhodium Historia“, Ulm 1496)

Mars

Als im späten 15. Jahrhundert die ersten Stengen (s. Folgekapitel) auftauchten, erhielt die Saling nicht nur eine neue Aufgabe. Sie hatte nämlich nicht mehr nur das Toppkastell zu tragen, sondern vor allem dem Stengefuß sicheren Halt zu geben.
Seit dieser Zeit verschwanden Bezeichnungen wie Toppkastell oder gar Mastkorb und wurden durch den Begriff „Mars“ ersetzt.

Die Marsen waren nun vor allem *Arbeitsplattformen*, von denen aus die an den Stengen befestigten Obersegel zumindest teilweise bedient werden konnten und dienten den entsprechenden Wanten als Spreizpunkt. Natürlich waren sie im Zweifelsfall auch immer noch *Kampfplattformen*:
Der tödliche Schuss auf Vizeadmiral Horatio Viscount Nelson, Duke of Bronte, in der Schlacht von Trafalgar 1805 wurde von einem Scharfschützen in der Mars des französischen 74-Kanonen-Linienschiffs REDOUTABLE (unter Führung des überaus tapferen Kapitäns Jean-Jaques Lucas) aus abgefeuert. Der Schütze bezahlte fast in der gleichen Stunde wie Nelson dafür mit seinem Leben, als der von der VICTORY zusammengeschossene Mast der REDOUTABLE herunterbrach).

Marsen wurden bis Anfang des 17. Jahrhunderts auf allen Salingen (also auch Stenge-, und Sprietmastsaling) gefahren. Danach behielten nur die Untermastsalinge und die Sprietmastsaling eine Mars, wobei letztere nach dem Verschwinden des Sprietmastes um 1720 ebenfalls abgeschafft wurde.

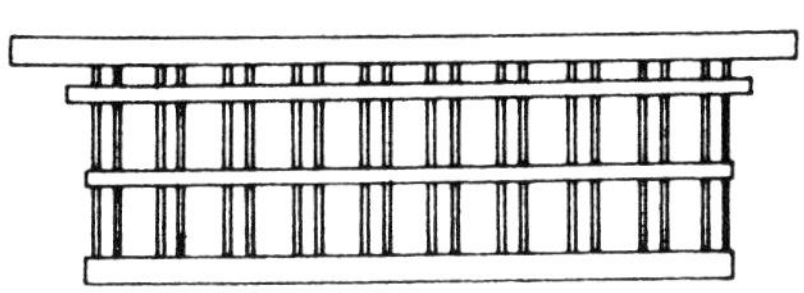

1525 bis etwa 1580

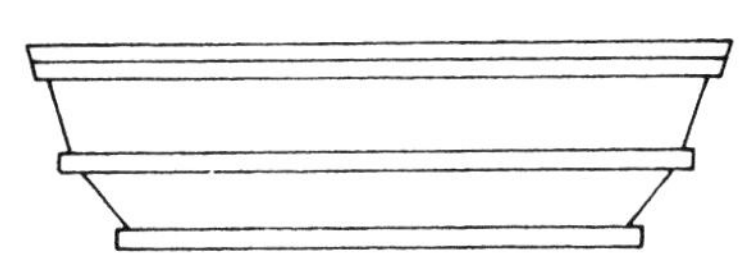

1570 bis 1610

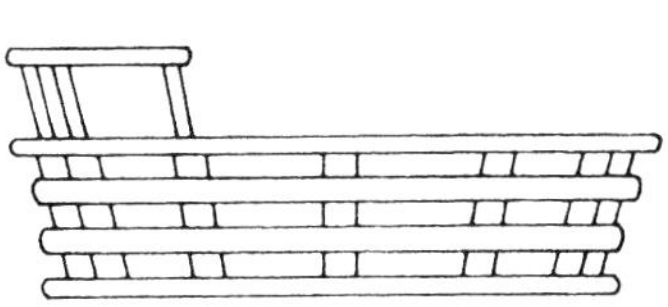

1570 bis 1620

1570 bis 1620

Während die Bodenfläche im 16. Jahrhundert wuchs, schrumpfte die Relingshöhe beträchtlich – aus Mastkörben wurden die Marsen.

Entsprechend ihrer neuen Hauptaufgabe wurden die Brüstungen der Marsen immer niedriger, bis sie seit dem letzten Viertel des 17. Jahrhunderts nur noch aus einem kleinen Ring bestanden. Auch die bunten Farben verschwanden. Ab

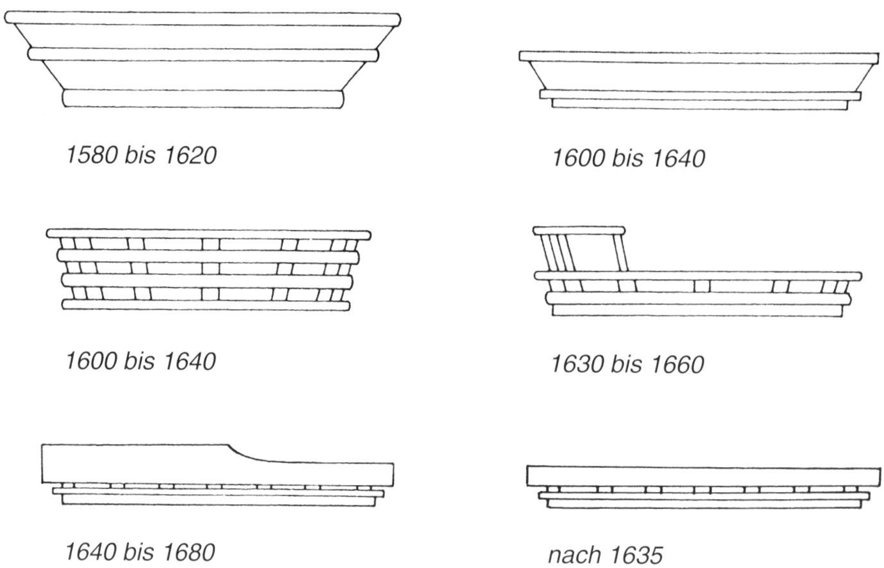

Die Relingshöhen der Marsen schrumpften in der ersten Hälfte des 17. Jahrhunders immer mehr zusammen.

Mitte des 17. Jahrhunderts, vielfach schon früher, waren sie schwarz gestrichen außer dem Boden, welcher Naturholzfarben blieb.

Der Bau der Marsen blieb durch die Jahrhunderte ziemlich gleich: Der Marsboden war etwa 1,16 der Saling und aus zwei Lagen Brettern (vorn und hinten quer, an den Seiten längs) zusammengefügt. Die Dicke des Marsbodens betrug im Original etwa 8 bis 10 cm. Die Bodenöffnung, das sogenannte *Soldatengatt*, besaß ca. 0,4 der Länge und 0,33 der Breite. Die Mars des Sprietmastes hatte nur eine kleine Öffnung, gerade groß genug für das Bugsprietknie und den Fuß der Stenge.

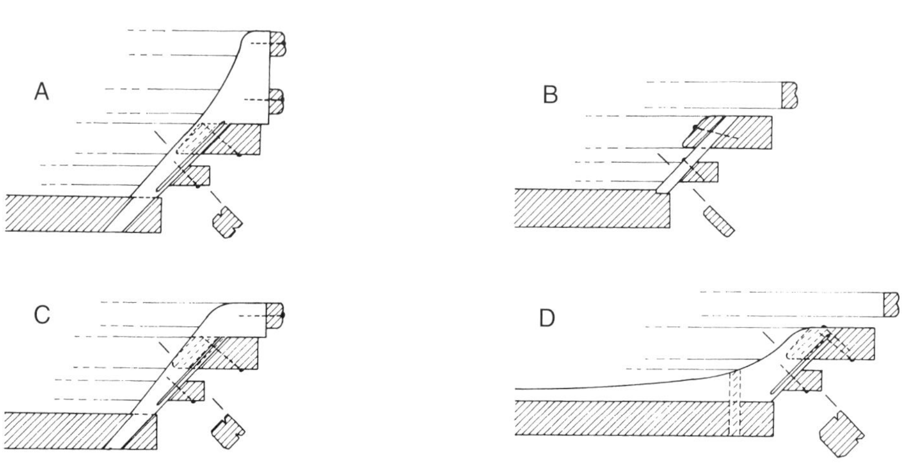

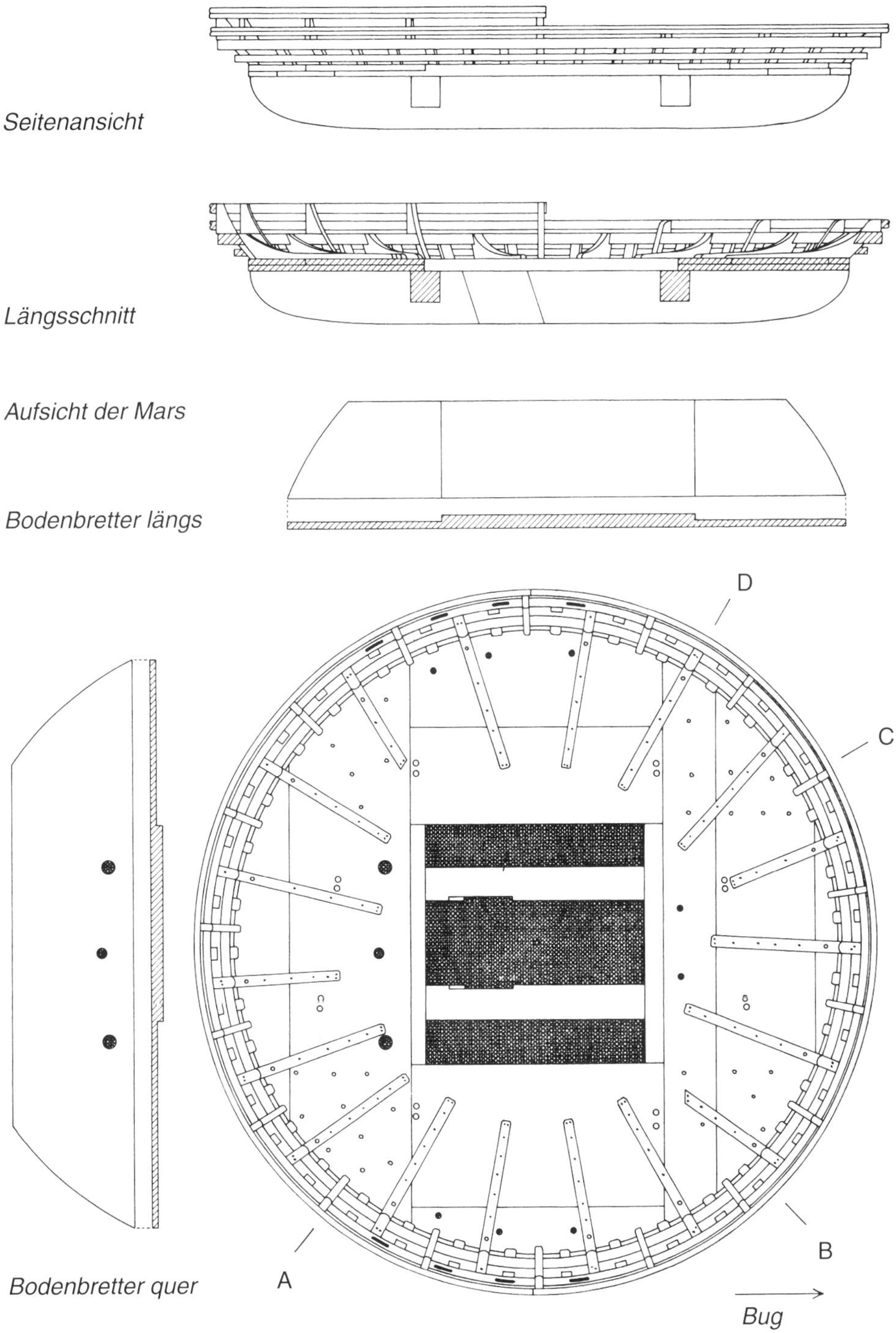

Die original im Hafen von Stockholm gefundene Mars der Wasa. Das Bauprinzip blieb sich bis ins 19. Jahrhundert gleich, nur die Bodenbretter wurden deutlich schmäler. Links (vergrößert) die Schnitte durch die Marsreling.

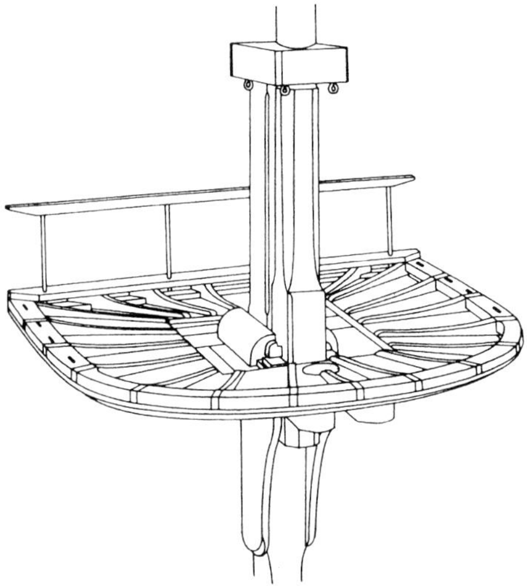

Mars seit zweiter Hälfte 18. Jahrhundert: Ansicht links von vorne oben (englisch) und rechts von vorne unten (französisch).
(Zeichnungen von Jean Boudriot, Grenoble)

Der Ring, der um die Mars lag, wurde von einer Anzahl Rippen getragen, die strahlenförmig und gleichmäßig verteilt waren. Die an ihrem Ende quadratischen Rippen besaßen eine Stärke von 7,5 bis 10 cm. Die Rippen, stets eine gerade Zahl, waren im Abstand von 30 bis 46 cm am Marsrand verteilt.

In diesen Marsring waren die Öffnungen für die Püttings der Marswanten (s. dazu auch Band 9 Stehendes Gut Kap. Püttings) eingebohrt und leicht oval

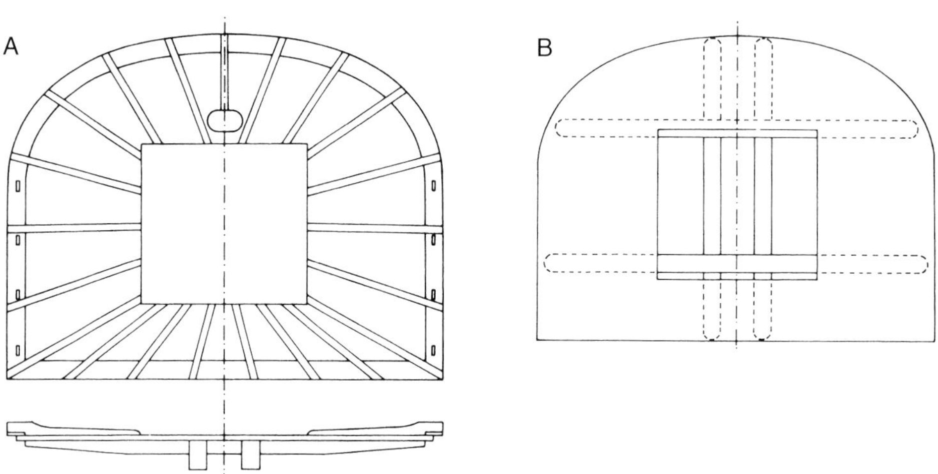

Bau einer Mars – zweite Hälfte des 18. Jahrhunderts, doch das Grundprinzip war seit dem 15. Jahrhundert stets identisch:

*Besanmars der WASA.
Rot war die „Königsfarbe“, mit der nicht nur die Marsen, sondern auch die Blöcke angestrichen wurden.
Gustav II. Adolf von Schweden ließ da bei seinem Flaggschiff, das ihn nach Deutschland zur Kaiserkrönung (von Frankreichs Gnaden) tragen sollte, wahrlich nichts „anbrennen“!
Dass die WASA bei ihrer Jungfernfahrt gleich im Hafen von Stockholm kenterte und „absoff“, war ebenso wenig geplant, als dass der ehrgeizige König in der Schlacht bei Lützen am 16.11.1632 zwischen die Fronten geriet und erschossen wurde (angeblich mit einer silbernen Kugel aus der Pistole des „Freischützen“ Oberist Quint).
(Modell von Wolfram zu Mondfeld, Hohenfurch, im Deutschen Technikmuseum, Berlin)*

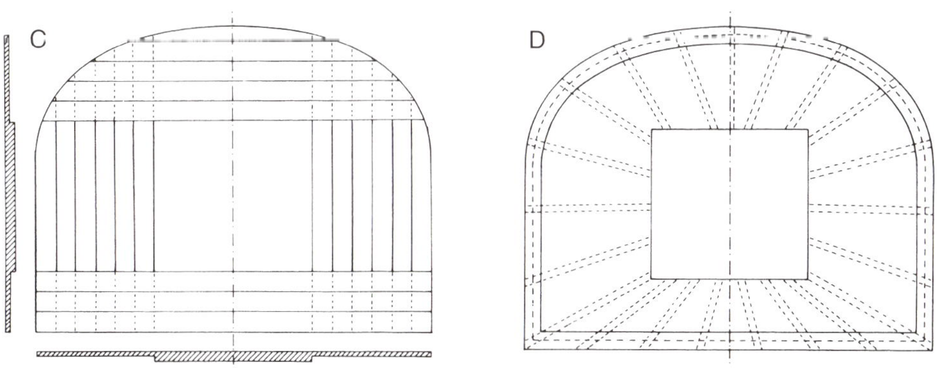

A. Gesamtansicht, B. Lagerung auf Salingen, C. Bretter des Marsbodens, D. aufgesetzter Marsrand („Reling“).

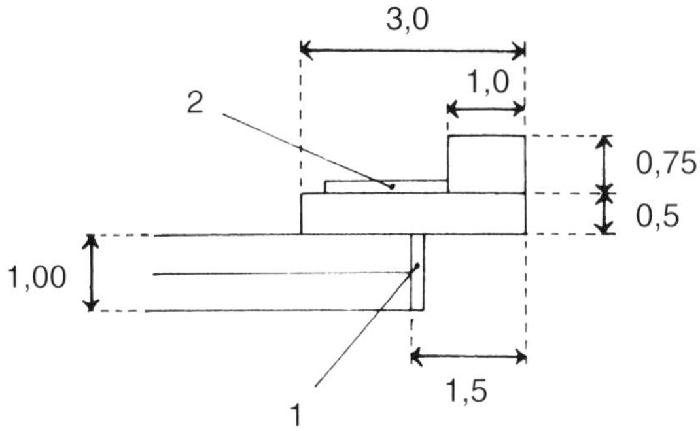

Generelle Proportionen des Marsrandes (nationale und zeitliche Variationen waren möglich.)
1. Abdeckleiste, 2. Kupferbeschlag häufig nach 1780.

ausgeschliffen. Das vorderste Loch befand sich etwas vor der Vorderkante des Untermastes, das hinterste bei runden Marsen in der Mitte zwischen dem vordersten Loch und der Mitte der hinteren Marshälfte, bei eckigen Marsen etwa 20 bis 30 cm vor der hinteren Kante. Die übrigen Löcher wurden dazwischen in gleichmäßigen Abständen verteilt.

Formen der Mars

Bis ins frühe 18. Jahrhundert waren, zumindest auf kontinentalen Schiffen, die Marsen kreisrund. Ende des 17. Jahrhunderts begann man jedoch in Großbritannien das achterliche Ende der Marsen abzuflachen. Fragen Sie mich bitte nicht genau, weshalb. Eine denkbare Erklärung wäre, dass man mit dort von hinten hereinkommenden Teilen der Takelage nicht in Kollision kommen wollte.

Form der Marsen 16. bis 19. Jahrhundert. (Zeichnungen nach James Lees, Greenwich)

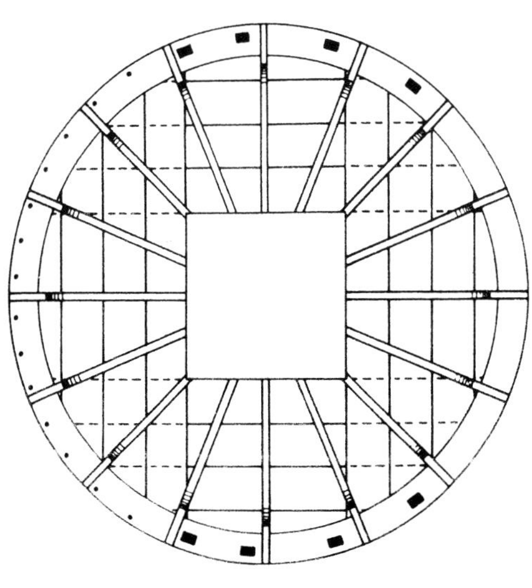

1515 bis 1695

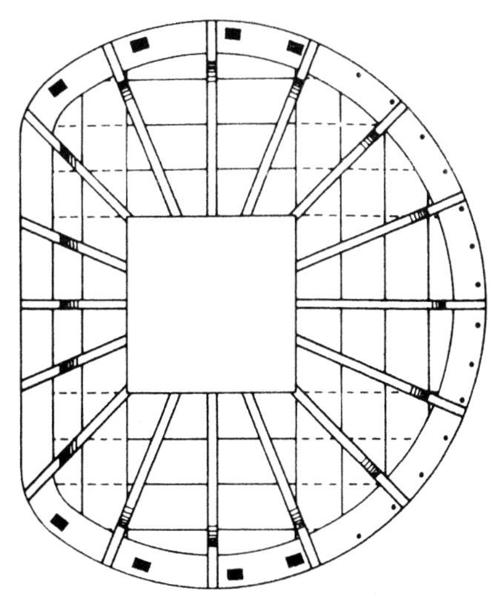

1690 bis 1710

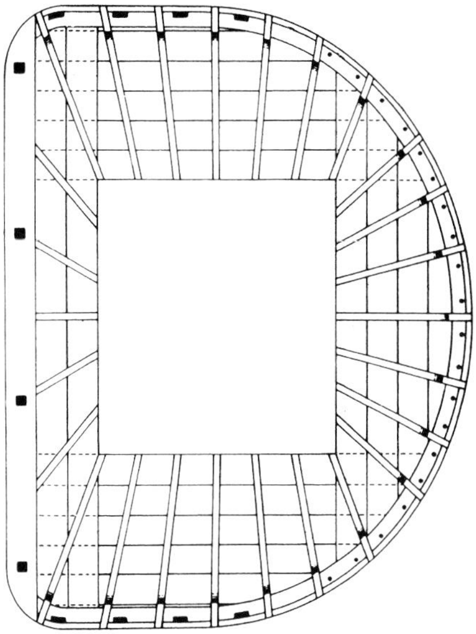

1700 bis 1750

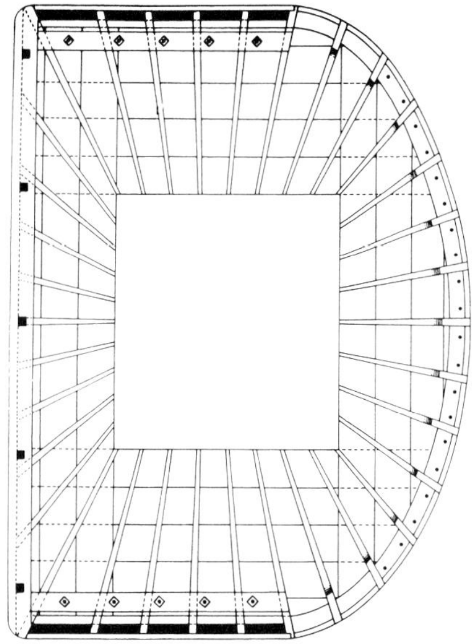

1740 bis 1790

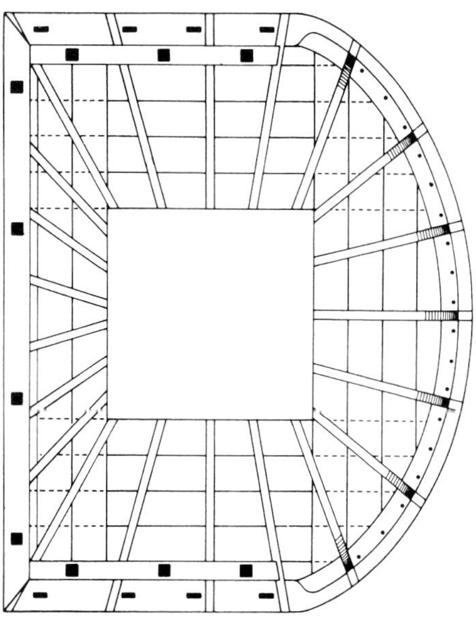

1790 bis 1805 englisch

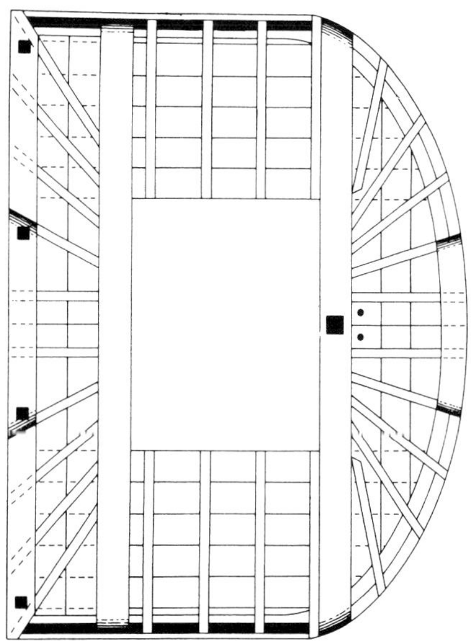

1800 bis 1820 englisch

Spätestens seit 1720 war der hintere Teil einer englischen Mars absolut gerade, vielfach nun auch die Seiten, und nur der vordere Teil war nach wie vor, wenn auch nicht mehr kreisrund, so wenigstens elliptisch gebogen. Anfang des 19. Jahrhunderts verschwanden dann sogar die noch ein bisschen abgerundeten Ecken.

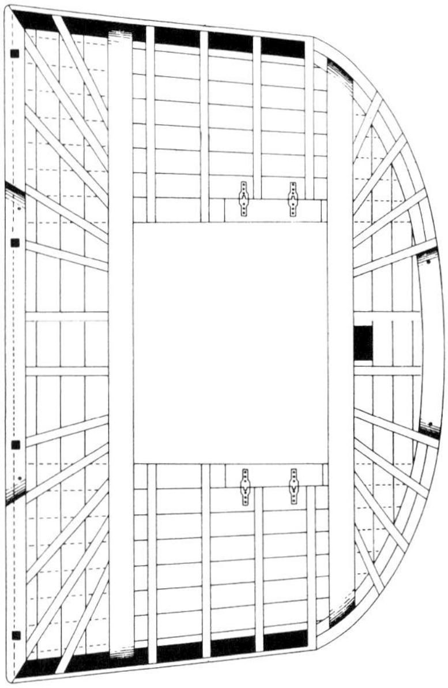

1815 bis 1835 englisch

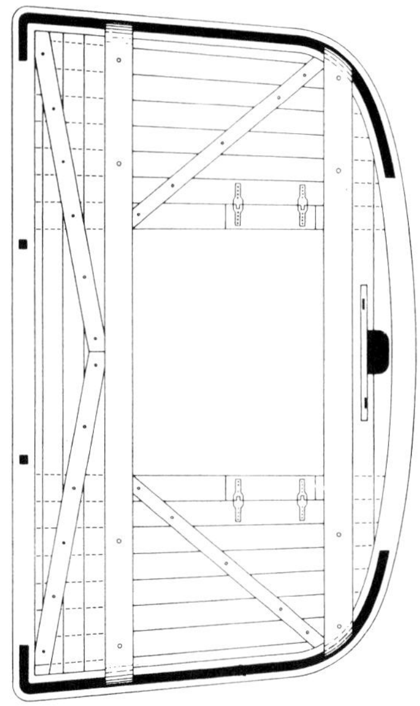

nach 1830 englisch

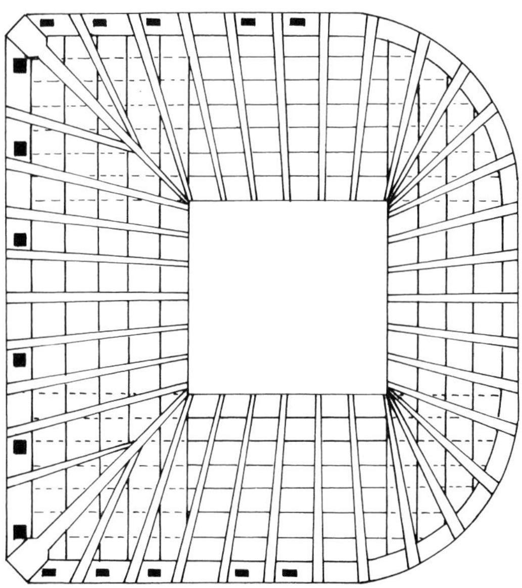

seit 1780 kontinental

Kontinentaleuropa folgte bis in die zweite Hälfte des 18. Jahrhunderts, wenn auch mit einiger zeitlicher Verzögerung, dem englischen Beispiel.
Um 1780 löste sich unter Führung Frankreichs die kontinentale Marsform von der englischen. Sie wurde deutlich eckiger, vorne in der Mitte völlig gerade und hinten sichtlich länger.

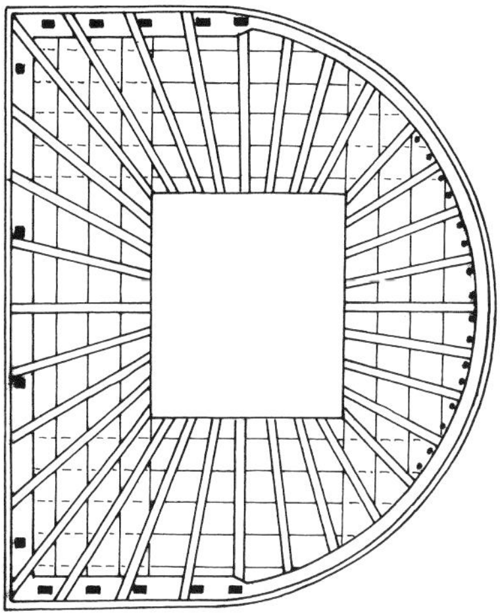

1780 bis 1815 Handelsschiffe

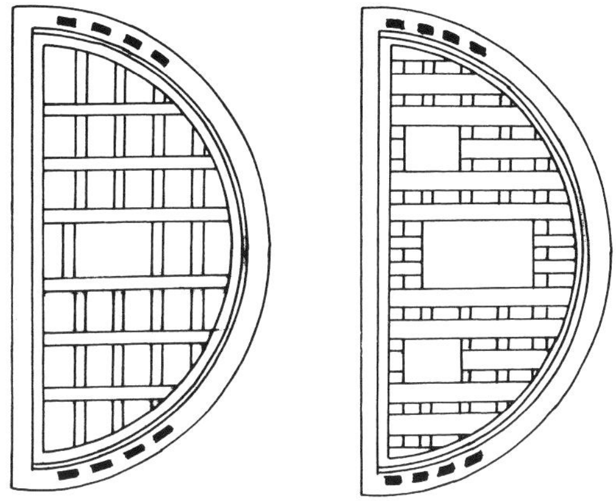

ab 1810 Handelsschiffe

Seit dem späten 18. Jahrhundert gingen Handelsschiffe völlig eigene Wege, sie waren ja nur als Arbeitsplattformen gedacht, nicht als Kampfplattformen wie die Marsen von Kriegsschiffen, konnten also sehr viel kleiner und einfacher gehalten werden. Sie behielten diese Form fast unverändert bis heute bei, nur dass sie nach der Mitte des 19. Jahrhunderts zunehmend aus Metall gefertigt wurden.

Modellbau

Der Bau historischer korrekter Marsen (oder auch Toppkastelle und Mastkörbe älterer Zeiten) ist – schon wieder einmal! – eine elende Fieselei!

Variante 1: Man setzt den Boden tatsächlich aus Leistchen zusammen.Vorteil: eine so gebaute Mars entspricht optisch exakt einer Originalmars. Nachteil: sehr viel Aufwand für etwas, dass man in einem 1:50-Modell ganz einfach nicht sieht, lediglich bei großmaßstäblichen Modellen, z. B. 1:25, macht das Sinn.

Variante 2: Man schneidet den Marsboden aus einem entsprechend dicken Edelholzbrettchen (bei älteren Schiffen z.B. Birne, bei jüngeren Schiffen aus Ahorn) und ritzt die Bretterstöße mit einem Messer ein. Der Nachteil ist freilich, dass da irgendwo die Maserung „gegen die Strich" läuft. Persönlich habe ich fast alle Marsböden meiner 1:50-Modelle nach dieser Variante gebaut. Und nicht einmal Herr Prof. Dr. Dirk Böndel, Direktor des Deutschen Technikmuseums in Berlin und ausgewiesener Fachmann für historischen Schiffbau, fand daran etwas auszusetzen!

Schließlich wird der erhöhte Rand aus entsprechend starkem Holz aufgeklebt und die Rippen, die man aus einem entsprechend starken Holzbrettchen heraussägen oder aus entsprechend starken Leistchen herausfeilt, eingeklebt.

Der Großmast des legendären Teeklippers Cutty Sark von 1869, die heute in Greenwich im Museumstrockendock steht, mit typischer Handelsschiff-Mars.
(Foto von Peter Rückert, Augsburg)

Eselshaupt

Als Ende des 15. Jahrhunderts Toppstengen auftauchten, genügte es, diese mit Tauzurrings am Masttopp festzubinden, wie man dies bislang vielfach auch mit Flaggstöcken gemacht hatte. Schließlich mussten diese Stengen ja nur dem Winddruck eines „taschentuchgroßen“ Segels (s. Abb. Band 1 MODELLE UND VORKENNTNISSE S. 19) standhalten.
Als zu Beginn des 16. Jahrhunderts die Stengen rasant in die Höhe wuchsen und die entsprechenden Segel immer größer wurden, musste selbstverständlich eine sehr viel stabilere Konstruktion her:
Das untere Ende der Stenge wurde durch eine entsprechende Aussparung der Saling gesteckt. Und am oberen Toppende sorgte das Eselshaupt dafür, die Stenge in der richtigen Position zu halten.
Bis in die erste Hälfte des 19. Jahrhunderts waren Eselshäupter massive Holzklötze. Mit der quadratischen Öffnung (vereinzelt war sie auch rund) wurden sie auf den eckigen (gelegentlich auch runden) Zapfen oben auf dem Masttopp gesteckt. Die runde Öffnung davor nahm die Stenge auf.
Die Länge des Eselshaupts war 0,5 bis 0,45 des Masttopps. Den Mittelpunkt der beiden Öffnungen ermittelt man zwischen der Zentralachse des Mastes und der Zentralachse der Stenge.

Modellbau: Wer sich nicht unbedingt der Mühe unterziehen will den Masttopp mit einem entsprechenden Zapfen zu versehen, dem sei die Methode „Da hauen wir doch einfach einen Nagel durch“ durchaus zu empfehlen – kleben reicht da beim besten Willen nicht. Allerdings darf der Nagelkopf später keinesfalls mehr

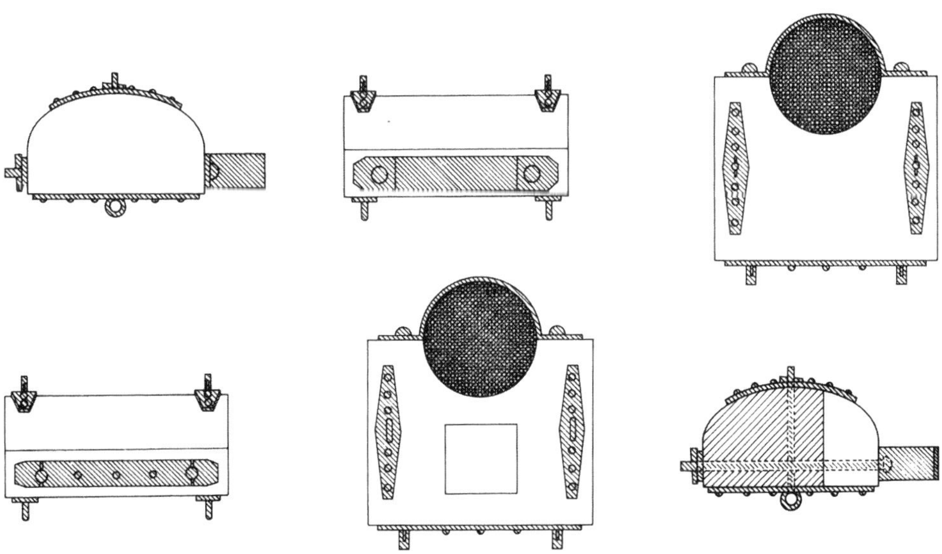

Kontinentales Eselshaupt 16. bis frühes 17. Jahrhundert:
Seitenansicht, Vorderansicht, Aufsicht, Hinteransicht, Untersicht, Querschnitt.

sichtbar sein! Entsprechend versenkt und abgeschliffen macht dies unter der Farbe des Eselshauptes kaum technisch-optische Probleme. Nur konsequenten Blankholz-Modellbauern bleibt keine Wahl als der bewusste Zapfen auf dem Topp.

Kontinentales und englisches Eselshaupt

Lange Zeit gab es zwei grundsätzliche Formen des Eselshauptes, die kontinentale und die englische.

Das kontinentale Eselshaupt war bis Ende des 17. Jahrhunderts am Vorderende flach und wölbte sich dann nach hinten halbrund auf. Die Löcher und Keepen in der kontinentalen Form dienten der Führung des Großfalls (s. auch Band 9 Laufendes Gut Kap. Fallen). Zu Beginn des 18. Jahrhunderts wurde die Führung der Fallen über das Eselshaupt aufgegeben und folgte nun der englischen Methode. Das Eselshaupt behielt zwar seine Grundform bei, wurde aber wesentlich flacher, bis es seit Mitte des 18. Jahrhunderts von der englischen Form völlig verdrängt wurde. Lediglich in Frankreich wurden bis etwa 1790 teilweise die Fallen noch über das Eselshaupt geführt.

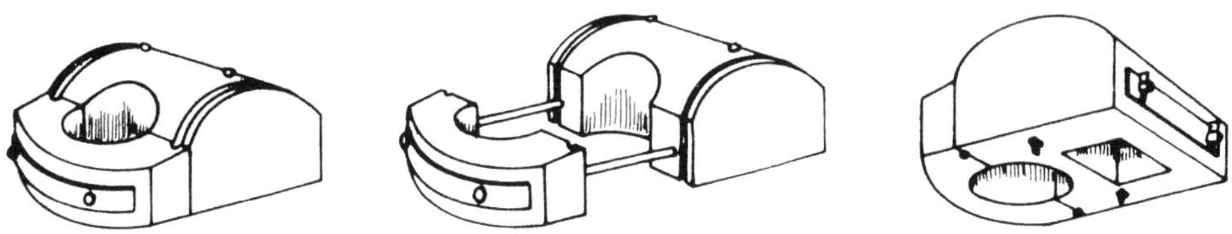

Kontinentales Eselshaupt zweite Hälfte 17. Jahrhundert mit vorgesetzten hölzernen Backen für die Stenge – vor allem in den Niederlanden beliebt.

Kontinentales Eselshaupt 1630 bis 1700.

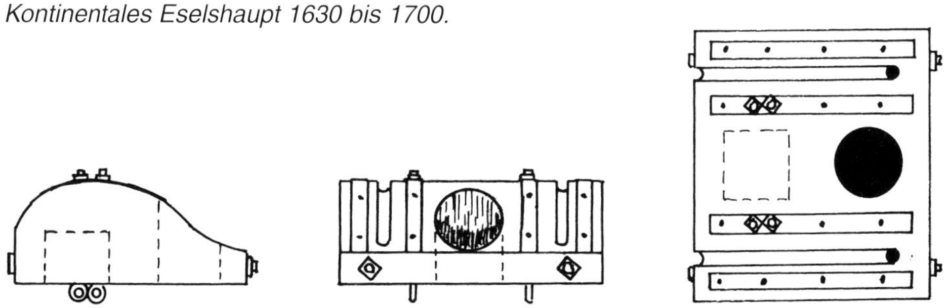

Französisches Eselshaupt 1690 bis 1780.

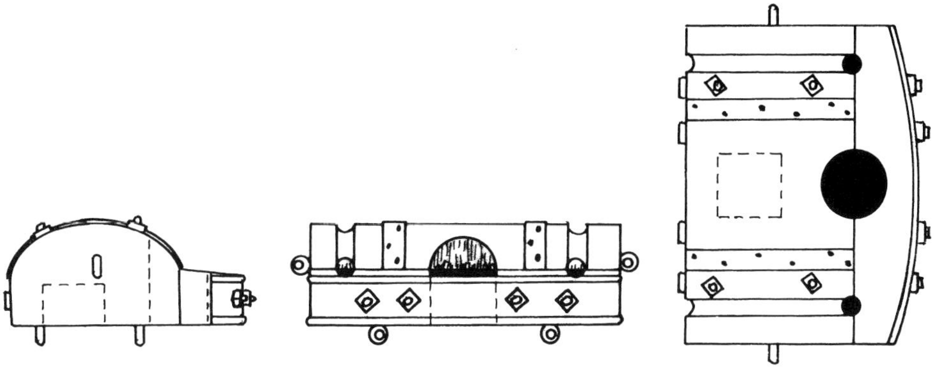

Holländisches Eselshaupt 1690 bis 1720.

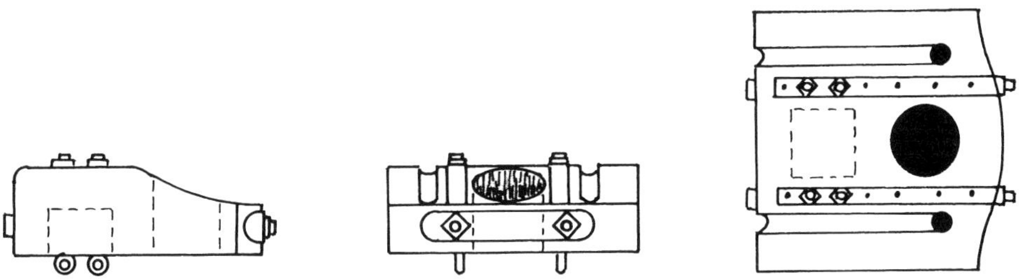

Französisches Eselshaupt 1770 bis 1790.

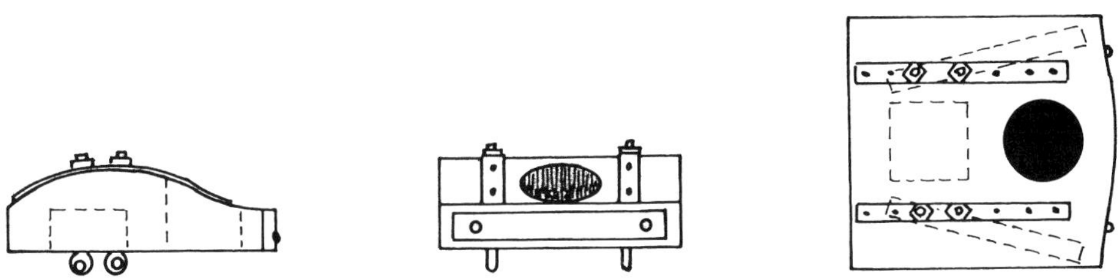

Kontinentales Eselshaupt 1770 bis 1800 (nur noch selten verwendet).

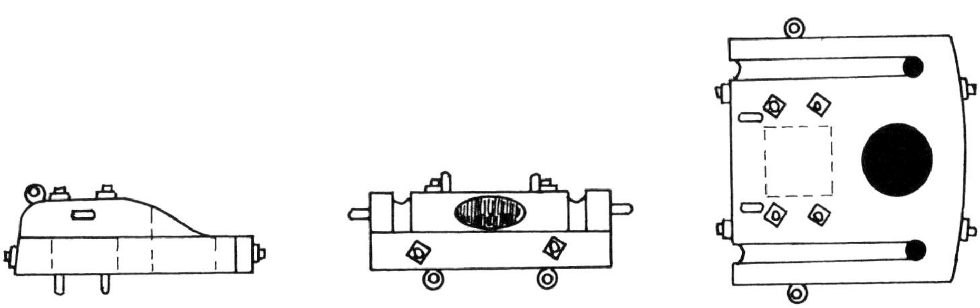

Französisches Eselshaupt 1770 bis 1810 (nur noch selten verwendet).

Das englische Eselshaupt war von Anfang an völlig flach, da nie Fallen über dieses geführt wurden. Seit Mitte des 18. Jahrhunderts wurde es auch auf dem Kontinent immer beliebter, bis es Ende dieses Jahrhunderts die allgemein übliche Form war.
Im späten 18. bis Mitte des 19. Jahrhunderts waren die Eselshäupter in der Regel mit Eisenbändern verstärkt.

Grundsätzlich waren an der Unterseite der Eselshäupter vier Ringbolzen montiert, um dort die Taue und Blöcke für die Stengewindereeps (s. auch Band 9 Laufendes Gut Kap. Stengewindereep) einhängen zu können.

Seit der Mitte des 19. Jahrhunderts kamen mehr und mehr Eselshäupter aus Metall in Mode. Man kann sie aus entsprechend dicken Messingstreifen, die anschließend geschwärzt werden, zusammenbauen – im Hartlöten sollte da ein Modellbauer aber wirklich fit sein!

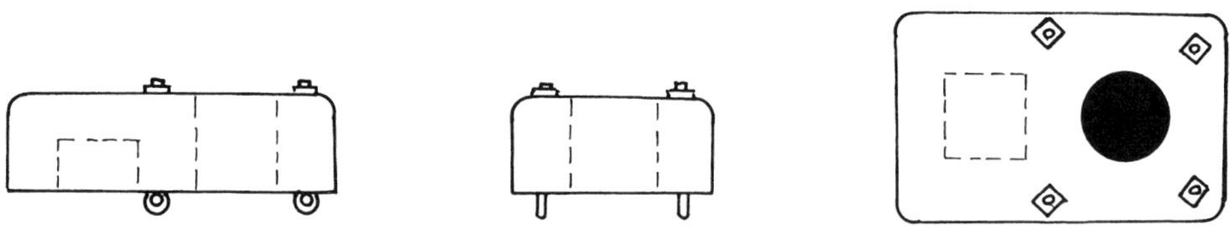

Englisches Eselhaupt 16. Jahrhundert bis 1770.

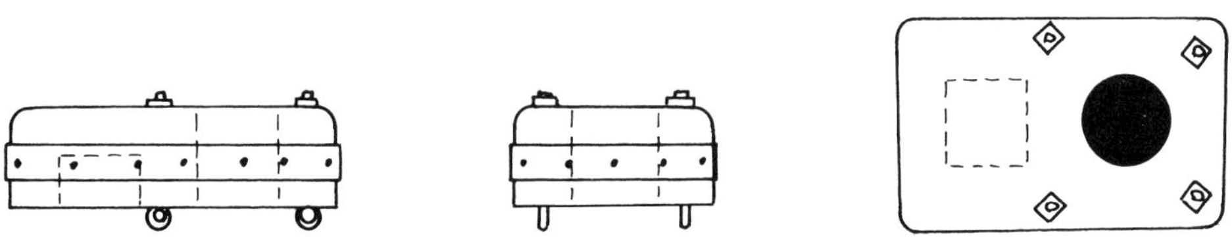

Englisches Eselshaupt 1750 bis 1810, zunehmend auch kontinental.

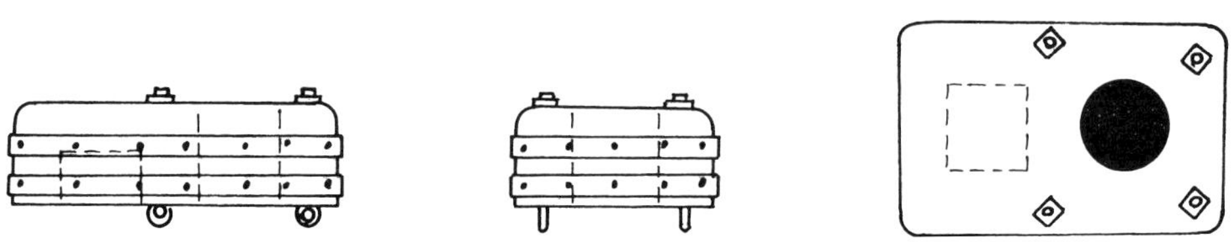

Englisches Eselshaupt 1750 bis 1810, zunehmend auch kontinental.

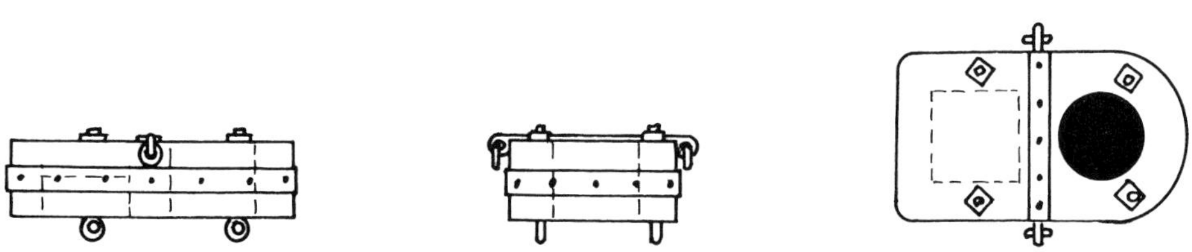

Internationales Eselshaupt 1780 bis 1830.

Internationales Eselshaupt nach 1825.

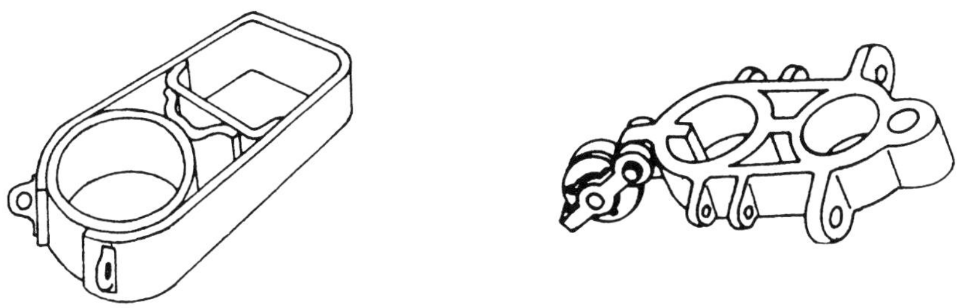

Ab Mitte des 19. Jahrhunderts setzten sich allgemein zunehmend eiserne Eselshäupter durch.

Eselshauptstütze

Bereits um 1720 war auf wirklich großen Schiffen das Eselshaupt so lang und schwer, dass der Toppzapfen des Mastes es oftmals nicht mehr sicher tragen konnte. So baute man, zumal auf englischen Schiffen, an seinem vordersten Teil eine so genannte „Eselshauptstütze" ein. Das war ein vierkantiges Holz, mit leicht gebrochenen Kanten. Es war etwa ein Drittel so stark wie der Masttopp.

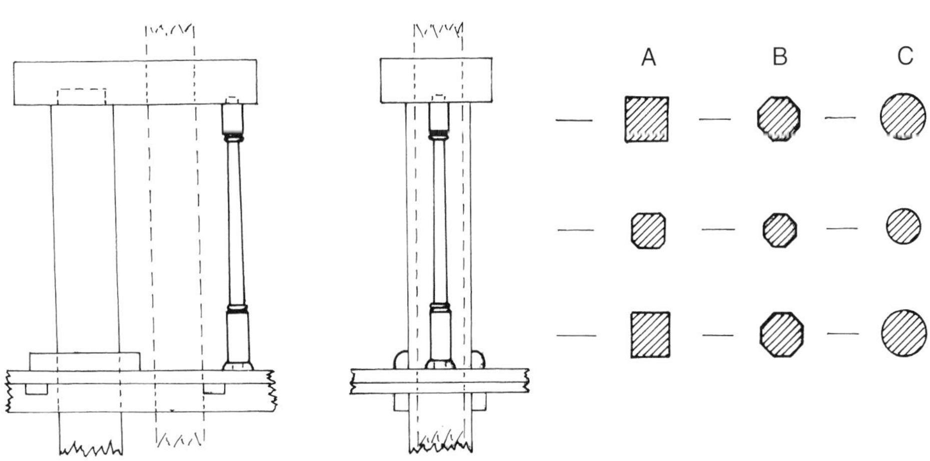

Eselshauptstütze.
A. 1720 bis 1750, B. und C. nach 1750 (die Querschnitte sind in doppelter Größe gezeichnet).

Nach 1750 wurde das ganze Teil achteckig oder rund im Querschnitt. Die Eselshauptstütze wurde nun zunehmend auch auf dem Kontinent übernommen.

Die aus Knochen gefertigten Modelle hauptsächlich französischer, aber auch spanischer, niederländischer und italienischer Kriegsgefangener aus dem Kämpfen zur See im späten 18. Jahrhundert und den Napoleonischen Kriegen, zeigen durchweg das seit 1780 übliche Eselshaupt: völlig flach mit rundem Vorder- und geradem Hinterteil. (Gefangenenmodell aus Knochen im Royal Naval Museum, Portsmouth/Hampshire)

Marsstenge

Als im späten 15. Jahrhundert Toppsegel eingeführt wurden, musste man die Masten verlängern. Um die ganze Konstruktion aber elastisch und bruchsicher zu halten, verlängerte man nicht die Masten, sondern fügte ihnen die Marsstengen an. Das noch immer frühe 16. Jahrhundert fügte Bramstengen hinzu (auch wenn realistisch die Mehrzahl der Schiffe aus jener Zeit gar keine Bramsegel tragen konnten – Imponiergehabe!). Und das 17. Jahrhundert sogar Royalstengen (ebenso damals noch weitgehend Imponiergehabe) und schloss diese oben mit einer kleinen Flaggstenge (Flaggstock) ab.
Im 18. Jahrhundert dachte man freilich wieder ein bisschen praktischer und reduzierte die Zahl der Stengen auf zwei: zunächst die Marsstenge und darüber die Bramstenge, deren oberer Teil aber weiterhin als Royalstenge bezeichnet wurde, auf der dann (integriert) der Flaggstock saß.

Seit dem 17. Jahrhundert maß die Marsstenge etwa 0,57 der Großmastlänge (mit nationalen und zeitlichen Schwankungen). Die Stengen von Handelsschiffen waren in der Regel etwas kleiner als die auf Kriegsschiffen. Die exakte Länge muss man den Plänen entnehmen. Die generellen Proportionen blieben sich aber gleich. Der größte Durchmesser am Eselshaupt betrug etwa 0,028 der Länge, der kleinste Durchmesser unter dem Hummer $^2/_3$ des größten Durchmessers.

Stengen waren grundsätzlich „Pfahlmasten“, d. h. sie waren aus einem Stück Holz geformt und, außer allenfalls auf sehr großen Schiffen, auch nicht aus Kanteln zusammengebaut.

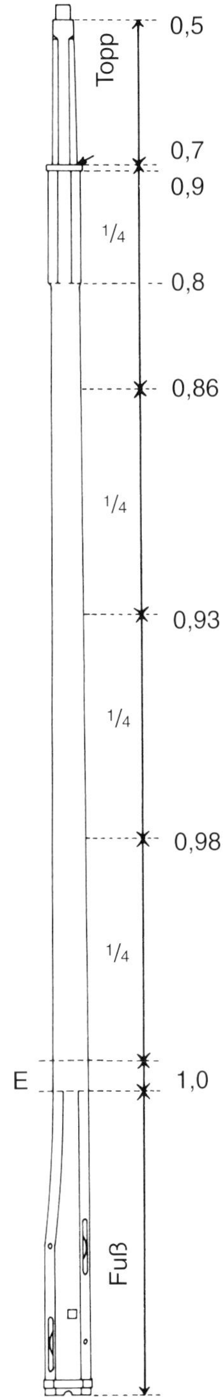

Marsstenge. E = Höhe Eselshaupt

Stengefuß

Der Stengefuß war seit Einführung der Stengen viereckig und etwas größer als der nominell stärkste Durchmesser der Stenge am Eselshaupt. Er sollte bequem, doch nicht locker zwischen die Saling passen, damit nicht das ganze obere Mastteil wackelte oder schief stand.
Um das Durchrutschen der Stenge durch die Saling zu verhindern, wurde durch den Stengefuß ein Holz, das *Schossholz*, geschoben, das auf den Längssalingen auflag. Die Unterkante des Schlossholzgatts sollte stets doppelt so weit von der Unterkante der Stenge entfernt sein wie die Stärke des quadratischen Teils betrug.
Kontinental wurde oberhalb des eigentlich einst viereckigen

Fußes die Stenge rund. Englisch war sie zwischen Fuß und Unterkante Eselshaupt im 17. bis frühen 18. Jahrhundert zunächst achteckig, danach setzte es sich durch, dass man den ganzen Mastfuß achteckig gestaltete, was in der zweiten Hälfte des 18. Jahrhunderts vielfach auch auf dem Kontinent übernommen wurde. Am unteren Teil des Stengefußes war im 17. Jahrhundert ein einfaches Scheibgatt angebracht – im 16. Jahrhundert lag dies noch im oberen Teil. Im 18. bis Mitte 19. Jahrhundert ein doppeltes – achten Sie auf die Unterschiede der englischen und kontinentalen Form! Die langen Keepen (kontinental) dienten dazu die Taue reibungsfrei durch die Saling führen zu können. Englische Stengen wurden vielfach im 17./frühen 18. Jahrhundert am Fuß mit dem Scheibgatt verkleinert und rund oder achteckig ausgeformt, ehe sich die generell achteckige Form für den Stengefuß durchsetzte. Diese Scheibgatts dienten dem Stengewindereep, wenn die Stengen gefiert werden mussten.

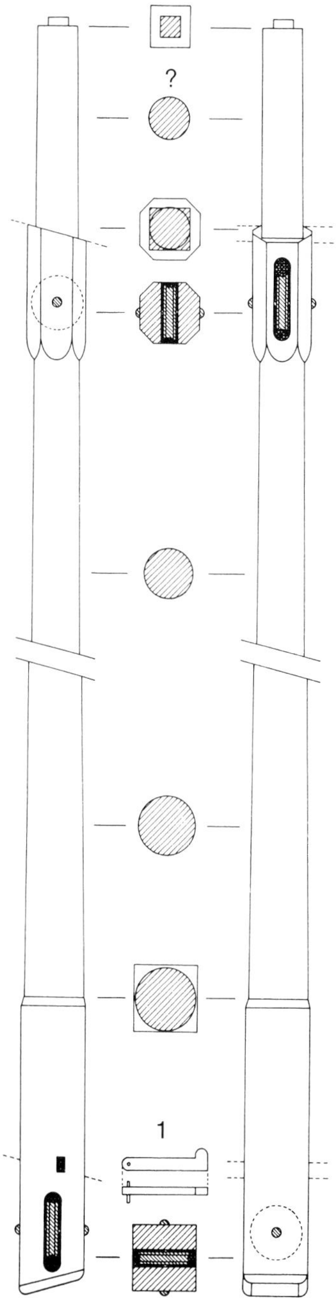

Stenge 16. Jahrhundert bis 1750.
1. Schlossholz.

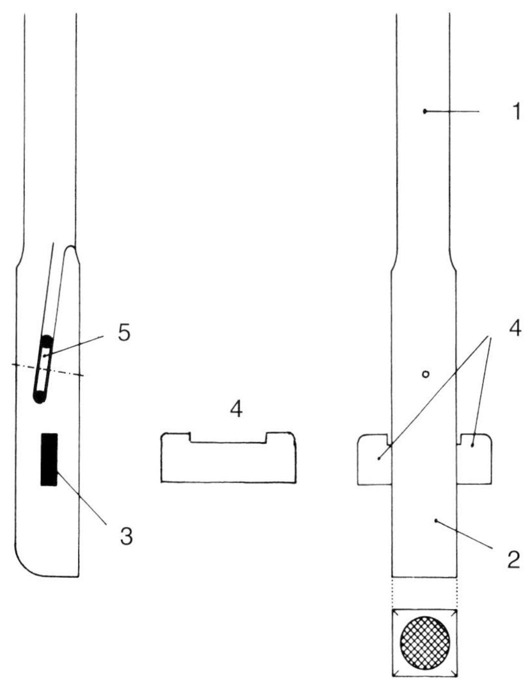

Variante: 1. Stenge, 2. Stengefuß, 3. Schlossholzgatt, 4. Schlossholz, 5. Scheibgatt für Stengewindereep.

Rechts:
Stengefuß englisch (rechts) 1690 bis 1750.

Unten:
Stengefuß bis 1760 kontinental.

Unten rechts:
Stengefuß kontinental nach 1750 (oft auch englisch):

1. Stenge, 2. Stengefuß, 3. Eisenbeschlag, 4. Schlossholzgatt, 5. Schlossholz, 5a. Konterschlossholz, 6. Scheibgatt für Stengewindereep.
(Zeichnungen unten nach Jean Boudriot, Grenoble/Paris)

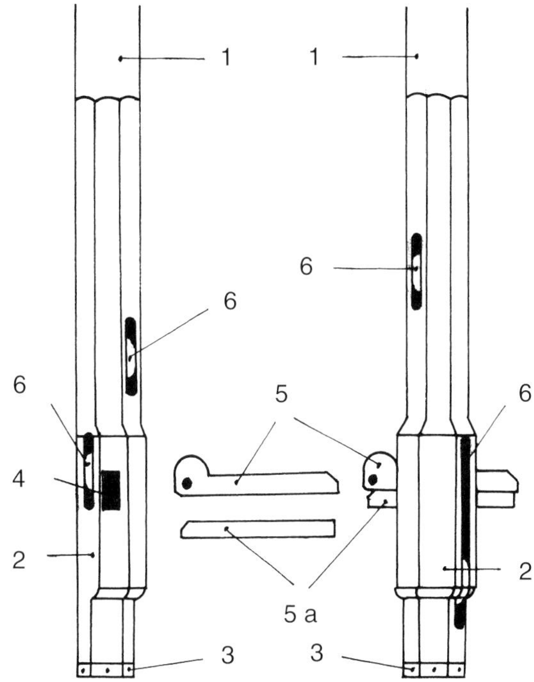

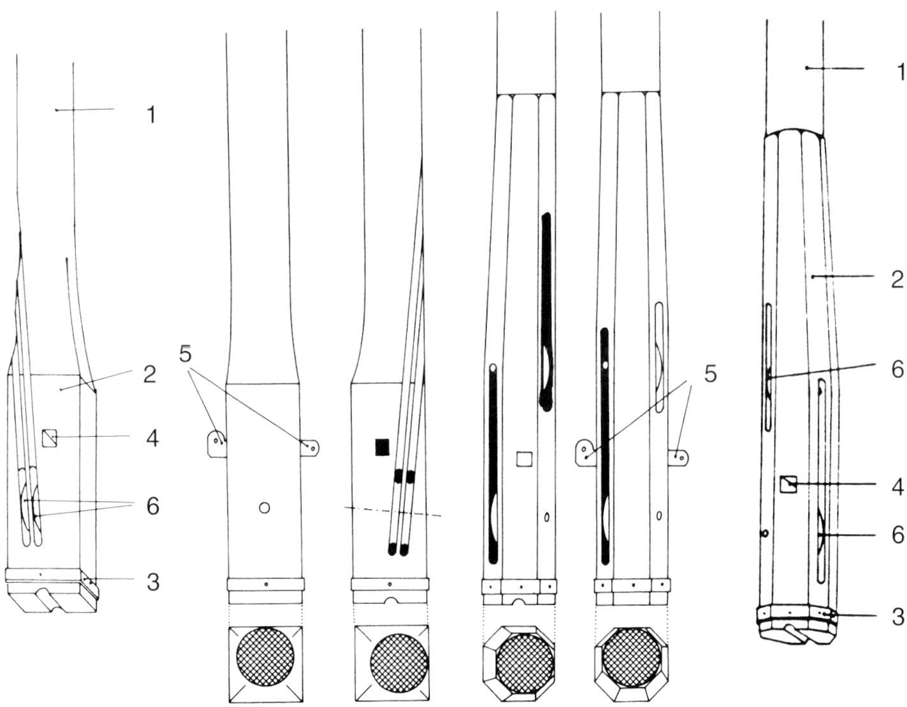

Das untere Ende der Stenge wurde spätestens ab der zweiten Hälfte des 17. Jahrhunderts mit einem Eisenring beschlagen und gesichert.

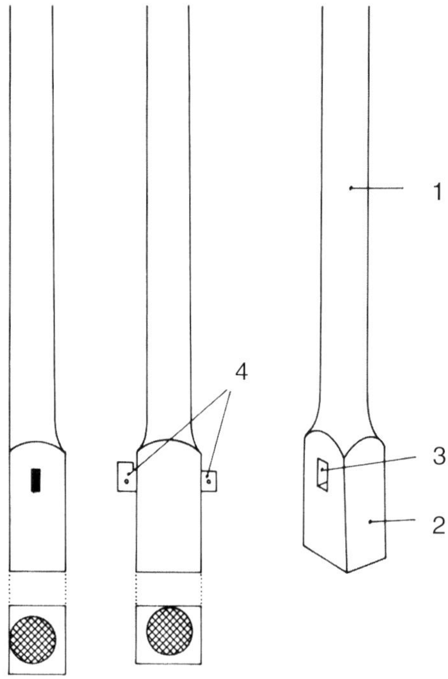

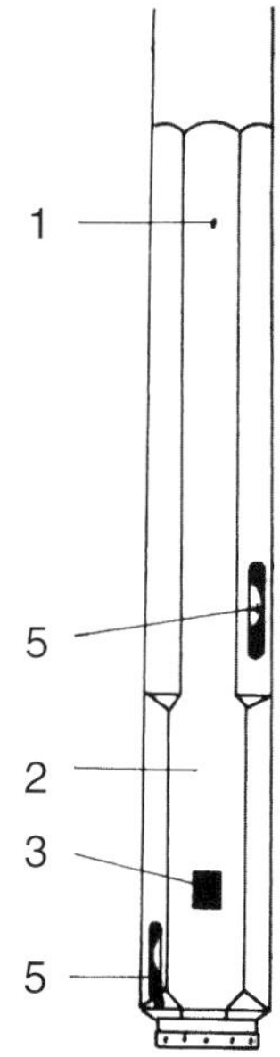

1. Stenge, 2. Stengefuß, 3. Schlossholzgatt, 4. Schlossholz, 5. Scheibgatt Stengewindereep.

Stengefuß auf Kriegsschiffen nach 1830.

Stengefuß bei Handelsschiffen 19. Jahrhundert.

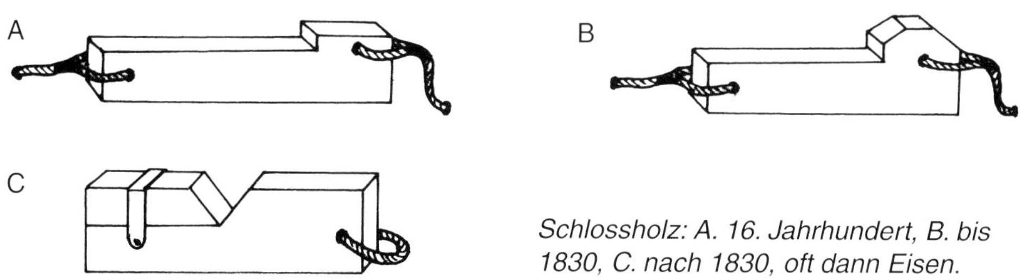

Schlossholz: A. 16. Jahrhundert, B. bis 1830, C. nach 1830, oft dann Eisen.

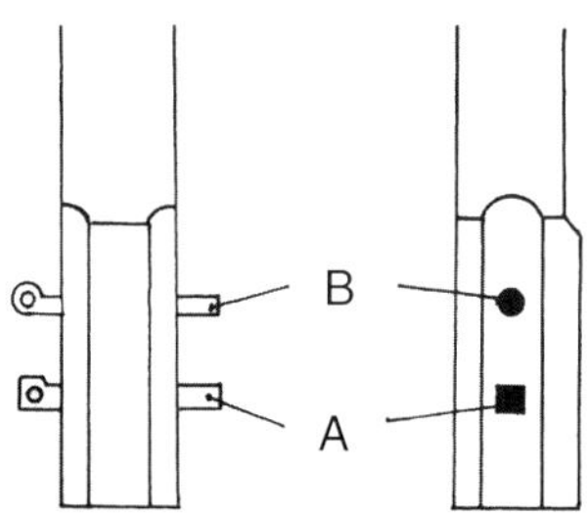

Englische Kriegsschiffe setzten nach 1770 oft über dem eigentlichen Schlossholz (A) ein zweites (B), das die Stenge auffangen sollte, falls das Schlossholz A brach.
(Zeichnung nach James Lees, Greenwich)

Hummer

Sollte auf die Stenge eine weitere Saling für die Bramstenge aufgesetzt werden, verbreiterte man die Stenge wieder mit dem so genannten „Hummer“, auf dem die entsprechende Saling ruhen konnte – seit Mitte des 17. Jahrhunderts wurden dort Mastbacken immer seltener. Seit dem 18. Jahrhundert war das obere Ende des Hummers vielfach mit einem Eisenband bewehrt.

Der Hummer war etwa 0,07 bis 0,08 der Stengenlänge hoch (im 16. Jahrhundert eher kürzer, im 18./19. Jahrhundert eher ein bisschen länger).
Der Hummer verfügte über ein Scheibgatt, durch welches das Fall für die Marsrah geschoren wurde.

Stengetopp

Das Stengetopp war etwa 0,11 der Länge, war allenfalls um einen Tick länger. Wie er im 16. Jahrhundert in seinem Querschnitt gestaltet war, lässt sich aus den vorhandenen Abbildungen schwer herauslesen, doch die spätere Gestaltung lässt da durchaus gewisse Schlüsse zu: In Kontinentaleuropa war das Stengetopp rund – im 17. Jahrhundert mitunter auch oval, im 18. Jahrhundert, zumal in Frankreich und Spanien, oft achteckig. In England – und nach englischem Muster gebauten Schiffen – war das Stengetopp stets quadratisch im Querschnitt. Nach 1775 wurden bei englischen Schiffen dort häufig Mastbacken mit zwei Taurollen seitlich angesetzt. Wie so oft kann auch hier nur das genaue Aussehen aus den jeweiligen – optimalen! – Plänen ermittelt werden.

Rechts: Hummer.
National verschieden ausgeführt, im Prinzip jedoch identisch.

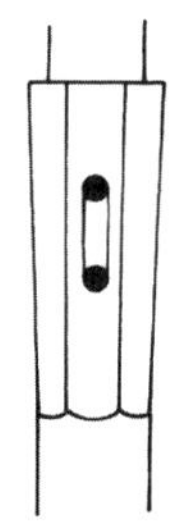

Unten links:
Stengetopp kontinental.

Unten rechts:
Stengetopp englisch mit Scheibgattenblock nach 1770.

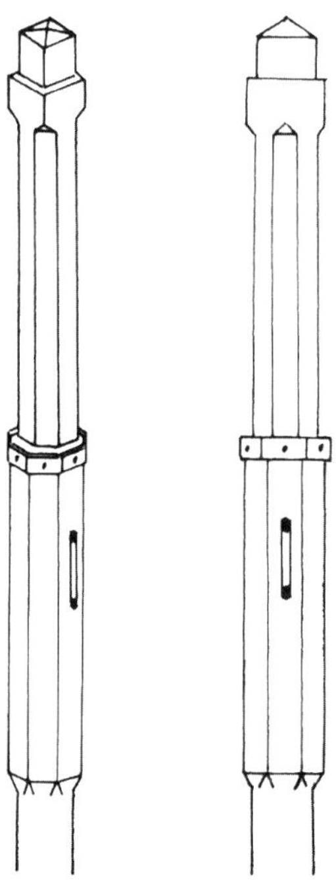

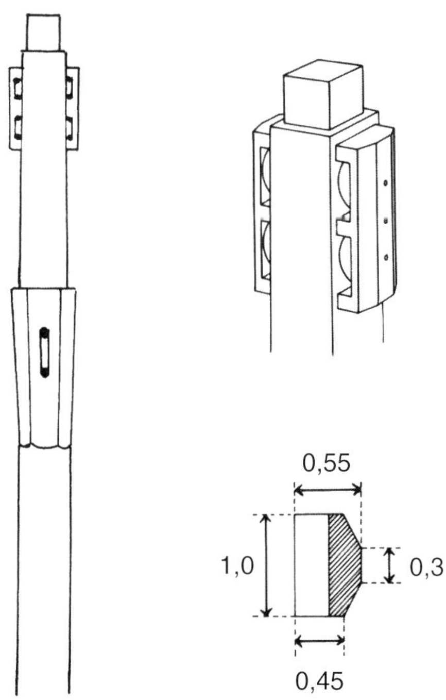

Modellbau

Wie gesagt, wurde die Stenge in aller Regel aus einem einzigen langen, geraden Holz herausgehackt und -gehobelt.
Den Modellbauer stellt dies vor eine wahrhaft schwierige Aufgabe! Doch diese kann man sich modellbautechnisch durchaus etwas einfacher machen, indem man die verschiedenen Sektionen einzeln herstellt und sie erst dann zusammenfügt: Die unterste Sektion ist der Fuß bis zur Unterkante des Schlossholzes. In das nächste Teil wird das Schlossholzgatt eingesägt. Falls oberhalb des Fußes die Stenge bis zum Eselshaupt rund sein sollte, kann man diese zusammen mit der eigentlichen Stenge aus einem Rundholz (s. Masten) herstellen. Wenn der Fuß bis zum Eselshaupt achteckig ist, so mag dies nochmals ein eigenes Teil sein. Dann folgt die eigentliche Stenge. Schließlich der Hummer, zweifellos ein eigenes Teil. Und das Topp aus einem runden oder vierkantigen Holzstab.
Nun müssen die Einzelteile nur noch zusammengeklebt werden. Und im Zweifelsfall im Inneren mit einem Metalldraht gesichert werden. Fraglos entspricht die keinesfalls der Originalbauweise, doch entsprechend sauber gebaut und verschliffen, setze ich persönlich meine Stengen grundsätzlich so zusammen. Wichtig ist dabei nur, dass die Einzelteile exakt „stehen“ und sich nicht verbiegen, was man mit entsprechenden Metall-Inletts ja durchaus erreichen kann.

Französische Lugger setzten die Fock- und Großstenge vielfach hinter den Mast statt davor wie allgemein sonst üblich.
(Modell im Musée de la Marine, Paris)

Stengesaling

Seit Ende des 16. Jahrhunderts trugen sie – von ganz vereinzelten Ausnahmen im ersten Drittel des 17. Jahrhunderts abgesehen – keine Marsplattformen mehr.

Saling

Die Stengesalinge entsprachen im Prinzip den Großsalingen, nur dass diese häufig drei Quersalinge verwendeten, über die man Bramwanten führte. So man mehr als drei Bramwantenpaare benötigte, wurde über den Außenenden der Quersalinge ein Holz oder auch ein Flacheisen befestigt, durch das diese geführt werden konnten.
Diese oberen Quersalinge waren im 16./17. Jahrhundert ebenso lang wie die Längssalinge. Seit dem 18. Jahrhundert wurden sie oft leicht nach achtern gebogen und erreichten Mitte des 19. Jahrhunderts mitunter die doppelte Länge der Längssalinge, um die Bram- und Royalwanten optimal spannen zu können.
Im 19. Jahrhundert führte man verschiedentlich achterliche Ausleger an den Salingen ein, über die man die Pardunen (s. Band 9 STEHENDES GUT Kap. Pardunen) führte.
Sämtliche Längssalinge waren auch hier am Topp im Mastbereich mit hölzernen, außen abgerundeten Polstern, den „Kalben“ oder „Kälbern“, besetzt, die ein Schamfielen der Wanten an den Kanten verhindern sollten.

Stellung der Saling

In Stellung folgte die Mars- oder Stengesaling grundsätzlich den Vorgaben der jeweiligen zugehörigen Großsaling.

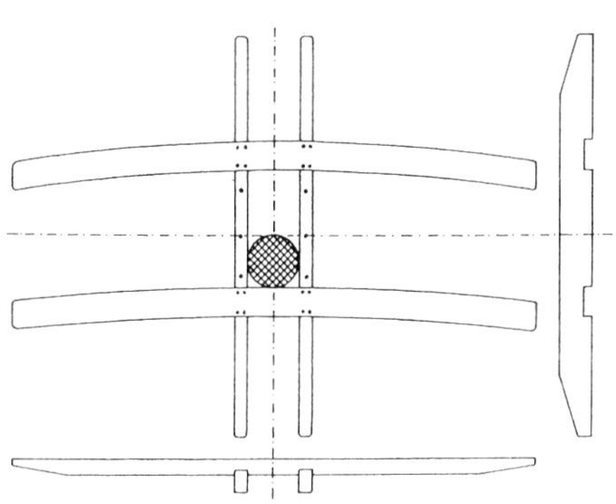

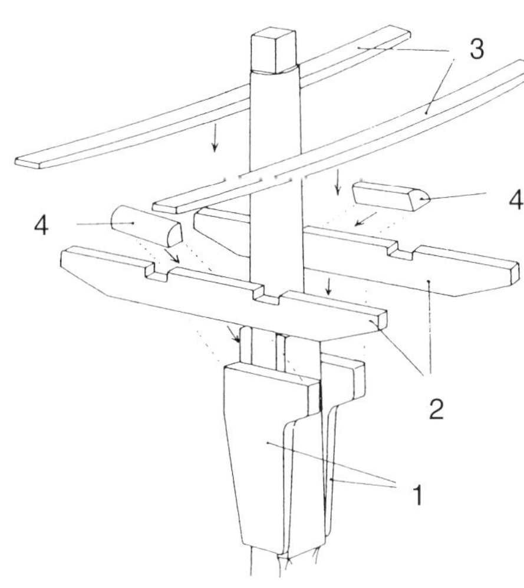

Stengesaling
1. Mastbacken (seit 1650 in der Regel gegen „Hummer“ ausgewechselt), 2. Längssaling, 3. Quersaling, 4. Kalben.

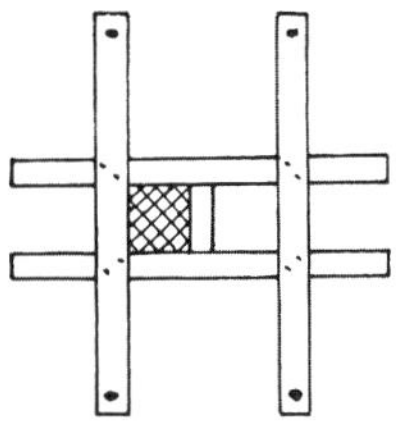

International
vor 1610

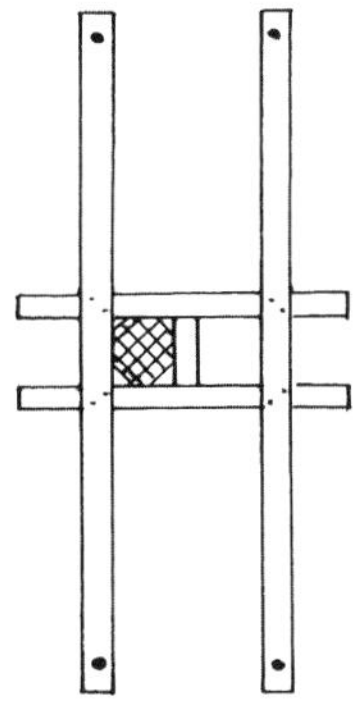

Englisch
1580 bis 1680

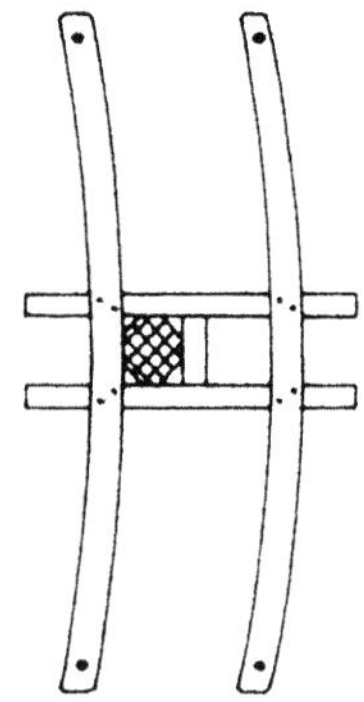

Französisch/kontinental
1600 bis 1710

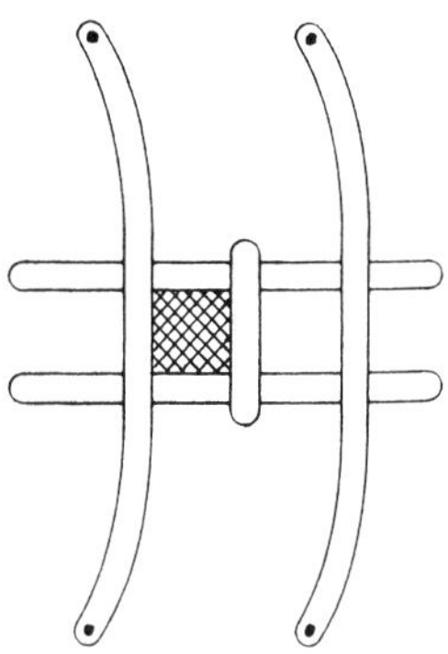

Englisch
1660 bis 1710

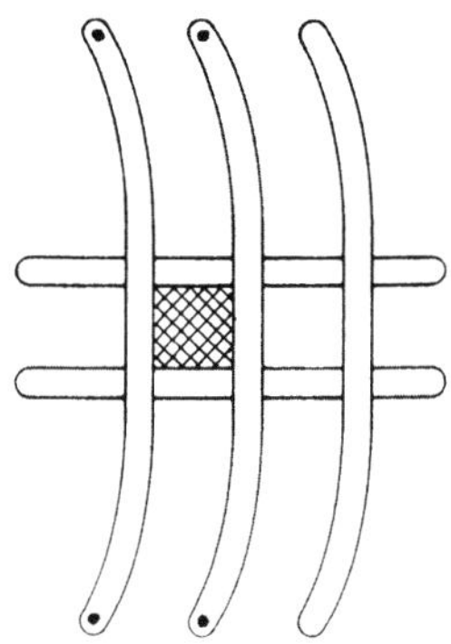

Englisch
1700 bis 1730

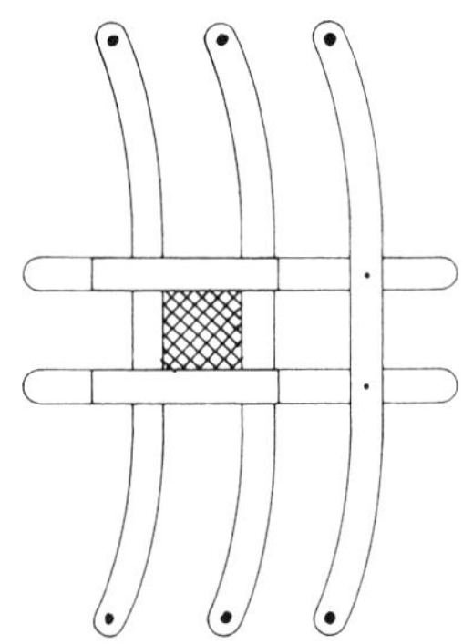

Englisch
1700 bis 1780

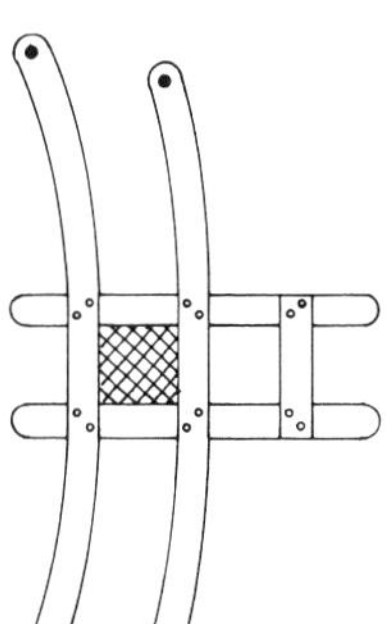

International kleine Schiffe
1770 bis 1830

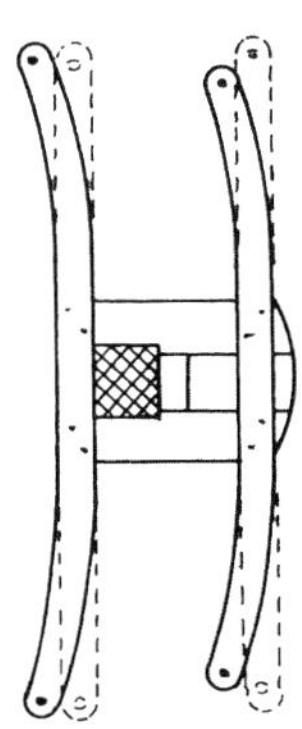

Kontinental kleine Schiffe
1770 bis 1830

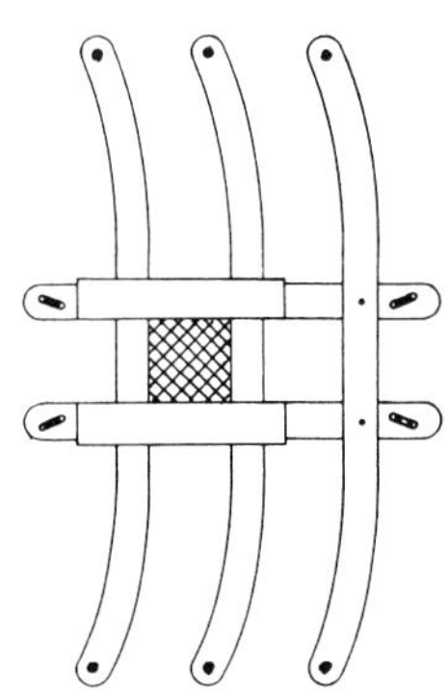

Englisch
1780 bis 1820

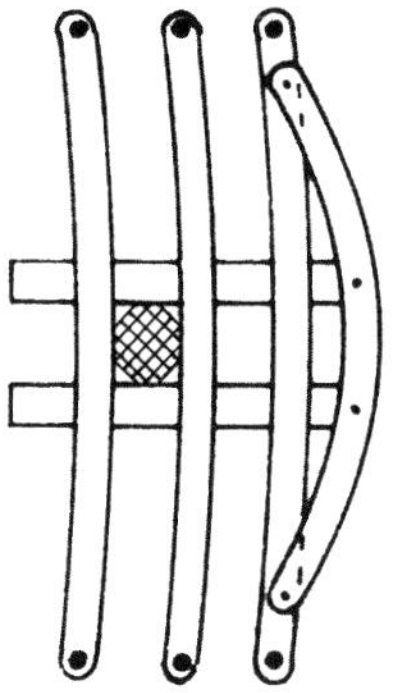

Kontinental
1780 bis 1815

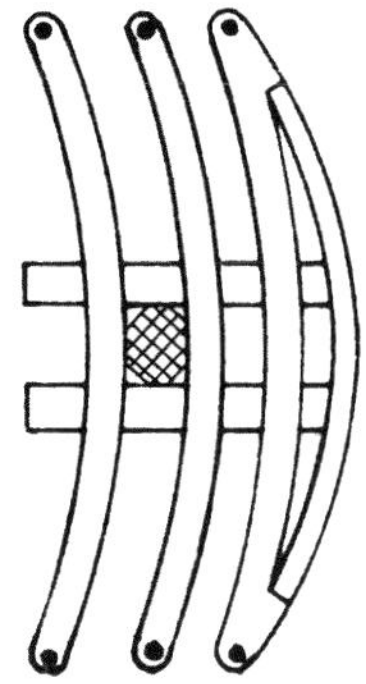

Französisch/kontinental
1780 bis 1820

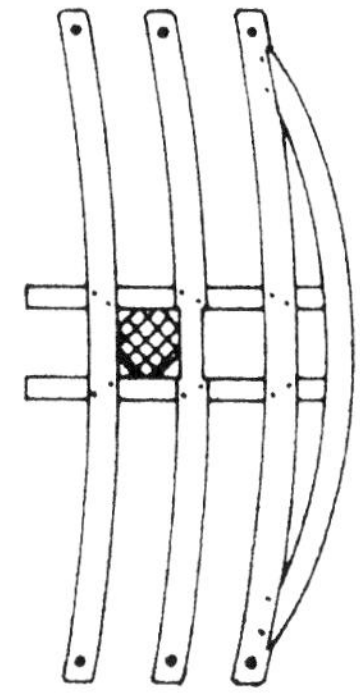

Französisch/kontinental
1790 bis 1820

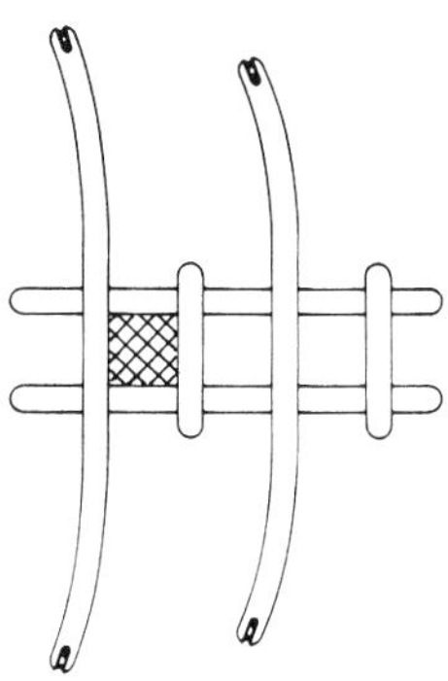

Englisch
1800 bis 1840

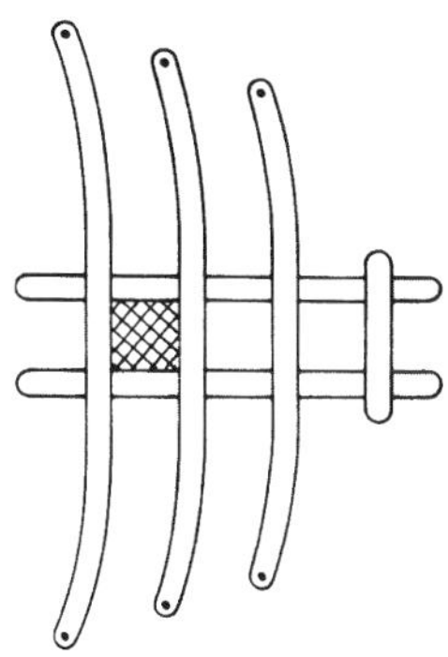

Englisch
1815 bis 1840

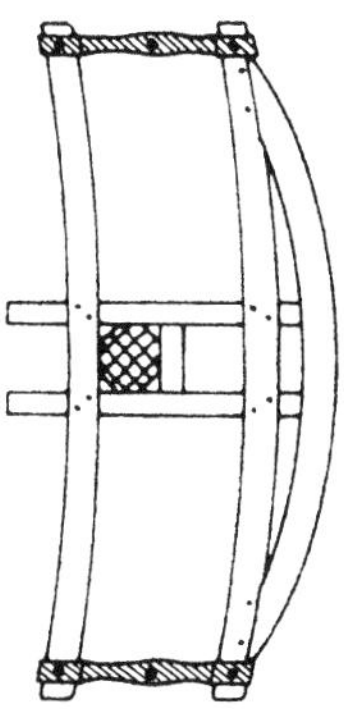

Französisch
1815 bis 1840

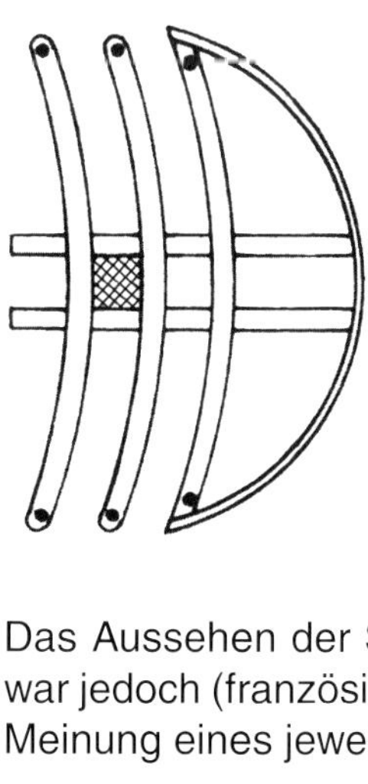

Französisch/kontinental
1820 bis 1840

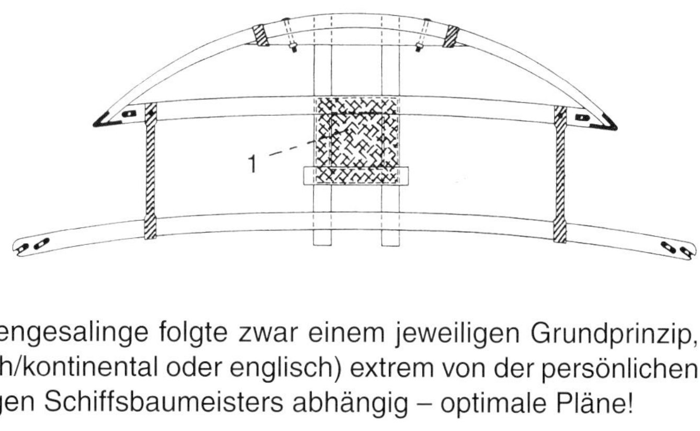

International nach 1830
1. Eisenplatte

Das Aussehen der Stengesalinge folgte zwar einem jeweiligen Grundprinzip, war jedoch (französisch/kontinental oder englisch) extrem von der persönlichen Meinung eines jeweiligen Schiffsbaumeisters abhängig – optimale Pläne!

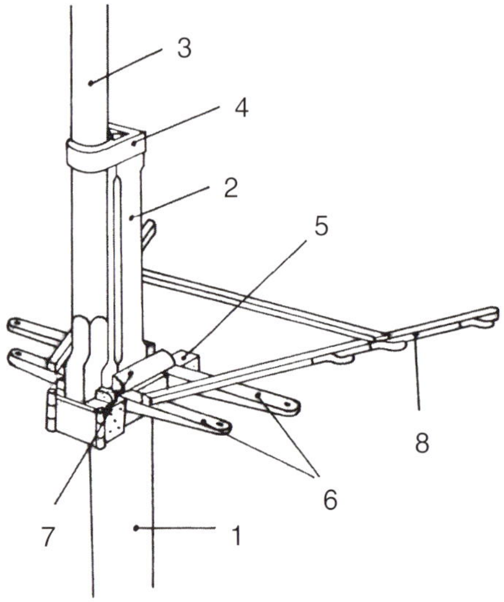

Die Zeichnungen S. 84/85 stammen vielfach von James Lees, Greenwich, und Karl Heinz Marquardt, Mountrose, Victoria (AUS).

Links:
Stengesaling mit Pardunenausleger 19. Jahrhundert.
1. Stenge, 2. Stengetopp, 3. Bramstenge, 4. Eselshaupt, 5. Längssaling, 6. Quersaling, 7. Kalben, 8. Pardunenausleger.

Unten:
Stengesaling der Cutty Sark.
(Foto Peter Rückert, Ausgsburg)

Bram-, Royal- und Flaggstenge

Seit im frühen 16. Jahrhundert auch Bramsegel eingeführt wurden, benötigten auch diese eine eigene Stenge.

Real wurden diese Segel, außer zu Flottenparaden bei schönstem Wetter, zwar gar nicht gesetzt, machten sie das Schiff mit seinen hohen Aufbauten nur noch instabiler. Aber es bestand immerhin die *theoretische* Möglichkeit …

Erst Ende des 16. Jahrhunderts waren Schiffe, nicht zuletzt dank des schon oft erwähnten Sir Matthew Baker, überhaupt in der Lage, Bramsegel unter „Normalbedingungen" zu tragen. Und auch das nur bei entsprechend optimalem Wetter. Selbst im späten 18. Jahrhundert segelten zumal die „Dickschiffe" (mit 100, 80 oder 74 Kanonen) in aller Regel nur unter den optimal im Wind stehenden Mars- und allenfalls Untersegeln. Bramsegel galten auch damals immer noch als „Schönwettersegel".

Bramstenge

Die Bramstenge glich exakt der Marsstenge, nur war sie natürlich entsprechend kleiner und dünner – etwa 0,27 auf älteren (16. bis Ende 17. Jahrhundert) bis 0,29 auf neueren Schiffen (18. bis frühes 19. Jahrhundert) – der Marsstenge. Im oberen Bereich wurde für das Bramfall ein Scheibgatt eingebaut.

Royalstenge

Sie erschien erstmals 1637, wurde aber erst Anfang des 19. Jahrhunderts allgemeiner üblich.

War noch kleiner und entsprechend dünner – etwa 0,24 der Bramstenge. Sie folgte aber in ihren Durchmesserproportionen den anderen Stengen. Auch hier gab es entsprechend im oberen Bereich ein Scheibgatt für das Royalfall.

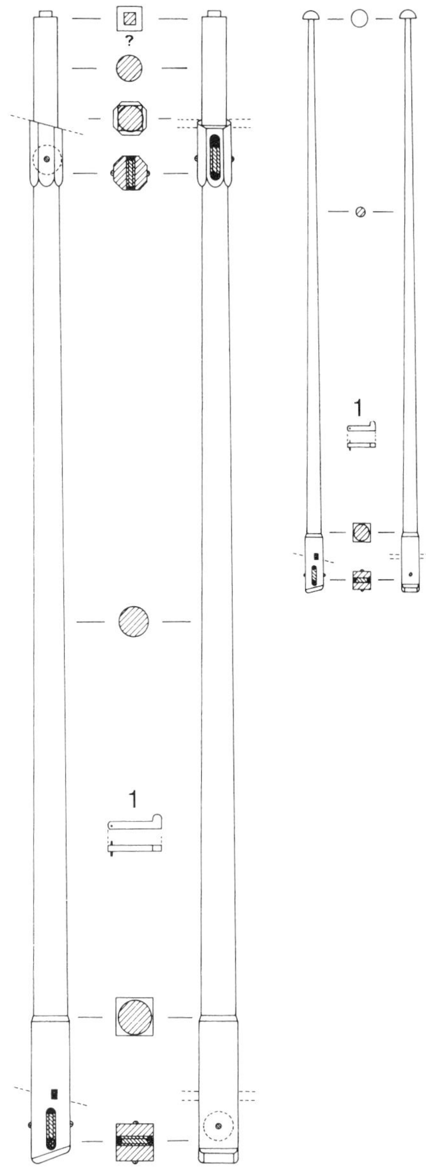

Bram- und Flaggstenge 16. bis oft spätes 17. Jahrhundert.
1. Schlossholz.

Die S*OVEREIGN OF THE* S*EAS von 1637 bis 1696 war nicht nur das am prachtvollsten mit Schnitzereien ausgeschmückte Schiff aller Zeiten. Es war wohl auch das einzige, das*

im 17. Jahrhundert auch Royalstengen trug.
(Colorierter Stich von John Payne, National Maritime Museum, Greenwich)

Flaggstenge

Sie war nochmals um etwa 0,24 dünner als die jeweilige Bram- bzw. Royalstenge. In der Regel wurde sie seit Ende des 17. Jahrhunderts (gelegentlich schon davor) nicht mehr mit einer eigenen Saling gefahren, sondern wurde in das Topp der höchsten Stenge eingelassen. Ihre Länge war von Zeit zu Zeit wie von Schiffstyp zu Schiffstyp so unterschiedlich – der Dreidecker eines Admirals bedurfte nun einmal grundsätzlich einer sehr viel längeren Flaggstenge, um dessen Kommandoflagge zeigen zu können, als etwa eine Brigg, die vielleicht lediglich von einem Leutnant kommandiert wurde. Dass dazu in diesem Buch wahrlich keine konkreten Angaben gemacht werden können, bitte ich zu verstehen, dies muss man wirklich aus den entsprechenden Plänen entnehmen (s. zum Thema auch Band 12 Flaggen, Lexikon und Nachträge).
Bram- und Royalstengen kannten grundsätzlich keine Mastbacken, sondern wurden – so erforderlich – stets auf Hummer gesetzt.

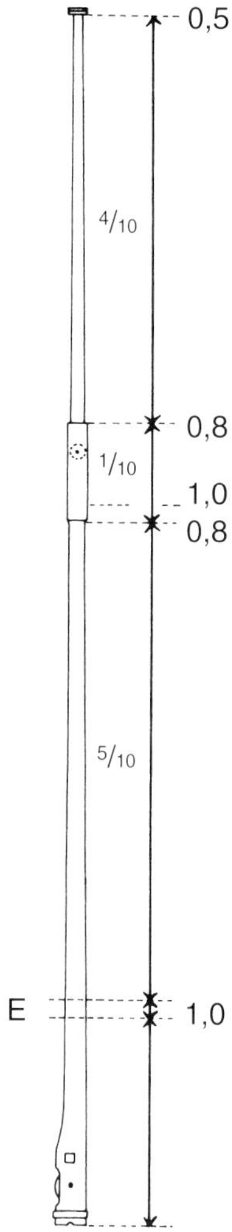

Kombinierte Bramstenge mit höheren, eingelassenen Stengen (Royal- und/oder Flaggstengen) seit nahezu allgemein Anfang des 18. Jahrhunderts. E. Höhe Eselshaupt.

Kombinierte Oberstenge

Gegen Ende des 17. Jahrhunderts weitgehend – seit dem frühen 18. Jahrhundert ganz einfach „normal" – wurden Bram-, Royal- und Flaggstengen nicht mehr einzeln gebaut, sondern in einem einzigen Bauteil zusammengefasst.
Bram-, Royal-, im 19. Jahrhundert auch Sky- und Mondgucker-(Moonscrapper-)Stengen – jeweils etwa in den gleich kleineren Proportionen wie der darunter liegende Stengeabschnitt – sowie Flaggstengen wurden zu einer einzigen Stenge zusammengefasst. Am (Barm-)Fuß war dieses Teil eben so dick wie eben ein normaler Bramfuß und verschlankte sich dann entsprechend nach oben. Dabei waren die einzelnen Bauabschnitte gewöhnlich mit kleinen Hummern oder zumindest mit eingezogenen Absätzen markiert, damit die entsprechenden Wanten und Pardunen nicht abrutschen konnten.

Flaggenknopf

Er war der Abschluss eines jeden Mastes.
Er war in der Aufsicht rund. Im Querschnitt flach-oval, also linsenförmig. Seit dem sehr frühen 16. Jahrhundert hat er sich nicht mehr verändert. Aus einer Holzscheibe gedrechselt diente er nicht nur dem Aufziehen entsprechender Flaggen – im 16. und 17. Jahrhundert glich dies nahezu einer „Wissenschaft" (s. Band 12 Flaggen, Lexikon und Nachträge) –, sondern er dichtete, ganz praktisch, auch den obersten Teil des Mastes bzw. der Stenge gegen Regenwasser ab.

Verbindung kombinierter Stenge nach 1820 (davor Stengen aus einem Stück bzw. mit Hummer und die obere Stenge in die untere mit langem Zapfen eingelassen).
1. Bramstenge, 2. Royal- bzw. Flaggstenge, 3. Scheibgatt für Fall, 4. Stengebandage aus Eisen, 5. kleiner „Hummer" aus Eisen, 6. Mastbandage aus „weichem" Kupfer (um ein Schamfielen der Wanten/Pardunen zu verhindern).

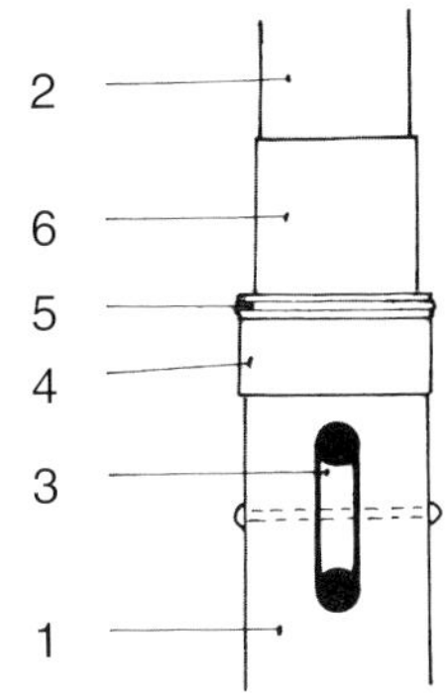

In den früheren Zeiten „nagelte" man seine Flagge an den Mast bis dieser, notfalls, unterging. Von John Paul Jones, dem „Vater der US-Marine" wird glaubhaft berichtet, dass ihm in seiner Schlacht bei Flamborough Head 1779 mit der Bonhomme Richart gegen die englische Serapis der Flaggstock abgeschossen wurde. Der englische Kapitän, Richard Paerson, ließ daraufhin fragen, ob er sich ergebe. Jones rief zurück: „Vor ich mich ergebe, werde ich zunächst meine Flagge an den Kiel nageln!" Bei aller Brutalität und Grausamkeit, die einem Krieg nun einmal anhaften, gab es damals, im Gegensatz zu heute (!), noch immer eine gewisse Ehre und Ritterlichkeit. Schließlich war es die Serapis, die sich, arg zerzaust, ergeben musste und auf der sich John Paul Jones und seine überlebenden Männer nach Frankreich retteten, als ihnen die noch schlimmer zerschossene Bonhomme Richard buchstäblich unter den Füßen wegsackte.
Im 18. Jahrhundert „nagelte" man Flaggen freilich längst nicht mehr an die Flaggstenge, sondern man zog sie mit einer Flaggleine durch eines der beiden kleinen Scheibgatts im Flaggenknopf auf.
Noch mehr zu diesem Thema im übernächsten Kapitel Flaggmast.

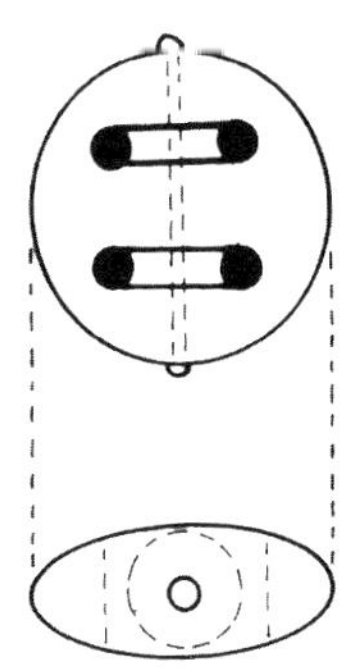

Flaggenknopf.
Im 16. bis ins späte 17. Jahrhundert, und später auch noch auf kleineren Schiffen, verfügte der Flaggenknopf nur über ein Scheibgatt, durch das die Flaggleine geschoren wurde.

Stengeeselshaupt und Bram- und Royalsalinge

Wie schon gesagt, wurden im frühen 16. Jahrhundert Bramstenge, zumindest auf Kriegsschiffen, obligatorisch – Handelsschiffe verzichteten vielfach bis ins 18. Jahrhundert hinein auf derlei „Schnickschnack“.
Royalstengen gab es im 16. Jahrhundert noch nicht und, soweit mir bekannt ist, gab es auch im 17. Jahrhundert nur ein einziges Schiff, die Sovereign of the Seas von 1637, die solche fuhr. Das änderte sich erst in der zweiten Hälfte des 18. Jahrhunderts bei kleineren Kriegsschiffen – Briggs, Korvetten, Fregatten und entsprechenden Kaperfahrern. Von Handelsschiffen wurden diese Neuerungen im 18. Jahrhundert zwar zunächst nur zögerlich aufgenommen, um dann in der ersten Hälfte des 19. Jahrhunderts mit Royal-, Sky- und sogar Moonscrapper-Segeln förmlich zu explodieren, denn bei ihnen war nun, in Konkurrenz zu den immer stärker ins Geschäft kommenden Dampfschiffen, Schnelligkeit um fast jeden Preis angesagt.

Stengeeselshaupt

Sofern die Bramstengen (die Regel) mit eigenen Salingen angesetzt wurden, bedurften diese selbstverständlich auch entsprechender Eselshäupter.
Diese glichen weitestgehend – natürlich ohne Löcher und Keepen kontinenta-

Stengeeselshäupter – nach 1790 auch international „englisch“.

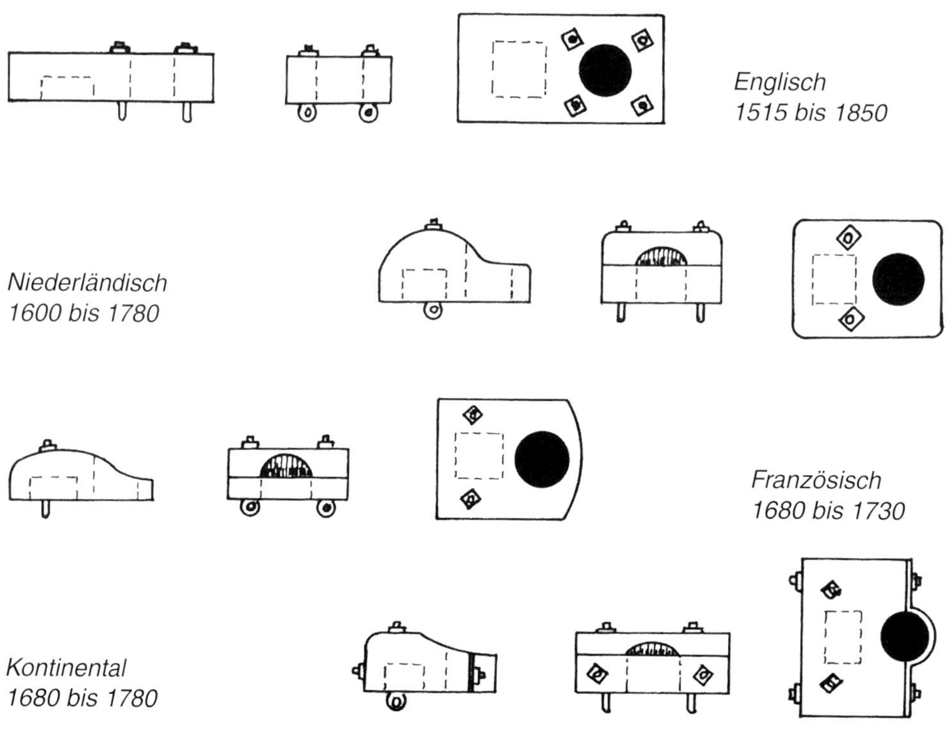

Französisch
1730 bis1780

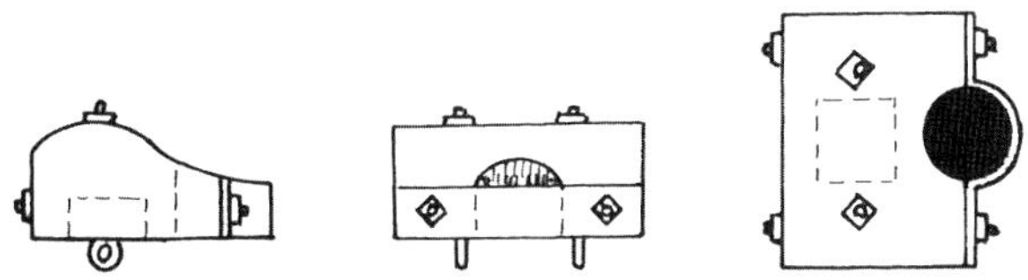

ler Schiffe denjenigen des Untermastes. Und natürlich waren sie aber entsprechend proportional kleiner.
An ihrer Unterseite verfügten sie gewöhnlich über Ringbolzen, in welche die Taue des Stengewindereeps eingehängt werden konnten – allerdings meist nur noch zwei, denn die Bramstengen waren ja auch entsprechend leichter.
Das vordere, runde Loch zum Halt der Bramstenge war vielfach nicht aus Holz, sondern bestand aus einem Eisenband – eine Technik, die schon im 16. Jahrhundert vielfach sogar bei Masteselshäuptern beliebt war.

Salinge und Eselshäupter höherer Mastteile

Bis ins sehr späte 17. Jahrhundert wurde jede Stenge, auch die Flaggstenge, mit einer eigenen Saling angesetzt.
Diese Royal-Salinge entsprachen, natürlich proportional verkleinert, den entsprechenden Salingen der jeweils darunter liegenden Stenge. Sie besaßen nur noch zwei Quersalinge. Die Flaggstenge-Saling hatte sehr kurze Quersalinge, da über diese ja keine Wanten gespannt werden mussten. Sie diente also allein der Halterung des Flaggstocks.
Danach wurde zunächst die Flaggstenge in das Topp der entsprechenden Stenge eingelassen bzw. im gleichen Baustamm integriert. Im Laufe des 18./19. Jahrhunderts folgten auch alle anderen Stengen oberhalb der Bramstenge diesem Beispiel (s. Vorkapitel). Das hieß freilich auch, dass etwa auf den Seiten der *Stenge*saling noch mehr Öffnungen für die Oberwanten geschaffen werden mussten, um diese optimal spannen zu können. Wie schon gesagt, wurde dieses Problem im Zweifelsfalle mit über den Quersalingen befestigten hölzernen oder eisernen Bauteilen gelöst (s. auch S. 85).

Bramsaling 1515 bis 1750.
Bei Royalstengen (gestrichelt) mit, bei Flaggstengen ohne Öffnungen für noch höher stehende Wanten.

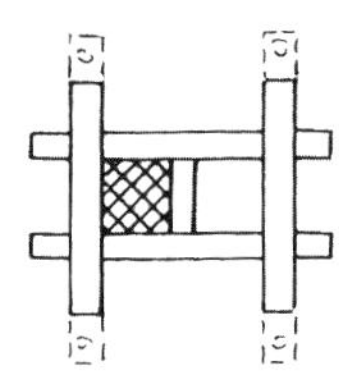

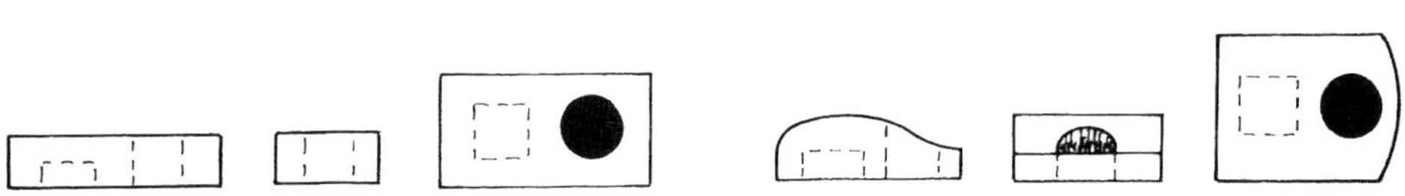

Bramstenge-Eselshäupter:
Links englisch 1515 bis 1750. Rechts kontinental 1620 bis 1750.

Flaggstenge und Flaggmast

Das Erste, was man von einem Schiff sieht, wenn es über den Horizont herauskommt, ist der Masttopp. Das ist fraglos zutreffend.
Und, wenn man freilich durchaus ernst zu nehmenden Bösmäulern glaubt, das Letzte, wenn es untergeht.
War es da eine Frage, dass man diesen Teil besonders ausschmückte? Natürlich nicht! Dies war bereits in der Antike vielfach Usus.
Die Flaggstenge wurde deshalb besonders geschmückt. Und als diese wahrlich nicht mehr die großen Staatsfahnen tragen konnte, setzte man am Heck einen entsprechenden Flaggmast.
(Zum Thema Flaggen s. auch Band 12!).

Es gab vier grundsätzliche Varianten davon:

1. Prachtvolle Verzierungen des Masttopps. In der Antike waren es vor allem Sardische Schiffe um 800 v. Chr. Einen wahren Kult damit trieben die Wikinger und ihre direkten Nachfolger im Hochmittelalter.

2. Flaggstenge am Topp eines Mastes: davon war eben in den Vorkapiteln schon die Rede.

3. Flaggmast am Heck eines Schiffes: Natürlich war dies kein „Mast“ im eigentlichen Sinne. Sein Zweck war es, die große Staatsflagge zu tragen. Auch dieser Flaggmast war bereits in der Antike weit verbreitet.

4. Sonstige Flaggmasten: Im 16. Jahrhundert waren sie durchaus beliebt. Sie waren an der Reling aufgesteckt (angezurrt) und trugen prunkvoll die Wappen einzelner Landesteile (s. auch Band 8 Taue, Blöcke und Segel S. 105 oder Band 3 Der Rumpf S. 352 und 363). Die persönlichen Flaggen des kommandierenden Admirals wurden gewöhnlich steuerbord an der Schanz aufgesteckt (s. auch Band 2 Material und Werkzeug S. 123 mit der Flagge von Francis Drake). Derlei Flaggmasten waren seit dem 12. bis ins späte 16. Jahrhundert äußerst beliebt.

Antikes Bronzemodell eines Schiffes aus Sardinien, um 800 v. Chr., mit Toppverzierung und zweifellos überdimensionierter Galionsfigur. (Modell im Museo Archeologico, Cagliari)

Masttoppverzierungen

Die Idee, die höchste Spitze eines Schiffes prächtig zu gestalten – damit jeder sehe, wer da kommt – griff seit dem 10. Jahrhundert massiv um sich.

Mastspitzen von Wikingerschiffen. So müssen sie ausgesehen haben. Links und Mitte heidnisch, rechts christlich und einem Bischofsstab nachempfunden – man hatte wohl auch wenig Hemmungen ein in England oder Irland geraubtes Original zu verwenden. (Links: Dänisches Nationalmuseet, Kopenhagen, Foto Werber Forman Archive, London.
Mitte: Britisch Museum, London
Rechts: Statens Historiska Museum, Stockholm, Foto Studio Granath, Stockholm)

Schiffsfahne der Wikinger aus Bronze/Messing um 1000 aus Heggen (Südnorwegen). Unten rechts heraus gezeichnet das „Große Ungeheuer“ mit seinem Kind.
(Original in Universitetets Oldsaksamling, Oslo)

Im 13. Jahrhundert erreichte dieser Schmuck fraglos seinen Höhepunkt, um dann relativ schnell aus Kostengründen zu verschwinden.

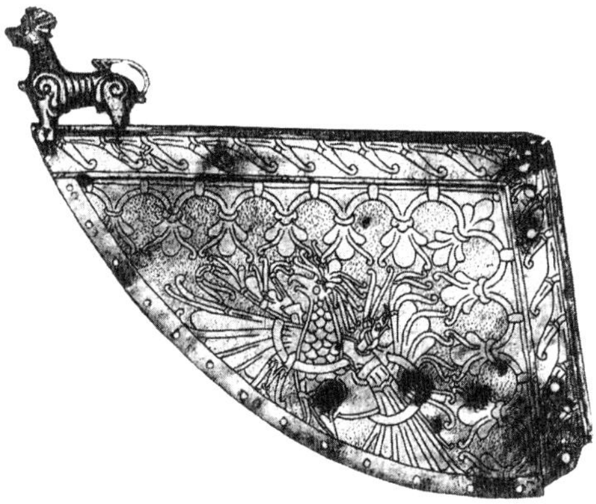

Backbordseite der umseitig gezeigten Wikinger-Schiffsfahne aus Heggen.

Die beiden Seiten der Wikinger-Schiffsfahne aus Källunge, Nordgotland. (Original in Gotlands Fornsal, Visby)

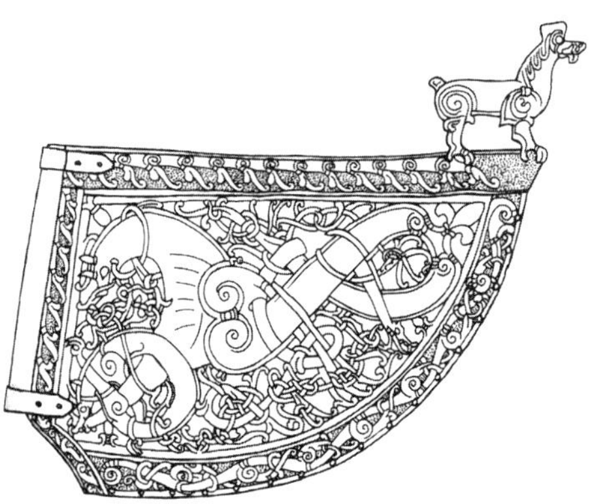

Wikinger-Schiffsfahne aus Söderala, Mittelschweden.
(Original im Statens Historiska Museum, Stockholm)
Diese Schiffsfahnen wurden aus Bronze-, manchmal auch Messingbech gefertigt, das blinkte, entsprechend poliert, fast so schön wie echtes Gold.

Alle Wikinger-Schiffsfahnen aus der Zeit um 1000 n. Chr.

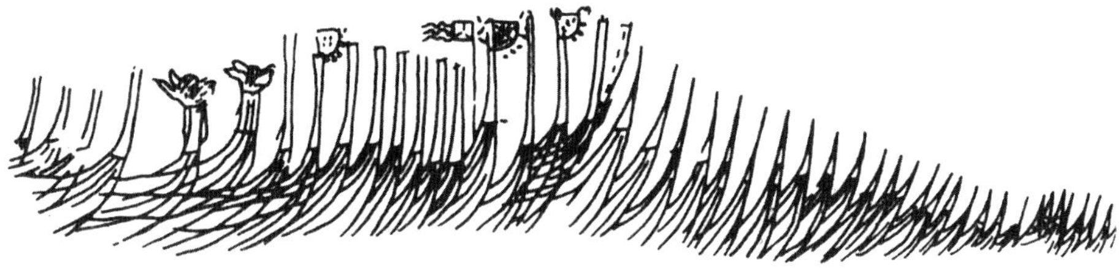

Seegefechte wurden in der Antike bis in die Wikingerzeit in der Regel mit niedergelegen Masten ausgefochten. Doch die aus Metall getriebenen Schiffsfahnen waren einfach zu prächtig, als dass man auf sie verzichten wollte. So steckte man sie an einer Spiere auf dem Vorsteven auf.
(Zeichnung nach einem Runenstab mit der Inschrift „Hier fährt die Seemacht“ im Bryggens Museum, Bergen)

Modellbau:
Kreuze und andere relativ einfache Motive kann man aus dünnem Messingblech ziemlich problemlos herausschneiden. Bei Motiven aus der frühen (heidnischen) Wikingerzeit und gar bei den prachtvollen, metallenen Schiffsfahnen gib es nur eine sinnvolle Herstellungstechnik: das Ätzen! (s. dazu Band 2 Material und Werkzeug S. 74).

Ältestes Siegel von La Rochelle um 1200.

Zweites Siegel von Romney Mitte 13. Jahrhundert.

Zweites Siegel von Rey spätes 13. Jahrhundert.

Ältestes Siegel von Hythe spätes 13. Jahrhundert.

Das christliche Kreuz als Mastzier wurde im 12./13. Jahrhundert obligatorisch.
(Zeichnungen nach Stadtsiegeln von Werner Zimmermann, Augsburg)

Flaggstenge

Auch sie waren bereits prinzipiell seit der Antike bekannt, wenngleich sie eher selten verwendet wurden.
Ihr Siegeszug begann, da sehr viel preisgünstiger als Mastverzierungen aus Bronze oder Messing, im 11. Jahrhundert und sie wurde im 14. Jahrhundert obligatorisch, auch wenn man noch nicht so ganz genau wusste, wie man sie ansetzen sollte, etwa schräg im Mastkorb (s. dazu auch Abbildungen S. 34 und 44).
Zunächst wurde sie an den Masttopp gelascht, mitunter auch mit dem Fuß in diesen eingelassen. Seit dem frühen 16. Jahrhundert wurde sie mit einer eigenen kleinen Saling und Eselshaupt gesetzt. Seit dem ersten Drittel des 18. dann endgültig in die oberste Stenge eingelassen.
Bis heute sind entsprechende Flaggen eine absolute Notwendigkeit.

Karthagisches Kriegsschiff 3. Jahrhundert v. Chr. mit kleinen Flaggen am Masttopp und Flaggstock am Heck. (Mosaik im Musée National du Bardo, Le Bardo/Tunesien)

Ein Schiff der Invasionsflotte Herzog Willems von der Normandie 1066 gegen England mit einer immer beliebter werdenden Toppflagge. (Musée de la Tapisserie de la Reine Mathilde, Bayeux)

Ältestes Siegel von Dunwich von 1269. Darunter die realistische Rekonstruktion dieses Schiffes. (Rekonstruktion und Zeichnung Werner Zimmermann, Augsburg)

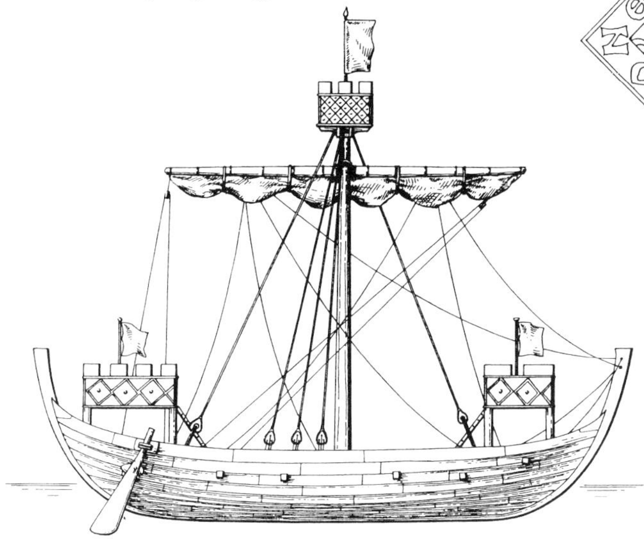

Ältestes Siegel von Pevensey von 1230.

Ältestes Siegel von Yarmouth ca. 1280.

Erstes Siegel von Ipswich um 1300 (bereits Heckruder!).

Stadtsiegel des 13. Jahrhundert. (Alle Zeichnungen Werner Zimmermann, Augsburg)

Für wie wichtig man bereits im 15. Jahrhundert Flaggen erachtete, belegen die Zeichnungen auf der Seekarte von Juan de la Cosa (Fahrtteilnehmer Christoforo Colombos und Besitzer der Santa Marìa) von 1500.

„Christi Meerfahrt" aus dem Schatzbehalter von Anton Koberger, Nürnberg 1491.
Flaggen wurden um diese Zeit nicht nur mitunter an schrägen Flaggstöcken im Mastkorb gefahren (s. Abb. S. 34 und 44), sondern auch frei fliegend an kleinen Flaggrahen am Mastkorb angehängt.
Letztere Methode (gelegentlich sogar an den Rahnocken) hielt sich bis ins 19. Jahrhundert, doch waren dies freilich keine Flaggen im engeren Sinn mehr, sondern meist prunkvolle Wimpel (s. auch Band 8 Taue, Blöcke und Segel S. 105).

Als eher kleine Wimpel – nicht zuletzt, um dem Steuermann die Windrichtung anzuzeigen – begonnen, entwickelten sich die Toppflaggen bis ins späte 15. Jahrhundert zu einer „Staats-tragenden“ Angelegenheit im durchaus wörtlichen Sinne.

Eine gewisse Sonderform bildeten Flaggstöcke, die auf schräg stehenden Rundhölzern angesetzt wurden – Bugspriet (dazu gleich mehr), Lateinerrute (s. auch Band 11 ALLERLEI EXOTEN Stichwort Galeeren) oder Gaffel (bei niederländischen Staatenjaghden höchst beliebt).

Links: auf ein schräges Rundholz (Lateinerrute oder Gaffel) gesetzte Flaggstenge – oft auch nur ein Knie ohne Eselshaupt.
Rechts: drittes Siegel von Southampton um 1400 mit Flaggstenge auf dem Bugspriet.
(Zeichnung Werner Zimmermann, Augsburg)

Flaggmast

Der eigentliche Flaggenmast am Heck wurde im späten 15./frühen 16. Jahrhundert zumindest auf Kriegsschiffen obligatorisch, die Handelsschiffe folgten diesem Beispiel wenig später. Er war vielfach fast ebenso hoch wie die Stenge, allerdings nur

Griechische Triere mit Flaggmast am Heck, 4. Jahrhundert v. Chr. (Original-Graffito am „Haus des Dionysos“ in Delos)

Oben: Aphlaston (Heckzier/Heck) eines griechischen Kriegsschiffes mit Flaggmast – und bequemem Lehnstuhl für den Kommandanten, der das Schiff aus eigener Tasche hatte bezahlen müssen.
(Zeichnung nach einem Felsrelief von Lindos auf Rhodos)

Oben rechts: römisches Kriegsschiff mit Flagge am Bug.
(Denar des Marcus Antonius 32/31 v. Chr.)

Oben: römische Trireme mit hohem Flaggmast am Heck. 100 vor bis 100 nach Chr.
(Original im Museo Nazionale, Neapel)

Links: ein großes römisches Handelsschiff im 3. Jahrhundert mit doppelter Heckflagge und entsprechenden Flaggenmasten am Heck.
(Mosaik aus einem römischen Haus, Musei Capitolini, Rom)

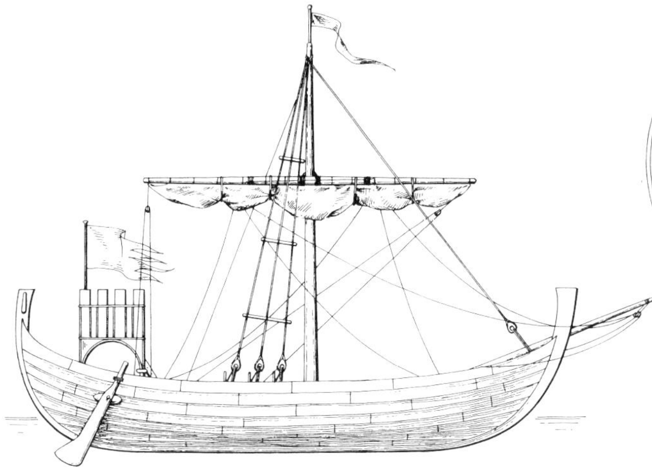

San Sebastian,
13. Jahrhundert.

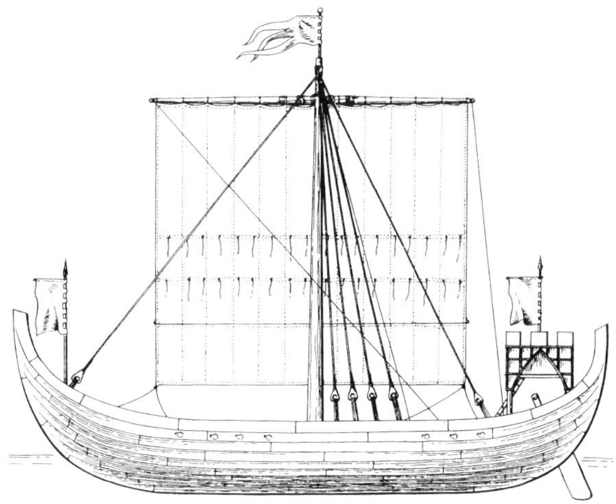

Hastings,
13. Jahrhundert.

Dover, zweites Siegel
datiert 1281.

Flaggmasten am Heck und am Bug im Hochmittelalter.

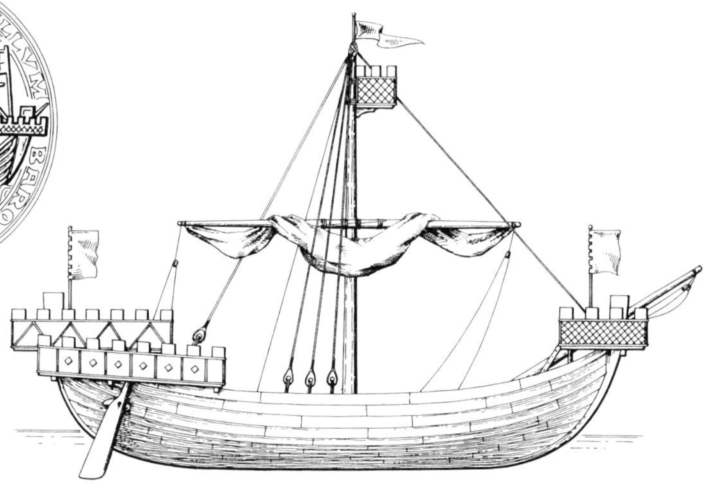

Faverham, zweites Siegel Ende 13. Jahrhundert.

Rey, drittes Siegel 14. Jahrhundert.

(Die Zeichnungen von Städtesiegeln und entsprechende Rekonstruktionen auf den Seiten 103/104 stammen durchgehend von Werner Zimmermann, Augsburg)

Portugiesische Kravelle um 1500 mit Masttoppflaggen und Rahwimpeln – s. dazu Band 12 Flaggen, Lexikon und Nachträge. Der Flaggstock für die Haupt- bzw. Staatsflagge steht auf dem Vorsteven – eine bis ins 20. Jahrhundert im Mittelmeer beliebte Methode, da ein entsprechender Flaggmast die Führung der achterlichen Lateinersegel behindert hätte. (Zeichnung nach dem Atlas des Juan de la Cosa um 1500)

Flaggmast der beligischen Staatenjaghd MAX EMANUEL von 1711. Er ist in einem stehenden Knie auf dem Hüttendach verankert und wird von einem Eselshaupt in Position gehalten. Eine Besonderheit jener Prunkjaghden aus Holland und Belgien im späten 16. und frühen 17. Jahrhundert sind die fein geschnitzten Mastspitzen über dem eigentlichen Flaggenknopf, durch den die Flaggleine geführt wurde – für Modellbauer eine wahrhaft extreme Herausforderung! Beispiele oben rechts. (Originale Mastspitzen: Fotos von Walter Lüden, Wyk auf Föhr)

halb so dick am Fuß und $^2/_3$ so stark an seiner Spitze. Er war rund mit einem viereckigen Fuß, der von einem liegenden Knie gegen das Hackbord gestützt und von einem Eselshaupt gehalten wurde (Variante s. Band 3 DER RUMPF S. 366).
Oben wurde er von einem Flaggenknopf bekrönt. Auf niederländischen Staatenjaghden war dieser sogar äußerst schön und elegant geschnitzt (in diesem Fall wurde ein kleiner Flaggleinenblock unter der Schnitzerei zum Aufziehen der Flagge angeschlagen).
Dies war freilich nicht immer so:
Flaggmasten gab es schon seit der Antike.

Im hohen Mittelalter vermehrten sie sich zunächst auf bis zu zwei am Heck und mitunter zwei am Bug (Abbildungen s. auch Band 1 MODELLE UND VORKENNTNISSE S. 77 und 93).
Vor allem wusste man lange Zeit noch nicht so genau wohin mit diesem Teil: ans Heck oder an den Bug? Letztlich setzte sich das Heck, der „vornehmste" Teil des Schiffes, durch, aber noch im frühen 16. Jahrhundert (von Galeeren und anderen Schiffen des Mittelmeeres ganz zu schweigen) setzten beispielsweise Karavellen den Flaggmast gerne auf dem Vorsteven, da er am Heck die Bewegung des Besan- bzw. Bonaventursegels behindert hätte.
Der Flaggmast verschwand weitgehend im späten 18. bis frühen 19. Jahrhundert auf Handelsschiffen parallel zum Aufkommen der Gaffel, an der man nun die Staatsflagge aufzog. Kriegsschiffe blieben da stets konservativer, d. h. bei Flottenparaden wurde immer noch ein Flaggmast gesetzt, auch wenn er im praktischen Normalbetrieb dem Gaffelbaum im Wege stand.
Auch heute *muss* jedes Schiff am Heck einen entsprechenden Flaggstock für die Nationalflagge tragen – ein hübscher „Farbtupfer", dem sogar kleine Sportboote gerne nacheifern (auch wenn sie in der Regel dazu eigentlich nicht verpflichtet sind).

Fahnen

Auf Schiffen gibt es nur „Flaggen" (allenfalls Wimpel) aber keine „Fahnen".
So kann man das in allen einschlägigen Werken nachlesen.
Doch das stimmt eben nicht so ganz! *Fahnen* gehörten zwar niemals zur korrekten Schiffsbeflaggung, waren vor allem im 16. Jahrhundert trotzdem äußerst beliebt. Ihre Stengen (etwa die mit dem Wappen des Admirals oder Teilländern des Herrschers) wurden – provisorisch – an die Reling gelascht (Abbildungen beispielsweise Band 2 MATERIAL UND WERKZEUG S.123 und Band 8 TAUE, BLÖCKE UND SEGEL S.105).

Hilfsmasten

Christoforo Colombo berichtete in seinem veröffentlichten Logbuch von 1492, dass er bei optimalem, jedoch eher schwachem Wind den Mast des Beibootes am Heck der SANTA MARÌA aufrichten und besegeln ließ.
Noch zu Beginn des 19. Jahrhunderts waren derlei Praktiken durchaus üblich, wobei man nun zu diesem Zweck häufig den Flaggmast „missbrauchte" (s. z. B. S. 24!).
Für den Modellbauer sind derartige Extrem- bzw. Ausnahmefälle kaum von Bedeutung, so man nicht ein Schiff in eben einer solchen Extrem- bzw. Ausnahmesituation darstellen will, die dann allerdings sehr genau mit dem historischen Datum unterlegt sein müsste.

Der Bugspriet

Im 13. Jahrhundert erscheinen auf Siegelbildern die ersten Schiffe, die einen Bugspriet fahren. Seither ist der Bugspriet von einem Segelschiff nicht mehr wegzudenken, auch wenn er sich eine ganze Menge Veränderungen gefallen lassen musste.

Frühe Formen im 13. und 14. Jahrhundert

Diese frühen Formen eines Bugspriets erscheinen freilich so dünn und zerbrechlich und provisorisch montiert, dass sie wohl keine allzu große Belastung aufnehmen konnten. Wahrscheinlich diente dieses Rundholz lediglich dazu, über Blöcke, die an seinem Vorderende angeschlagen waren, die Bulins zu leiten, um das Luvliek des Segels bei seitlichem und vorlichem Wind so weit als möglich vorholen zu können, um es optimal in den Wind zu stellen (s. auch Band 10 LAUFENDES GUT Kap. Bulins).

Doppelter Bugspriet im 13. Jahrhundert nach dem Siegel von Sandwich. (Rekonstruktion und Siegel, Zeichnungen von Björn Landström, Stockholm)

Bei einigen Nefs mag es sogar zwei solcher Spieren gegeben haben, die zu beiden Seiten des Vorstevens über den Bug hinausragten, wie es Björn Landström bei seiner Rekonstruktion des Sandwich-Schiffes postulierte. Werner Zimmermann hat diese Idee sachgerecht weiter verfolgt und rekonstruiert. Durchgesetzt hat sich diese Methode jedoch keinesfalls. Seit dem frühen 14. Jahrhundert war der Bugspriet ein einziges Rundholz.

A

B

C

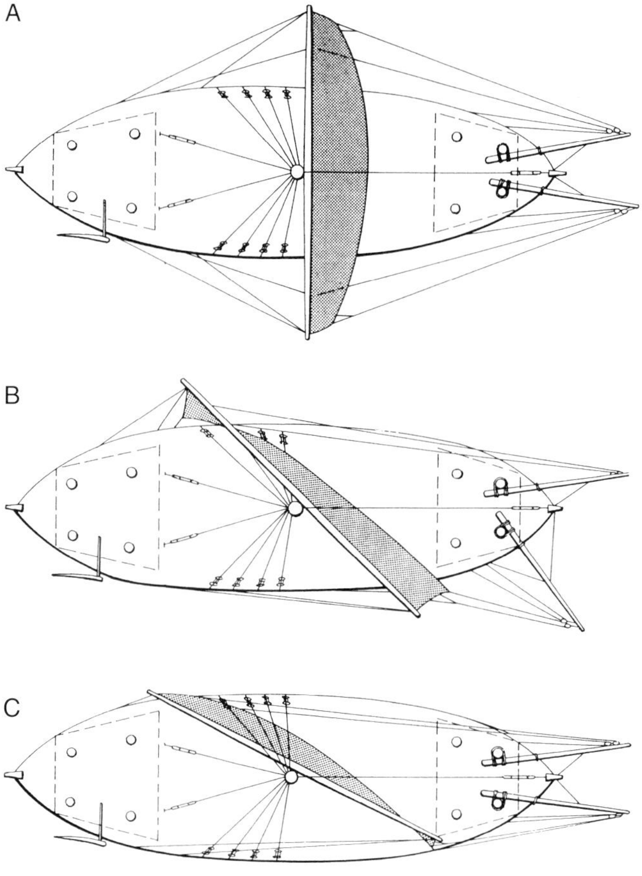

Werner Zimmermann, ausgewiesener Fachmann für Schiffe des Hohen Mittelalters, hat die Idee von Björn Landström auf ihre technische Praktabilität untersucht – und für „durchaus praktikabel", mitunter sogar „als wahrscheinlich" klassifiziert.
A: Vorwindkurs – Halsen und Bulins werden lose gefahren.
B: Halbwind- und Am Wind-Kurs – das luvwärtige Spriet wird ausgestellt und das Luvliek nach außen dichtgeholt.
C: scharfer Am Wind-Kurs – Luvschot und Luvhalse werden möglichst kurz binnenbords belegt, die Luvbulin vorgespannt. In diesem Fall wurde die Rah wohl mitunter unter den Leewanten durchgeholt.
(Zeichnungen von Werner Zimmermann, Augsburg)

15. Jahrhundert

Ende des 14. Jahrhunderts wurde der Bugspriet immer massiver und war bestimmt kein Provisorium mehr, denn nun wurden an ihm auch die Stage zunächst des Groß-, dann auch jene des Fockmastes angeschlagen.
Und man entdeckte eine weitere erfreuliche Eigenschaft, nämlich dass er sich durchaus auch als „Enterhaken" eignete. Anfang des 15. Jahrhunderts rüstete man sich deshalb an seinem Vorderende mit eisernen „Krallen" aus, die optimal dazu geeignet waren sich in der Takelage eines Feinschiffes zu verheddern und dieses festzuhalten (Abb. s. Band 8 Taue, Blöcke und Segel S. 9). Seit dem frühen 16. Jahrhundert wurde an der Spitze des Bugspriets ein schwerer Block angeschlagen, durch den der Kettenvorlauf und das Tau eines vier- oder sechsar-

Die schottische Riesenkarracke – 72 m lang, 17 m breit bei 3 m dicken (?) Bordwänden, vier Masten und 315 Geschützen (auch wenn das in der Regel hauptsächlich recht kleine „Pulverknallbüchsen“ waren) – GREAT MICHAEL. König James IV. von Schottland ließ dieses demonstrative Ungeheuer 1512 wider den englischen Nachbarn erbauen, der stets ein lüsternes Auge auf den nördlichen Nachbarn geworfen hatte. Das Modell ist absolut glaubhaft – außer der blauen Farbe an den Mastkörben. Optimal zu sehen der große Enterdraggen an der Spitze des Bugspriets. Der Kettenvorlauf, den man nicht so leicht durchhacken konnte, dürfte allerdings nicht bis ins Vorkastell gereicht haben, sondern war wohl nach der zweiten Aufhängung am Bugspriet nur noch ein Tau.
(Modell im Royal Scottish Museum, Edinburgh)

migen Enterdraggens geführt wurde, der vom Kastell aus bedient, d. h. auf das feindliche Schiff fallen gelassen werden konnte (s. z. B. auch S. 56). Letztlich

wenig effektiv verschwand dieser Enterdraggen bereits wieder um die Mitte des Jahrhunderts.
Gegen Ende des 15. Jahrhunderts bestückte man den Bugspriet mit einem Segel, dem *Blindesegel* (Abb. Band 1 MODELLE UND VORKENNTNISSE S. 19).

16. Jahrhundert
In der ersten Hälfte des 16. Jahrhunderts wurde der Bugspriet extrem lang, um an ihm die Enterdraggen aufhängen zu können (s. auch Band 4 DIE AUSRÜSTUNG Kap. Enterdraggen). In ihrer Wirkung jedoch doch recht mäßig, stutzte im letzten Jahrhundertdrittel Sir Matthew Baker den Bugspriet wieder auf ein vernünftiges Maß.

17. Jahrhundert
Seit dem frühen 17. Jahrhundert rüstete man den Bugspriet an seinem Vorderende mit einem kleinen Sprietmast aus, der nun die *Oberblinde* trug (mehr dazu gleich noch).

18. Jahrhundert
Im frühen 18. Jahrhundert versuchte man noch Sprietmast und Klüverbaum, eine entsprechende Verlängerung des Bugspriets ähnlich einer Stenge, zu kombinieren, ehe man erkannte, dass der Sprietmast nun eigentlich nicht mehr viel brachte und ihn deshalb gnadenlos abschafft.
Stattdessen verlängerte man den Bugspriet um den Klüverbaum und Ende des Jahrhunderts noch um den Außenklüverbaum, um all die Taue des Vorgeschirrs optimal führen zu können.

Schrägstellung des Bugspriets

Der Bugspriet ist eigentlich nichts anderes als ein nach vorn gekippter Mast. Seit dem 17. Jahrhundert entsprach er in seinen Dimensionen und seinem Bau auch weitgehend dem Fockmast.
Sein Winkel mit der Horizontalen (KWL) schwankte recht erheblich: im Mittelalter betrug er 40 bis 60°, im 15. Jahrhundert um 50°, Anfang des 16. Jahrhunderts 25 bis 30°, um 1630 20°, um 1650 30°, um 1665 40°, um 1675 35°, im 18. Jahrhundert 25 bis 30°, in der ersten Hälfte des 19. Jahrhunderts 20 bis 25°, seit der Mitte des 19. Jahrhunderts 14 bis 18°. Natürlich sind dies nur Näherungswerte, die national und auch schiffsindividuell oft daraus beträchtlich über oder unterschritten wurden – zuverlässige Angaben findet man jeweils in entsprechend guten Plänen.

Bau des Bugspriets

Bis zum Ende des 15. Jahrhunderts war der Bugspriet ein „Pfahlmast“, und das blieb er wohl auch später auf kleineren Schiffen.
Auf großen Schiffen, etwa den Monster-Karracken des frühen 16. Jahrhunderts, war er bereits aus Kanteln gebaut und mit entsprechenden Wulingen versehen – auch wenn entsprechende Bilddokumente fehlen, doch damals wurden auch die Wulinge an Groß- und Fockmast noch nicht dargestellt, obwohl es sie fraglos gab – denn für eine andere Bauweise war der Bugspriet ganz einfach zu lang und zu schwer.

Seit dem 17. Jahrhundert besteht dazu keine Frage mehr und wurde auch meist präzis mit Wulingen abgebildet.
Im 16. und 17. Jahrhundert waren es in der Regel Tauwulinge, welche die Kanteln zusammenhielten, mitunter aber auch spiralig um den Bugspriet gewundene Eisenbänder, wie der WASA-Fund belegt. Im Verlauf des 18. Jahrhunderts waren es zunehmend, im 19. Jahrhundert nahezu ausschließlich Eisenbänder. So man sich an den jeweiligen Fockmast hält, kann man da nicht viel falsch machen!

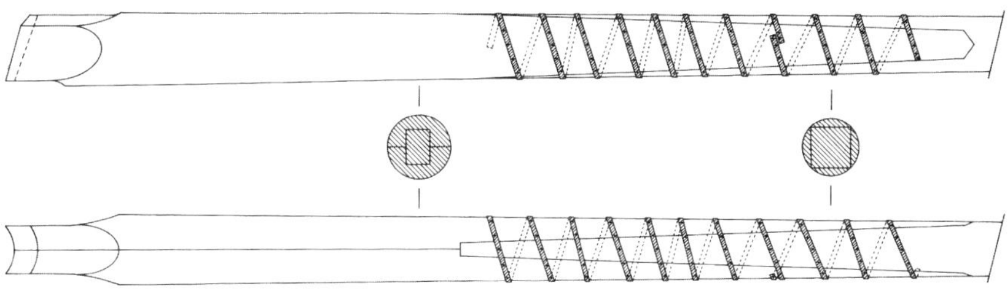

Im frühen 17. – etwa bei der WASA – und fraglos auch schon im 16. Jahrhundert wurden die Kanteln des Bugspriets im unteren Teil (± 1/4) von spiraligen Eisenbänder zusammengehalten. Ansonsten benutzte man Tauwulinge, die mitunter auch zusätzlich über die Eisenbänder gelegt wurden.

Seit Mitte des 18. Jahrhunderts wurde der obere Teil des Bugspriets kontinental vielfach mit einer Mastschale abgedeckt, die bis Ende des Jahrhunderts mit Tauwulingen umwunden war; im frühen 19. Jahrhundert wurden auch sie mehr und mehr mit Eisenbändern befestigt.
Modellbau: Praktisch s. Kapitel Masten.

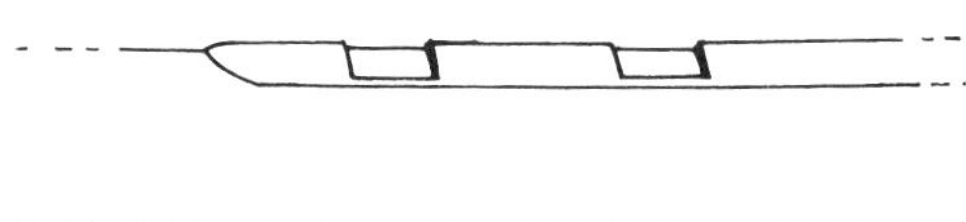

Kontinentale Bugsprietschalung mit Kerben für die Tauzurrings.

Bugsprietfuß

Der Fuß des Bugspriets wurde bis Ende des 16. Jahrhunderts steuerbord am Fockmast *vorbei*geführt, seine Spitze sollte allerdings unbedingt in der Mittschiffsebene stehen.

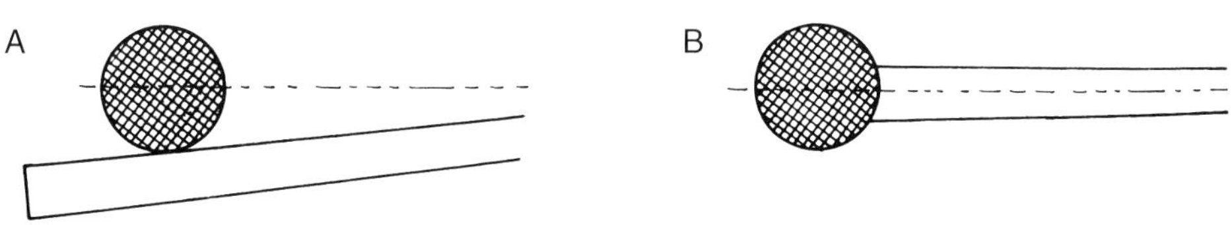

Führung Bugsprietfuß: A. bis Ende 16. Jahrhundert, B. seit frühem 17. Jahrhundert.

Modellbau: Für Modellbauer ist dies oft eine nervenaufreibende Bruchmillimeter-Arbeit, zumal wenn der Bugspriet Kastelle (frühes16. Jahrhundert) oder auch nur Bugschotten durchstößt (z.B. Abb. Band 2 MATERIAL UND WERKZEUG S. 123). Im frühen 17. Jahrhundert stellte man dann freilich fest, dass sich der Fuß des Bugspriets ebenso gut gegen den Fuß des Fockmastes gestützt befestigen ließ, sodass der Bugspriet nun exakt in der Mittellinie des Schiffes stehen durfte.

Auf kleineren Schiffen gab es natürlich auch noch andere Befestigungsmöglichkeiten des Bugspriets, doch davon mehr im Band 5 BOOTE UND KLEINFAHRZEUGE.

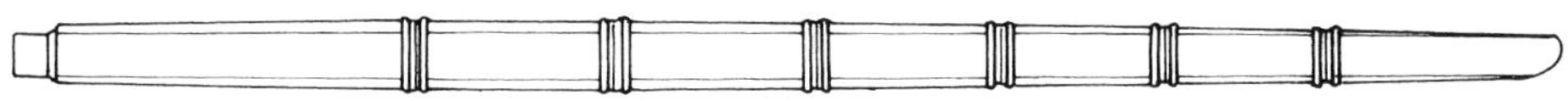

Bugspriet bis Mitte der ersten Hälfte des 18. Jahrhunderts – Tauwulinge wurden zunehmend gegen Eisenbänder ausgetauscht.

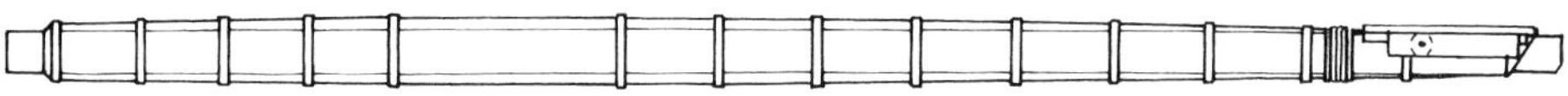

Englischer Bugspriet nach 1760.

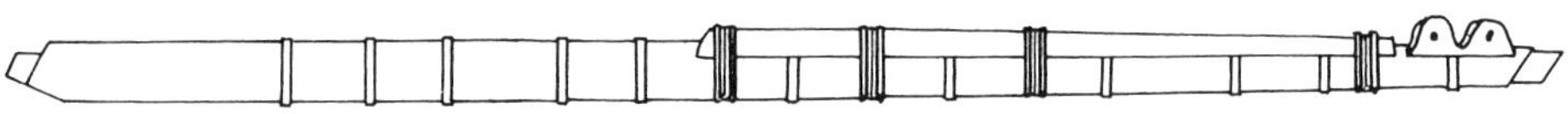

Kontinentaler Bugspriet nach 1760.

Sprietklampen

Das wichtigste Detail des Bugspriets ist fraglos die Klampe für die Bugsprietzurring zwischen Scheg und Bugspriet, mit welcher dieser „niedergehalten“, also daran gehindert wurde, dem Zug der Taue aus dem Vorgeschirr nach oben nachzugeben (s. Band 9 STEHENDES GUT Kap. Bugsprietzurring). In der ersten Hälfte des 16. Jahrhunderts gab es sie noch nicht, wie es offenbar auch noch keine Bugsprietzurring gab, die sich erst danach mehr und mehr, dann aber unbestritten durchsetzte.
Diese Klampe, auf größeren Schiffen auch zwei hintereinander, hatte die Aufgabe das Abrutschen der Bugsprietzurring zu verhindern. Sie war etwa $1/3$ höher als das zugehörige Tau und 2,5 bis 3,5-mal länger als hoch. Bis ins frühe 18. Jahrhundert setzte man sie aus einer Reihe von nebeneinander befestigten Klampen mit einer Dicke von ca. original 5 cm zusammen. Seit dieser Zeit wurde es üblich, die Klampe aus einem massivem Holzstück zu fertigen.
Zweifellos gab es da auch noch andere wichtige Details:
Klampen, die das Abrutschen, des Wasserstags verhindern; oder der Blinderack sicheren Halt geben sollten; oder vor allem der Sattel für den Klüverbaum (davon im Folgekapitel mehr).

Etwa den „Tauwerkführungssattel“: Als vom Fockmast herunter mehr und mehr Taue herunter kamen und über den Bugspriet geführt wurden – Stage, Bulins, Stagsegelschoten und -niederholer usw. – wurde es ganz einfach erforderlich in dieses Wirrwarr von „Strippen“ wieder einigermaßen Ordnung zu bringen, damit die Matrosen im Ernstfall wussten, an welchen Tauende sie überhaupt zerren mussten. So führte man diese Taue durch einen auf den Bugspriet genagelten „Sattel“ mit entsprechenden Löchern (seit dem 18. Jahrhundert waren es oft deren zwei), oder auch zusätzlich über ein „Tausendbein“ an der Bugsprietzurring, um die Taue zunächst überhaupt auseinander zu halten, damit sie sich nicht verwirrten wie die Schwänze eines *„Rattenkönigs“* (der hat, zumindest der Sage nach, deren Hundert!) und sie dann zu ihren Belegstellen zu dirigieren.

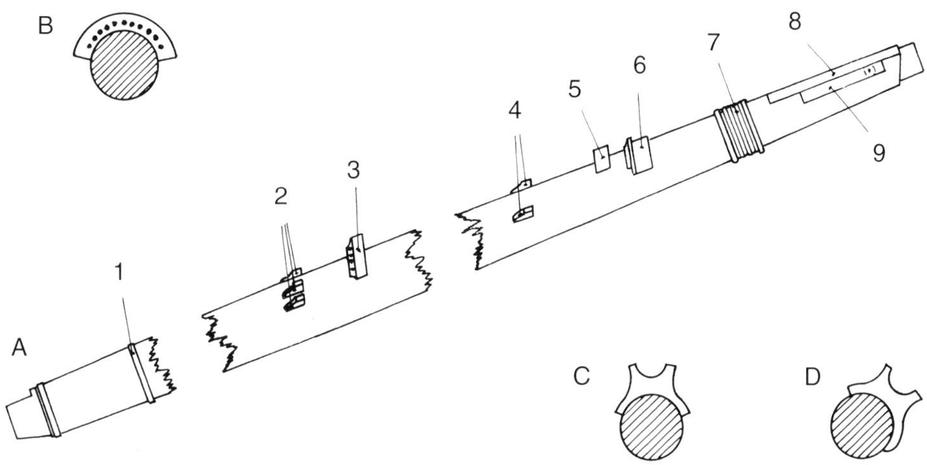

E

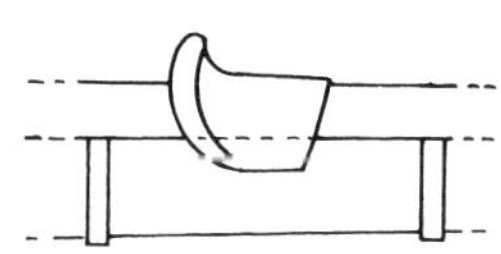

Details am Bugspriet:
A. Bugspriet, B. Tauführungssattel, C. Klüversattel englisch, D. Klüversattel kontinental, E. Klüversattel kontinental nach 1750.
1. Eisenbänder, 2. Klampen für die Bugsprietzurring (oft doppelt), 3. Tauführungssattel, 4. Klampen für Wasserstag, 5. Klüversattel (englisch), 6. Klüversattel (kontinental, um 45° nach steuerbord gedreht), 7. Tauzurring des Bugspriets, 8. Violine, 9. untergesetzter Taublock.

Sprietmast

Von den letzten Jahren des 16. Jahrhunderts bis längstens 1730 wurde auf dem Bugspriet ein kleiner Mast, der Sprietmast, gefahren, der dann ein Segel, die Oberbilde, trug.

Das englische Linienschiff 3. Ranges HAMPTON COURT im Sturm. Zweite Hälfte 17. Jahrhundert.
(Gemälde von Willem van der Velde dem Jüngeren in Birmingham Museums and Art Gallery, Birmingham)

Konstruktion

Am vorderen Ende war der Bugspriet etwas abgeflacht, damit das Knie des Sprietmastes befestigt werden konnte. Der vertikale Schenkel dieses Knies war ungefähr halb so lang wie das Topp des Großmastes, der andere Schenkel auf dem Bugspriet ebenso lang oder etwas länger.
Dieses Knie stützte eine Saling und das Eselshaupt.
Der Sprietmast selbst entsprach etwa den Bramstengen. Das Eselshaupt war ohne Ringe für ein Stengewindereep. Er stand senkrecht oder leicht nach vorne geneigt (ca. bis 5°).
Der Flaggstock, bis ins späte 17. Jahrhundert gewöhnlich noch mit kleinster Saling und Eselshaupt einzeln angesetzt, war vielfach ebenso hoch wie der Sprietmast selber.

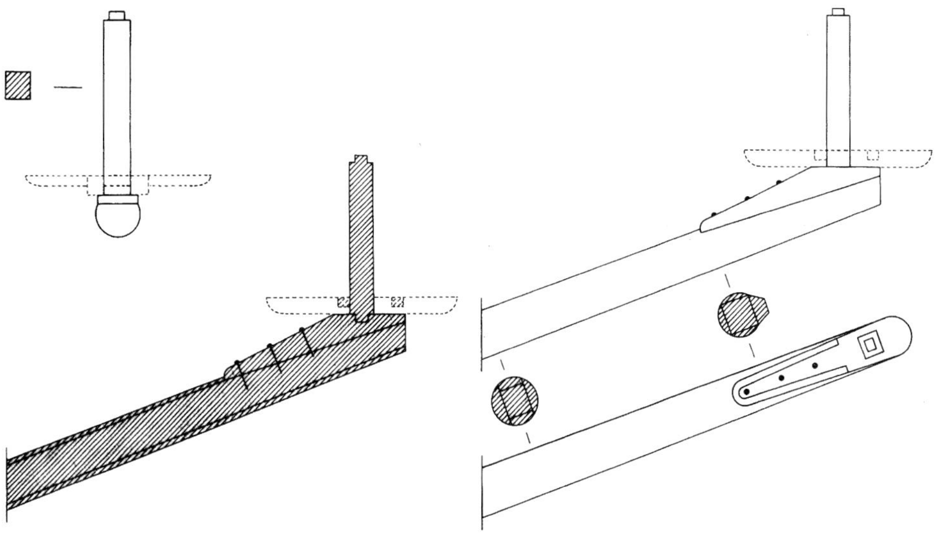

Vorderende des Bugspriets Anfang 17. bis erstes Viertel des 18. Jahrhunderts mit Knie und Topp für den Sprietmast.
Vorderansicht, Querschnitt, Seitenansicht und Draufsicht.

Achtung Modellbau!

Der Sprietmast muss sehr gut befestigt und mit der vorderen Saling bugwärts festgeklemmt werden! Stage und Backstag (s. Band 9 STEHENDES GUT Kap. Stage und Backstag) üben beim Auftakeln auf den Sprietmast einen starken Zug nach hinten aus, dem er aber nicht weiter als bis zur Senkrechten nachgeben darf!

Saling und Mars

Die Salinge maßen etwa 0,55 der Großmastsalinge.
Die Mars war kreisrund und ebenso konstruiert wie alle anderen Marsen auch. Die Püttings für die Wantenpaare – in der Regel drei – waren freilich eine Spezialkonstruktion, um am schrägen Bugspriet entsprechend Halt zu finden. Die

Sprietmars besaß in der Mitte nur eine kleine Öffnung, eben einmal so groß, dass Knieoberteil und Stenge hindurchpassten.
Das Eselshaupt entsprach dem Bramstenge-Eselshaupt (s. S. 93).
Saling und Eselshaupt des Flaggstocks sahen gleich aus, waren nur eben entsprechend kleiner.

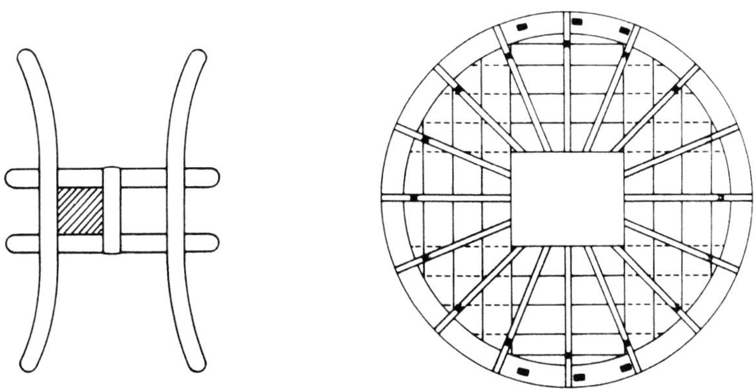

Links: Sprietsaling. Bis etwa 1690 waren die Quersalinge gerade, danach wurden sie vielfach, zumal auf englischen Schiffen, gebogen.
Rechts: Die Sprietmars war bis 1690 allgemein kreisrund, auf kontinentalen Schiffen blieb sie das auch vielfach bis zu ihrem endgültigen Verschwinden.

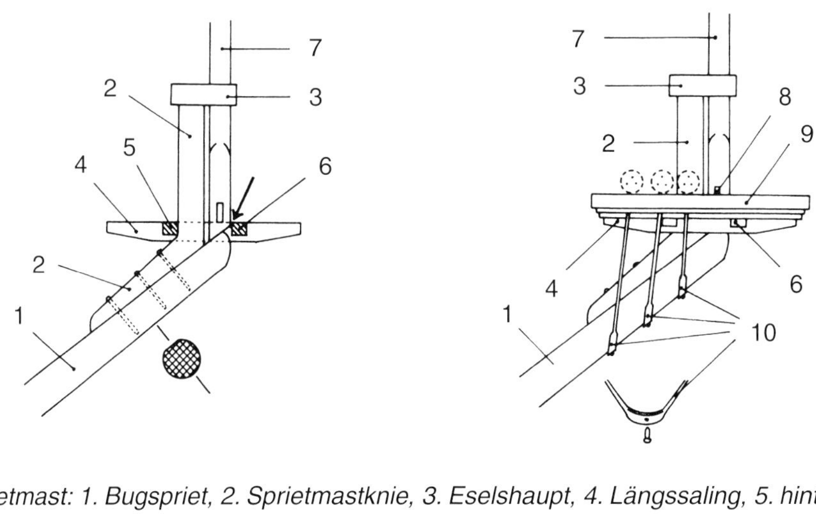

Sprietmast: 1. Bugspriet, 2. Sprietmastknie, 3. Eselshaupt, 4. Längssaling, 5. hintere Quersaling, 6. vordere Quersaling, 7. Sprietmast bugwärts mit Quersaling festgeklemmt (Pfeil!), 8. Schlossholz, 9. Mars, 10. spezielle Püttingseisen.

Sprietmast und Klüverbaum

Die Vorteile des Klüverbaums waren so eindeutig, dass er sich im ersten Viertel des 18. Jahrhunderts allgemein durchgesetzt (s. Folgekapitel) hatte.

La Renommée, französische 36-Kanonen-Fregatte von 1725. Der Klüverbaum konnte zwar die Fockbramstenge optimal abstagen, jedoch nur ein Klüversegel tragen – weiteren stand der Sprietmast im Weg, weshalb der Sprietmast spätestens um 1730 endgültig abgeschafft wurde.
(Modell von Wolfram zu Mondfeld, Hohenfurch, im Deutschen Technikmuseum, Berlin)

In einer kurzen Epoche um 1720 versuchte man zunächst Sprietmast und Klüverbaum zu kombinieren. Dabei wurde die Mittelöffnung der Sprietmastmars im vorderen Teil – stets steuerbord! – so erweitert, dass der Klüverbaum dort hindurchpasste. Zu dieser Zeit wurde das achterliche Ende der Sprietmars in England auch oft gerade gebaut.
Doch den Vorteil des Klüver-, und wenig später, des Außenklüverbaums zum Ansetzen der sehr viel effektiveren Stagsegel vor dem Fockmast konnte nicht wirklich ausgenutzt werden – neben dem Vorstagsegel konnte nur ein hoch angesetztes Klüversegel gefahren werden, denn die Mitte blockierte ja der Sprietmast.

Man mag den europäischen Kriegsmarinen immer wieder, und durchaus rechtens, „Konservativismus", zumindest was ihre „Dickschiffe" anbelangt, vorwerfen. Bei kleineren und „schnellen" Einheiten wie Fregatten, Korvetten und Briggs war man da entschieden experimentierfreudiger. Doch was „Sinn machte", das *machte eben Sinn*, und so verschwand der Sprietmast spätestens um 1730 vollständig, um Stag-Vorsegeln aller Art Platz zu machen – um 1800 konnten dies durchaus bis zu sechs (!) sein (s. auch Band 8 Taue, Blöcke und Segel S. 94 f.).

Sprietmast und Klüverbaum, frühes 18. Jahrhundert.

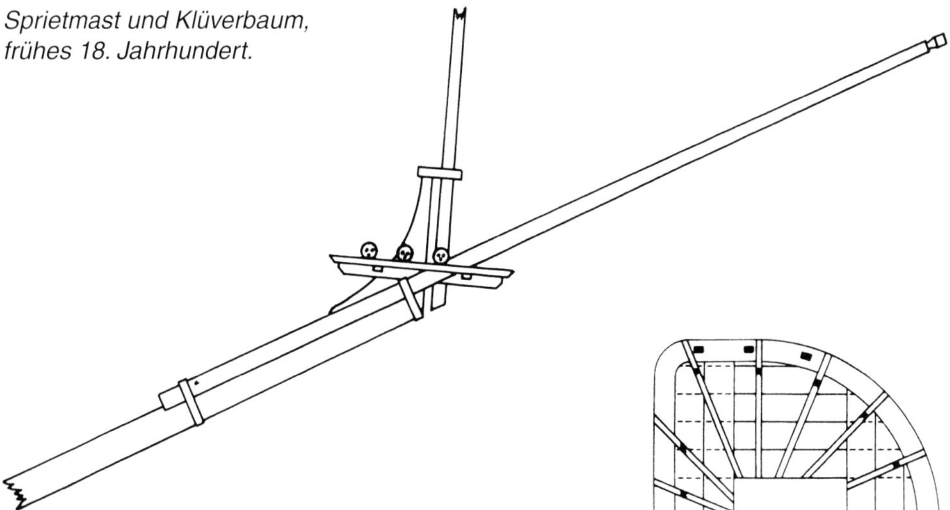

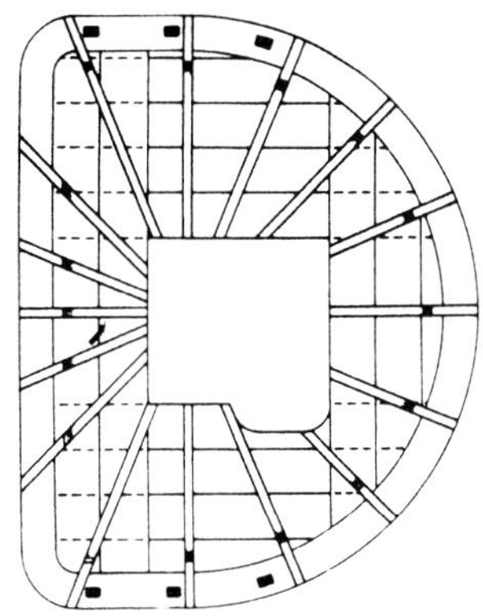

Sprietmars (englisch wie kontinental, auch wenn letztere gewöhnlich noch kreisrund war) mit Ausschnitt für den Klüverbaum im frühen 18. Jahrhundert.

Göschstenge

Nach der Staatsflagge am Heck war die „Gösch" am Bug die wichtigste Flagge auf einem Schiff (es gibt sie immer noch!). Näheres s. Band 12 Flaggen, Lexikon und Nachträge Kapitel Flaggenführung.
Kontinental wurde die Göschstenge (genauer gesagt die Gösch-Flaggstenge) bis ins frühe 19. Jahrhundert mit Knie und Eselshaupt auf den Bugspriet gesetzt.

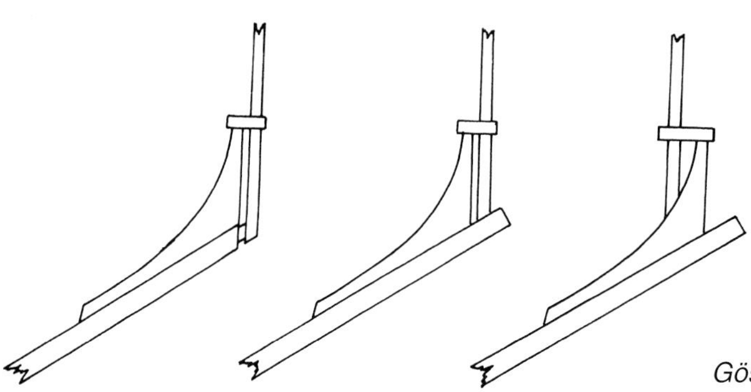

Göschstenge kontinental.

Der britische Dreidecker VICTORY von 1737 mit Sprietmast und Klüverbaum. Achtung! Nicht zu verwechseln mit der VICTORY, dem Flaggschiff Lord Horatio Nelsons 1805 bei Trafalgar, die erst 1759 auf Kiel gelegt wurde. VICTORY war ein beliebter Name für englische Großkampfschiffe, eine VICTORY, die wohl älteste ihres Namens und noch eine modifizierte Karracke, kämpfte unter Martin Frobisher bereits in der Armadaschlacht 1588!
(Admiralty-Model im National Maritime Museum, Greenwich.
Ich bitte, wieder einmal (!), für die schlechte Bildqualität um Entschuldigung, aber Besseres war einfach nicht aufzutreiben – und das, worauf es ankommt, kann man ja erkennen.)

Klüverbaum und Außenklüverbaum

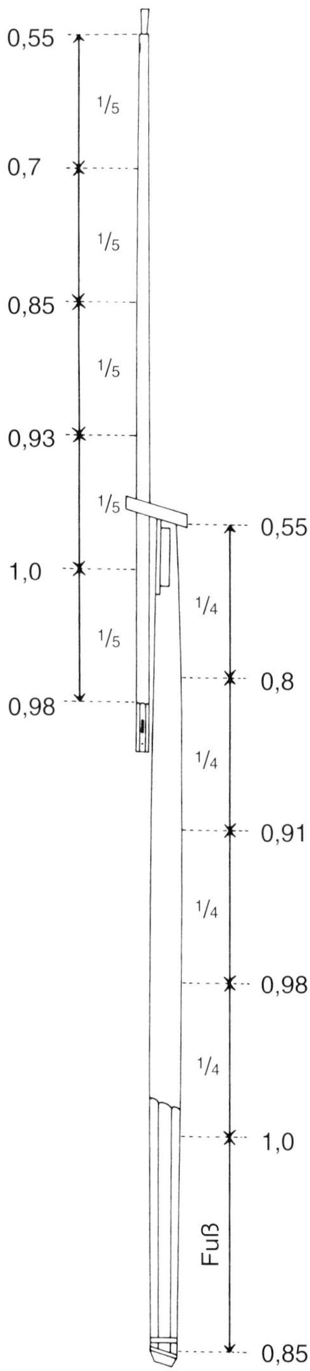

Proportionen Bugspriet und Klüverbaum.

Um 1710 kam als Verlängerung des Bugspriets der Klüverbaum in Gebrauch.
Zunehmend wurde damals klar, dass entsprechende Stagsegel vor dem Fockmast sehr viel effektiver waren als die Oberblinde am Sprietmast, dass sie aber auch weiter nach vorne gespannt werden mussten. So verlängerte man also den Bugspriet um eine „Stenge", den Klüverbaum, um die entsprechenden Segel anschlagen zu können. Erfreulicher Nebeneffekt war, dass man nun auch die Stage und sonstiges Vorgeschirr weiter nach vorn spannen konnte.

Bau des Klüverbaums

Der Klüverbaum war, wie gesagt, eigentlich nichts anderes als eine Stenge des Bugspriets.
Der Klüverbaum war in die zweite Hälfte des 18. Jahrhunderts rund 0,85 des Bugspriets lang und ragte 2/3 seiner Länge über das Bugsprieteselshaupt nach vorne. Seit dieser Zeit wurde er insgesamt zwar etwas kürzer (ca. 0,8 des Bugspriets), ragte aber nun um ca. 0,85 seiner Länge über das Bugsprieteselshaupt hinaus.
Der Klüverbaum war rund und aus einem Stück Holz gebaut, an seiner dicksten Stelle halb so dick wie der Bugspriet und verjüngte sich nach vorne auf 0,55 dieser Stärke. Der häufig achtkantige Fuß maß 0,08 der Gesamtlänge; sein, oft ebenfalls achtkantiges, Topp zwischen 0,035 und 0,04 der Länge.
An seinem hinteren Ende hatte er in aller Regel ein waagerechtes Scheibgatt für den „Vorhohler", an seinem vorderen Ende unmittelbar hinter dem Topp ein senkrechtes Scheibgatt, durch das eines der oberen Vorstage geschoren wurde (s. Band 9 Stehendes Gut Kap. Stage).

Befestigung des Klüverbaums

Das hintere Ende des Klüverbaums wurde auf einem hölzernen „Sattel" auf dem Bugspriet gelagert.
Bei seiner Einführung wurde der Klüverbaum an seinem Fuß, oft durch ein eigens dafür vorgesehenes Loch am hinteren Ende des Baums. Das vordere Ende unter dem Knie für den Sprietmast wurde ebenfalls zunächst mit Tauen verzurrt.

Sehr schnell wurde allerdings diese vordere Zurring durch ein „Baumeisen“ unter dem Knie ersetzt, durch das der Baum geschoben werden konnte.

Klüverbaum

bis 1735

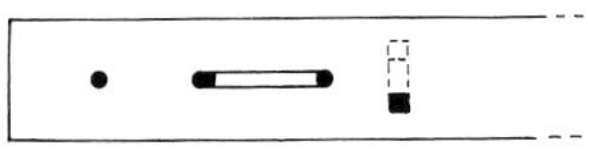

1735 bis 1815

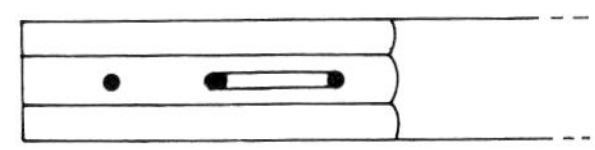

nach 1815

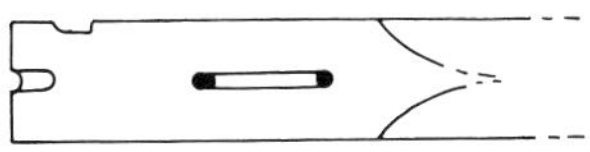

Klüverbaum-Fuß (Seitenansicht)

bis 1773

1773 bis 1794

nach 1794

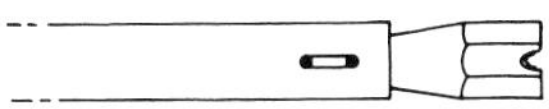

Klüverbaum-Topp (Aufsicht)

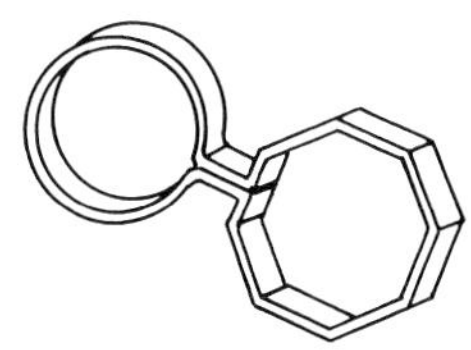

Eiserner Beschlag am Topp des Klüverbaum zur Führung des Außenklüverbaums.

Da die Mitte des Bugspriets ja von dem Knie für den Sprietmast besetzt war, fuhr man den Klüverbaum stets um etwa 45° nach steuerbord versetzt. Und natürlich war auch der Sattel entsprechend nach steuerbord verschoben.

Befestigung des Klüverbaums. Um 1700 mit Tauwulingen, nach 1710 mit Eisenband und Tauwuling, ab 1725 mit Eselshaupt und Tauwuling.

Kontinental vor 1710

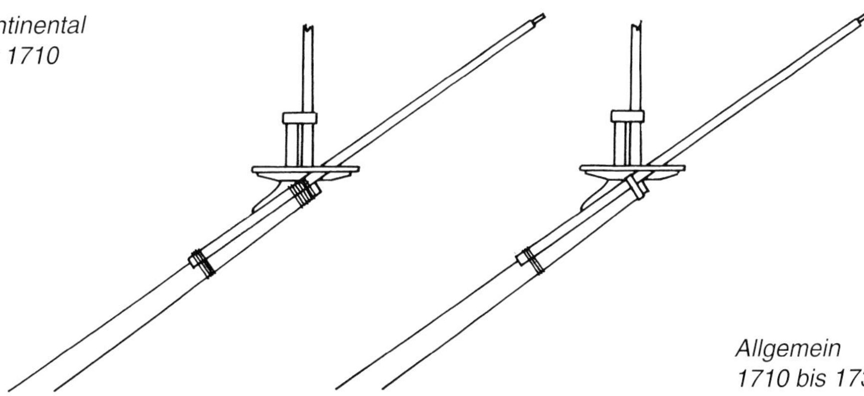

Allgemein 1710 bis 1730

Kontinental
1725 bis 1795

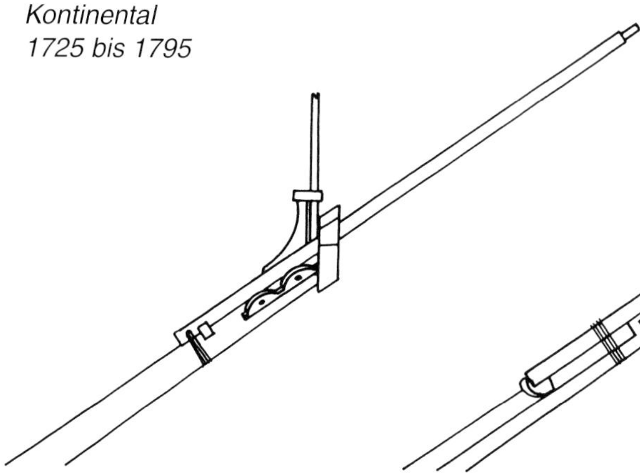

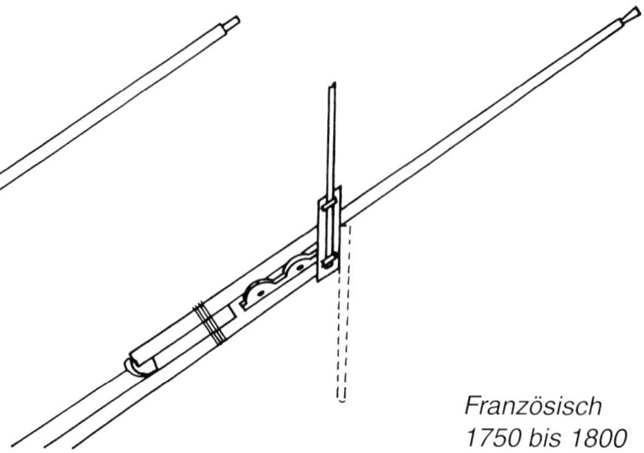

Französisch
1750 bis 1800

Englisch,
nach 1725

Seit 1790 auch
kontinental

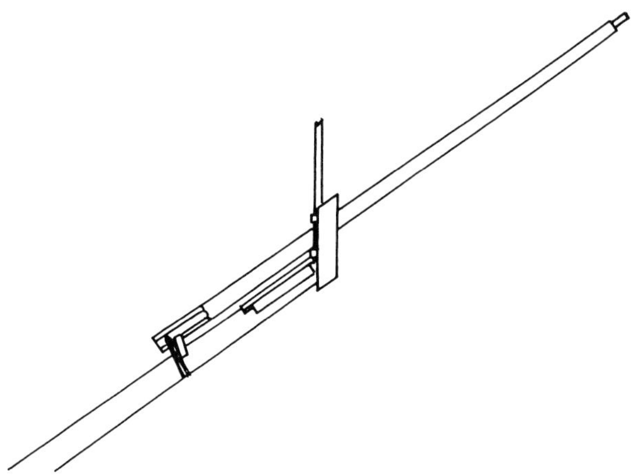

Als spätestens nach 1730 der Sprietmast samt Salingen und Mars verschwand, setzte man an das Vorderende des Bugspriets ein Eselshaupt (s. Folgekapitel). Da man auf kontinentalen Schiffen in der Regel ein kleines Knie mit Eselshaupt (Esels*häuptchen* wäre wohl zutreffender) für den Flaggstock beibehielt, blieb der Klüverbaum weiterhin um ca. 45° nach steuerbord versetzt. Auf Kriegsschiffen blieb dies weitgehend bis Mitte des 19. Jahrhunderts auch so. Auf Handelsschiffen verschwand dieser Flaggstock Ende des 18. Jahrhunderts vielfach; damit war die Mitte des Bugspriets nun frei, so dass man den Klüverbaum mittig setzen konnte.
Der Fuß des Klüverbaums wurde international nach wie vor mit einer Tauzurring befestigt.

Außenklüverbaum

Der Außenklüverbaum wurde 1794 in der englischen Marine eingeführt und teilweise sehr schnell von den anderen Nationen übernommen, und zwar nicht nur von der Kriegs-, sondern besonders auch von der Handelsmarine.

Außenklüverbaum

Er war in etwa 1,2-mal länger als der Klüverbaum, da er bis zum Bugsprieteselshaupt zurückreichte und dort entsprechend verankert war. Trotzdem ragte er, um ca. 1,2 dessen Länge vom Klüvereselshaupt an gemessen, über diesen hinaus. Sein größter Durchmesser betrug ca. *„1/2 Inch für jedes Yard der Länge“* – so zumindest die offizielle Angabe. Bis zur Spitze nahm das Holz auf 2/3 der größten Dicke ab. Und natürlich befand sich auch an dessen Spitze ein, oder auch zwei, Scheibgatt(s) für diverse Vorstage.

Befestigung des Außenklüverbaums

Mit seinem Fuß saß er sicher in dem Bugsprieteselshaupt. An der Stelle, wo er den Klüverbaum nach vorne verließ, war eine eiserne Brille am Topp des Klüverbaums befestigt, durch die der Außenklüverbaum geführt wurde.
Der Klüverbaum wurde, wie eben schon gesagt, aus technischen Gründen meist in einem Winkel von 45° nach Steuerbord an der Bugspriet gesetzt.
Der Außenklüverbaum war auf Schiffen kontinentaler Bauweise meist mittig angeordnet. Auf Kriegsschiffen englischer Bauweise wurde er um jene 45° – gewöhnlich nach backbord – versetzt, um mit seinem Fuß im Eselshaupt einen optimalen Halt finden zu können. Auf Handelsschiffen standen Klüverbaum und Außenklüverbaum seit Beginn des 19. Jahrhunderts mittig.
Die Befestigung erfolgte einerseits im Bugsprieteselshaupt, andererseits durch die Brille am Topp des Klüverbaums.

Befestigung des Außenklüverbaums.
International seit Ende 18. Jahrhundert.

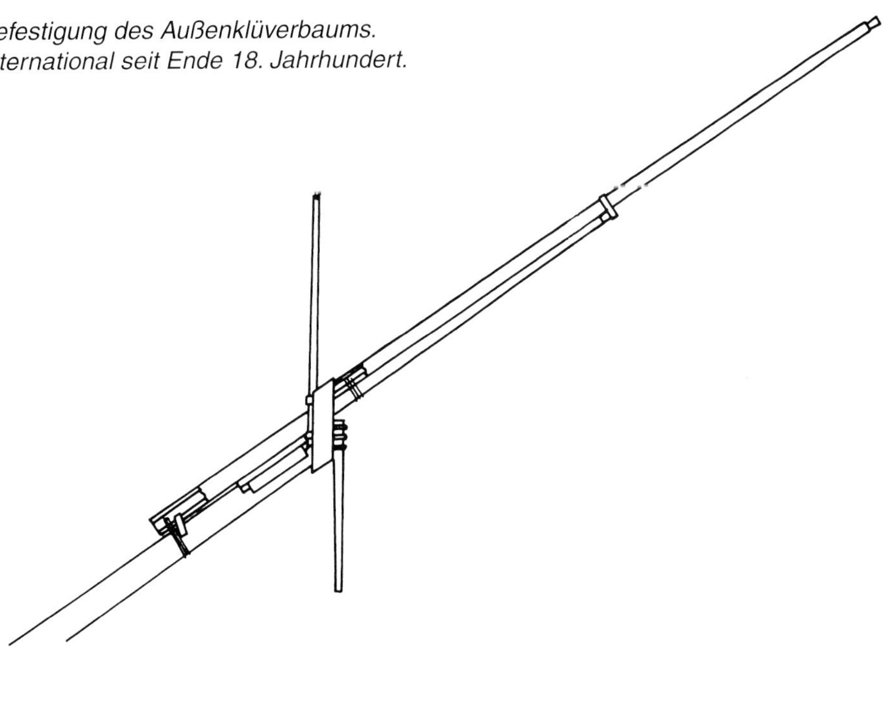

Bugspriet-Eselshaupt

Seit spätestens um 1730 der Sprietmast verschwand, wurde die Spitze des Bugspriets mit einem Eselshaupt ausgerüstet, durch welches der Klüverbaum geschoben und in dem seit Ende des Jahrhunderts der Fuß des Außenklüverbaums befestigt wurde.

Stellung und Form

Dieses Eselshaupt stand stets senkrecht zur KWL. In seiner Form glich es den Eselshäuptern des Groß- und Fockmastes, allerdings waren seine oberen und unteren Kanten seit dem frühen 19. Jahrhundert oft abgerundet. Seit dem späten 18. Jahrhundert war das Eselshaupt gewöhnlich mit einem Eisenband beschlagen, ehe sich in der späten ersten Hälfte des 19. Jahrhunderts mehr und mehr völlig eiserne Eselshäupter durchzusetzen begannen.

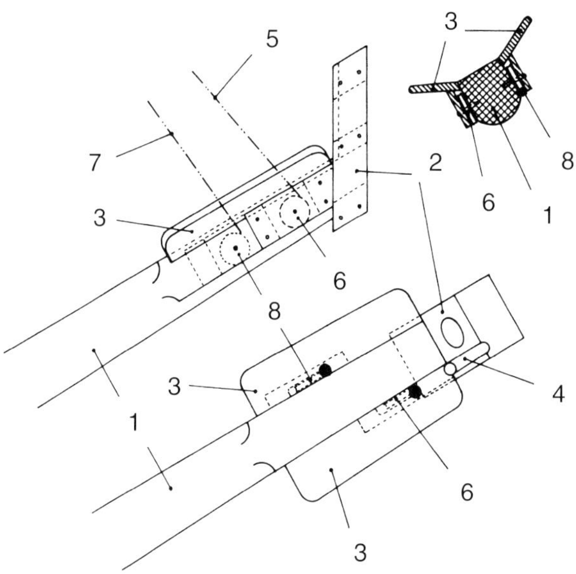

Bugsprietkopf (nach 1780): 1. Bugspriet, 2. Eselshaupt, 3. Violine, 4. Kerbe für Flaggstock (Gösch) englisch achterlich, kontinental meist steuerbord seitlich am Eselshaupt gesetzt, 5. Vorstengestag, 6. Vorstengestagrolle steuerbord bugwärts, 7. Vorstengeborgstag mit 8. Rolle backbord achterwärts.

Englisches Bugspriet-Eselshaupt

Es war rechteckig und stand seit Mitte des 18. Jahrhunderts exakt lotrecht vor dem Bugspriet, da der Klüverbaum nun mittig auf dem Bugspriet gefahren wurde. Der Durchlass für den Klüverbaum war vielfach mit Leder ausgekleidet.

Der Flaggstock für die Gösch wurde hinten-steuerbord am Eselshaupt mit Eisenbänden befestigt.

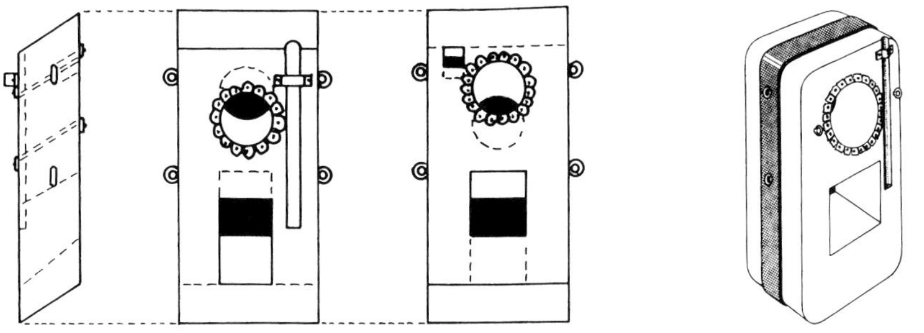

Englisches Bugsprieteselshaupt: Seitenansicht, Achteransicht und Buganansicht. Rechts Bugsprieteselshaupt erste Hälfte 19. Jahrhundert mit Eisenbeschlag. (Rechte Zeichnung von James Lees, Greenwich)

Kontinentales Bugspriet-Eselshaupt

Bis Ende des 18. Jahrhunderts war, wie schon gesagt, die Mitte des Bugspriets vorne von einem Knie mit dem Flaggstock besetzt. So drehte man das Eselshaupt um 45º nach steuerbord und schnitt meist seine äußere Steuerbordkante entsprechend ab. Eine Ledermanschette für den Durchlass des Klüverbaums war auch hier üblich. Als Ende des 18. Jahrhunderts diese Form des Gösch-Flaggstocks verschwand und man sich der englischen Bauweise annäherte, setzte man den Flaggstock ebenfalls mit Eisenbändern seitlich steuerbord an das Eselshaupt.
Ausnahmen für die Führung des Flaggstocks waren hier wie dort durchaus akzeptiert und keineswegs unüblich.

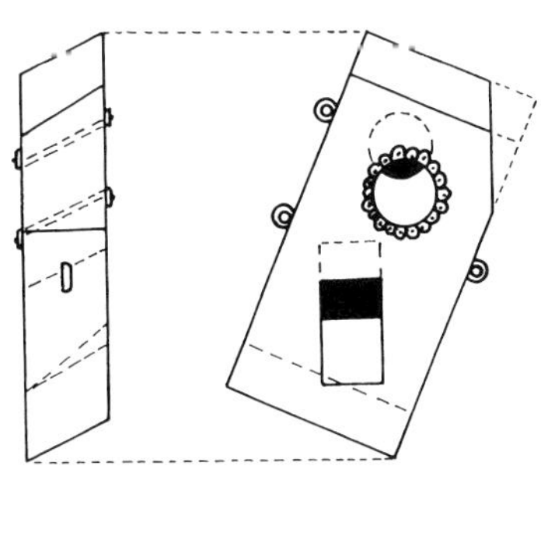

Kontinentales Eselshaupt bis spätes 18. Jahrhundert. Der Göschflaggstock stand nach Einführung des „englischen" Eselhaupts meist steuerbord am Eselshaupt.

Eisernes Eselshaupt

Seit der Mitte des 19. Jahrhunderts verschwanden mehr und mehr hölzerne Eselshäupter am Bugspriet und wurden durch solche aus Eisen ersetzt.
Am Topp des Klüverbaums war dieses grundsätzlich üblich, da der Außenklü-

verbaum stets durch eine eiserne „Brille“ geführt wurde. Kontinental nun mittig, da der Klüverbaum ja nach steuerbord versetzt war, englisch mitunter um 45° nach backbord versetzt. Doch kurze Zeit später standen Klüverbaum und Außenklüverbaum international mittig übereinander.

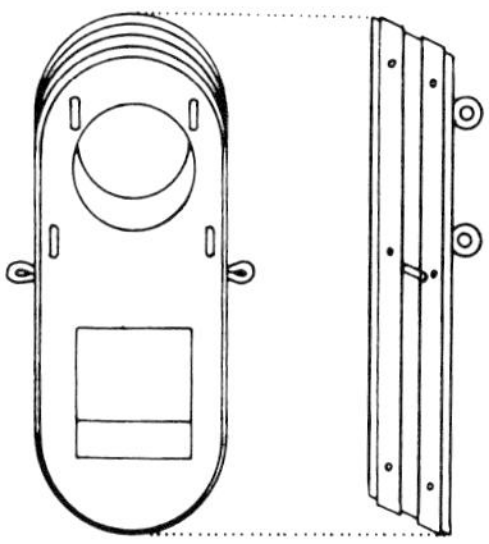

Links: Ab 1810 wurden abgerundete Bugsprieteselshäupter zumal auf Handelsschiffen gerne gefahren.
Rechts: eisernes Bugsprieteselshaupt, wie es nach der Mitte des 19. Jahrhunderts üblich wurde.

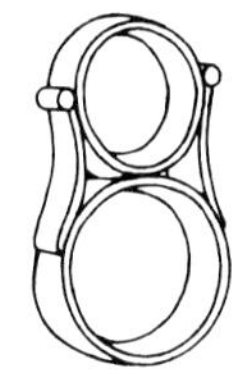

Violine

Die Violine kam mit dem Eselshaupt auf und wurde hinter diesem auf beiden Seiten an den Bugspriet gesetzt. Sie diente der Führung der oberen Stage der Fockstengen durch die Löcher der Violine.
Sie hatte zunächst die Form eines liegenden B und ähnelte, von oben gesehen, damit tatsächlich ein bisschen einer Violine. Ihre Länge sollte etwa 2,14 des Bugsprietdurchmessers betragen, ihre Breite etwa die Hälfte bzw. $^2/_3$ des Bugsprietdurchmessers am Platz der Violine – die Maße dürften sich kaum unterschieden haben. Die Dicke der Ulmenplanke, aus der die Violine hergestellt war, sollte $^1/_4$ des Durchmessers betragen und sich nach außen auf $^3/_4$ bzw. $^4/_5$ dieser Stärke verringern. Die Teilstücke der Violine lagen nicht in einer Ebene, sondern waren etwas schräg aufwärts gegen den Bugspriet gesetzt. Die Schräge sollte die innere Dicke der Violine + 1" (1 Zoll = 2,54 cm) betragen – auf kontinentalen Schiffen konnte dies auch durchaus etwas mehr sein.
Diese Form behielt sie bis zum Ende des 18. Jahrhunderts auf dem Kontinent bei.

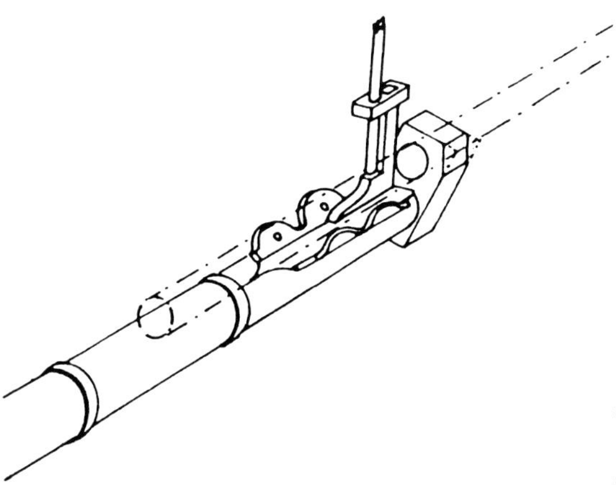

Kontinentales, „schräg“ gesetztes Bugsprieteselshaupt mit Göschstenge in der Mitte und Violinen. (Zeichnung Karl Heinz Marquardt, Mountrose/Victoria AUS)

Seit Mitte des 18. Jahrhunderts begann man nach englischem Muster gebauten Schiffen die Außenkanten der Violine zu begradigen, ein Trend, dem auch kontinentale Schiffe Ende des Jahrhunderts mehr und mehr folgten. Zunächst saß die Violine waagerecht, um sie gegen 1770 nach der beschriebenen Formel wieder etwas nach oben zu stellen.
Unter die Violine nagelte man nun einen vierkantigen Block. Er verfügte auf beiden Seiten über eine Blockscheibe (jeweils versetzt), durch welche das Vorstengestag (steuerbord bugwärts) und das Vorstengeborgstag (backbord achterwärts) geschoren wurden.

Violine kontinental.

A

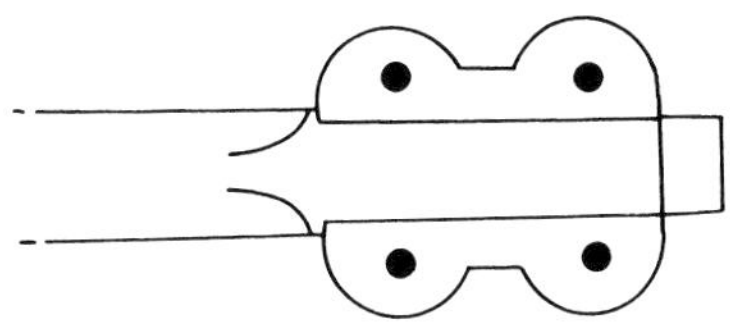

B

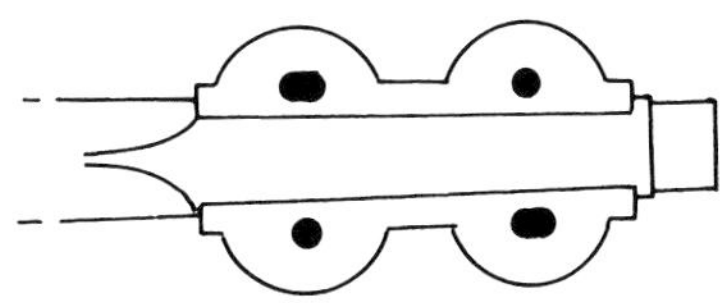

C

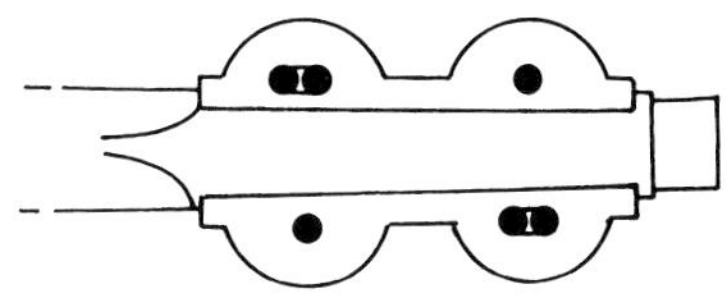

A. bis 1745, B. 1730 bis 1780, C. 1770 bis 1820.
A. und B. ohne, *C.* mit *untergesetzem Scheibgattblock.*

Violine englisch.

D

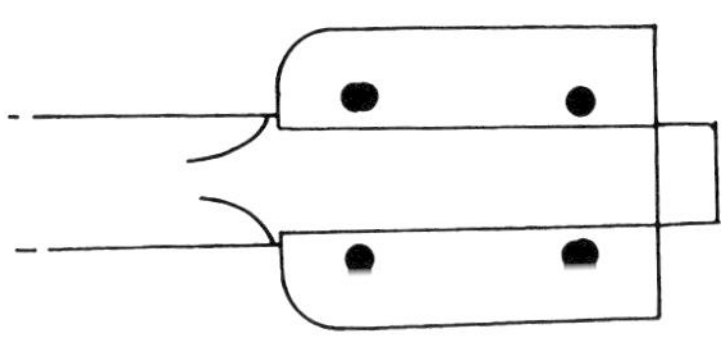

E

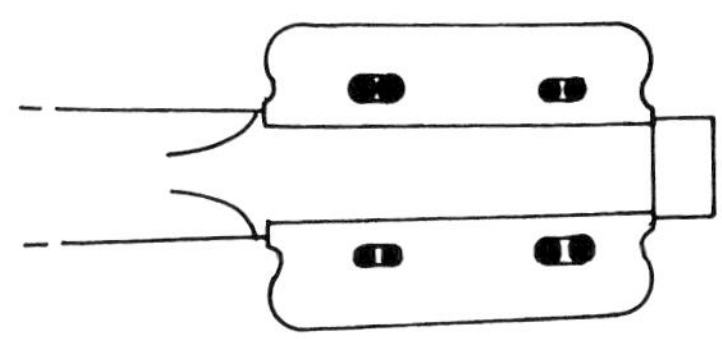

F

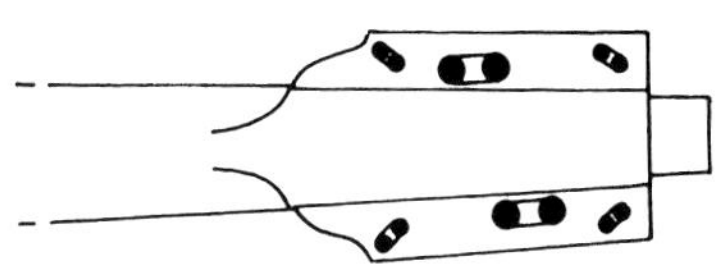

D. 1730 bis 1780, E. 1770 bis 1820, F. nach 1820 – die kleinen Scheibgatts erst ab 1850.
D. ohne, *E. und F.* mit *untergesetzem Scheibgattblock.*

Die Violinen standen stets leicht nach oben gerichtet. Ausnahme: D. und vereinzelt noch E., englisch, wo sie strikt waagerecht standen.

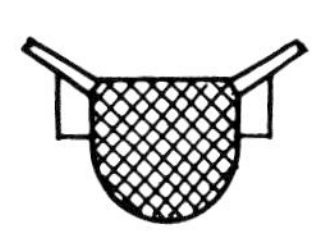

Stampfstock

Sinn des Stampfstockes, auch „Matingale“ oder „Dolphin stricker“ genannt, war, den Zug, vor allem der Stage, nach „unten“ abzuleiten, d. h. praktisch nicht Klüver- und Außenklüverbaum gnadenlos nach oben zerren zu lassen.
Offiziell wird ein Stampfstock erstmals 1794 bei David Steel THE ELEMENTS AND PRACTICE OF RIGGING AN SEAMANSHIP erwähnt. Vermutlich aber war er um etliche Jahre länger in Gebrauch, denn Gefangenenmodelle (Knochenschiffe), die bereits um 1780 gebaut wurden, zeigen ihn. Seit 1795 gibt es auf den Modellen größerer Schiffe (Fregatten und Linienschiffen) sogar einen doppelten, V-förmigen Stampfstock.

Viele der Gefangenenmodelle um 1800 sind nur nette Spielzeuge.
Doch viele davon sind echte, wahrhaft exakte „Zeitzeugen“, erbaut von Männern, die auf jenen Schiffen fuhren und sie wahrlich bis ins letzte Detail genau kannten!

Das Gefangenenmodell (aus Knochen) des französischen Linienschiffes 3. Ranges LA VENGEUR von 1798 mit einfachem Stampfstock.
(Modell im Science Museum, London)

Gefangenenmodell (aus Knochen) eines englischen Dreideckers um 1800 mit einfachem Stampfstock.
(Modell in Internationales Maritimes Museum (Sammlung Peter Tamm), Hamburg)

Herr Karl Heinz Marquardt meint in seinem, übrigens hervorragenden (!), Buch BEMASTUNG UND TAKELUNG VON SCHIFFEN DES 18. JAHRHUNDERTS, etliche dieser Modelle seien im späten 19. Jahrhundert neu aufgetakelt und oftmals damit „verfälscht" worden. Das mag in etlichen Fällen sogar zutreffen, doch auch bei nahezu allen Gefangenen-/Knochenmodellen jener Epoche? Die Männer, die diese Modelle bauten, waren schließlich Seeleute, die nur das Pech hatten, in britische Gefangenschaft geraten zu sein, und die ihre Schiffe nun wahrlich bis ins letzte Detail genau kannten, selbst wenn sie dies handwerklich nicht in jedem Fall ganz optimal darstellen konnten.

Meine persönliche Meinung: Der Stampfstock wurde bereits wohl um 1775 erfunden, allerdings auf dem Kontinent (Hauptanwärter darauf ist Frankreich), wurde jedoch erst zwei Jahrzehnte später offiziell von der Britischen Admiralität zur Kenntnis genommen.

Die Länge des Stampfstocks betrug ca. zwischen 0,23 (Ende des 18. Jahrhunderts) bis 0,4 (um die Mitte des 19. Jahrhunderts). Die Angaben schwanken da beträchtlich und waren wohl weitgehend dem Schiffsbaumeister bzw. dem Kapitän, der schließlich die Takelung seines Schiffes zu überwachen hatte, anheim gegeben. Grundsätzlich kann dazu nur gesagt werden: je jünger das Schiff, um so länger der Stampfstock. Seine Dicke entsprach etwa 0,07 seiner Länge am oberen Ende und verjüngte sich auf $^{2}/_{3}$ dieser Stärke am unteren Ende. Zunächst wurde der Stampfstock generell an der Vorderseite des Bugsprieteselshauptes montiert.

Einfacher Stampfstock

Zunächst war der Stampfstock ein gerades Rundholz (manchmal auch eckig), das mit Eisenbändern vorne am Bugsprieteselshaupt befestigt wurde. Nach englischen Angaben bevorzugte man als Material Esche.
Anfangs verfügte er nur am unteren Ende über eine Kerbe, später dann ein Scheibgatt über welche man das Wasserstag führte. Doch sehr schnell baute man ein zweites Scheibgatt ein und durchbohrte ihn mit weiteren Löchern, um auch andere Taue auf diese Weise nach unten leiten zu können. In dieser Form hielt sich der Stampfstock bis Mitte des 19. Jahrhunderts vornehmlich auf Handelsschiffen.

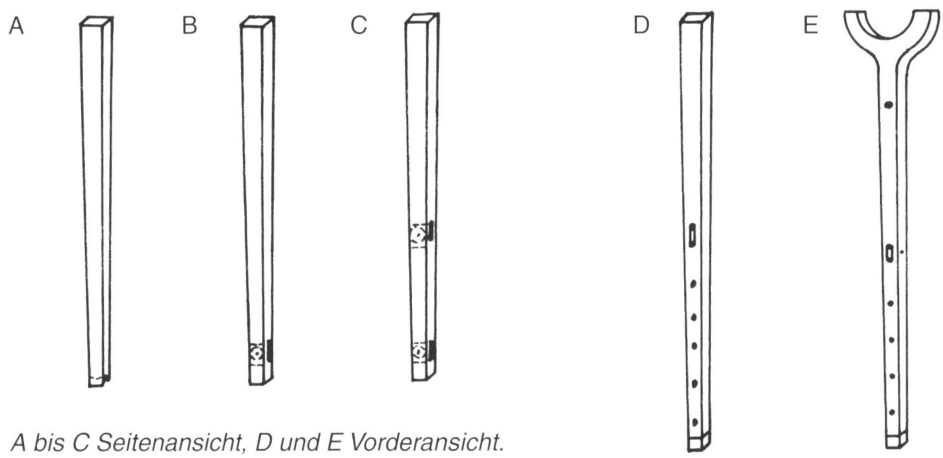

A bis C Seitenansicht, D und E Vorderansicht.

Einfacher Stampfstock – englisch stets eckig, kontinental oft auch rund.
A. mit Kerbe bis 1790, B. mit Scheibe um 1795, C. seit 1800 mit zwei Scheiben,
D. Löcher ohne Scheiben) zur Führung weiter Taue waren seit 1790 allgemein üblich,
E. mit Klaue.

Doppelter Stampfstock

Ein V-förmiger, „doppelter" Stampfstock tauchte bereits zum Ende des 18. Jahrhunderts bei kontinentalen, vorzüglich französischen, Kriegsschiffen auf, da man so den Zug nicht nur von Wasser- und anderen Stagen nach *unten* ableiten konnte, sondern auch so manche Taue des Laufenden Gutes. Bei englisch gebauten Kriegsschiffen wurde dies seit 1800 ebenfalls weitgehend üblich.
Die notwendigen Querstreben waren manchmal aus Holz, in der Regel jedoch aus Metall (Eisen).

Gefangenenmodell (aus Knochen) des englischen Dreideckers VICTORY *von 1805 mit einfachem Stampfstock.*
(Modell im United States Naval Academy, Annapolis/Maryland)

Dieses Teil mit einem Scharnier am Eselshaupt anzubringen brachte wohl nicht den rechten Erfolg, so dass der Stampfstock nach 1810 in aller Regel wieder „starr" am Eselshaupt befestigt wurde.

Gefangenenmodell (aus Knochen) der französischen Fregatte MINERVE *um 1807 mit doppeltem Stampfstock. Darunter Detail des Modells. Der Stampfstock konnte sich offenbar auch seitlich drehen, je nachdem die entsprechenden Zugkräfte der Stage und anderer Taue auf ihn einwirkten.*
Gut zu erkennen auch der Butluv in der allerdings unhistorischen „Galionsplatte" – dort gab es nur ein Netz (s. Band 9 STEHENDES GUT *Kap. Bugstag).*
(Modell in Arlington Cort, Barnstaple/Devon)

Rechts: Gefangenenmodell (aus Knochen) der französischen Brigg VOLTIGEUR *von 1806 mit doppeltem Stampfstock.*

Unten: Gefangenenmodell einer englischen Fregatte von 1801 mit doppeltem Stampfstock.
(Modelle in Internationales Maritimes Museum (Sammlung Peter Tamm), Hamburg)

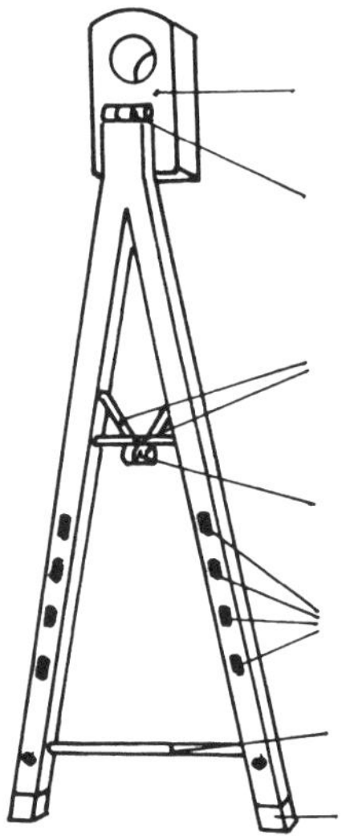

Doppelter, V-förmiger Stampfstock um 1800.
1. Eselshaupt, 2. Scharnier, 3. obere eiserne Querverstrebung, 4. Rolle über die das Vorstengestag geführt wurde, 5. Löcher für die Führung weiterer Taue, 6. untere eiserne Querverstrebung, manchmal mit untergesetzter Rolle für das Vorbramstag, 7. eiserne Beschäge am Stampfstockfuß.

Um 1815 begann man, vermutlich von England ausgehend, den Stampfstock - nunmehr rund in seinem Durchmesser – *hinter* das Eselshaupt zu setzen und oben mit einer viertelrunden Gabel/Klaue zu versehen, die sich an dem Bugspriet anschmiegte.
Nach 1820 verschwand der doppelte Stampfstock auch auf Kriegsschiffen wieder, um erneut einem einfachen Stampfstock Platz zu machen, der nun aber an seinem oberen Ende entsprechend mit Eisenbändern beschlagen war.
Es gab bis in die Mitte des 19. Jahrhunderts vereinzelt noch doppelte Stampfstöcke, doch sie waren, wenn für einen Modellbauer von Schiffen jener Epoche allerdings durchaus relevante, gelegentliche Ausnahmen.

Eiserner Stampfstock

Seit Mitte des 19. Jahrhunderts fertigte man den Stampfstock mehr und mehr

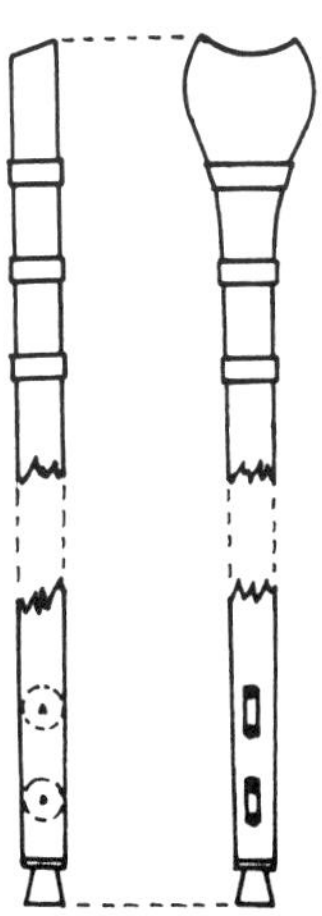

Hölzerner Stampfstock mit Eisenbeschlägen. Seitenansicht (links) und Vorder- bzw. Hinteransicht.
Die Streber waren entsprechend gebaut.

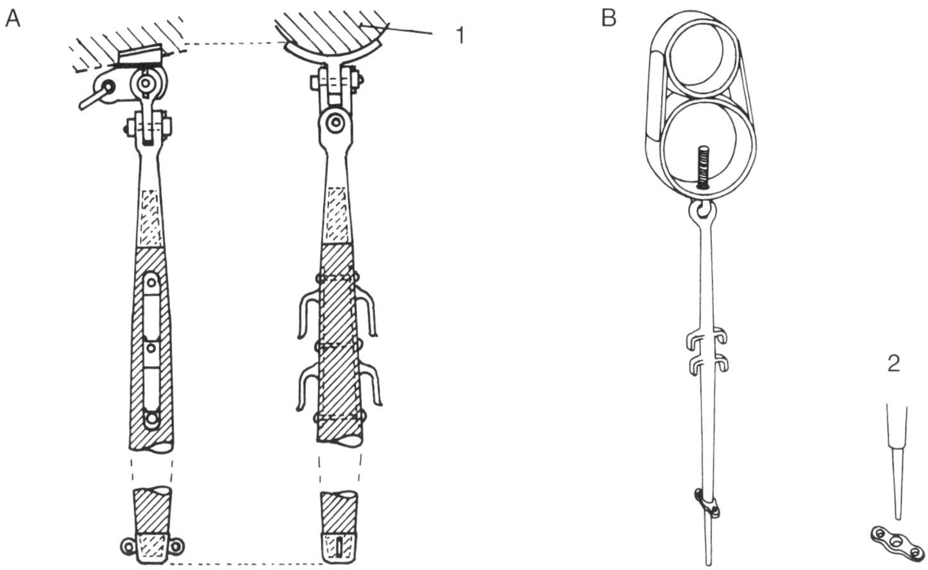

Eiserne Stampfstöcke seit der Mitte des 19. Jahrhunderts: A. aus Holz, gerne auf Kriegsschiffen verwendet, jedoch mit massiven eisernen Beschlägen, 1. Bugspriet. B. Stampfstock aus Volleisen, gerne auf Handelsschiffen, 2. Unterteil vergrößert.

Der Klipper Flying Fish von 1851 aus Boston.
Die legendären Klipper seit der Mitte des 19. Jahrhunderts verfügten fast durchweg über eiserne Stampfstöcke.
(Modell von Freerk de Vries, Bremervörde)

voll aus Eisen. Und weil Löcher da nicht so leicht einzubohren waren, wurden seitlich entsprechende Haken bzw. Krampen angeschmiedet, durch welche die entsprechenden Taue geführt wurden.
Angesetzt waren diese Stampfstöcke nun direkt unter dem Bugsprieteselshaupt.

Streber

Gegen Mitte des 19. Jahrhunderts erschienen so genannte „Streber" oder „Bugsprietgaffeln". Es waren dies im Winkel von 30 bis 45° hinter der Violine angesetzte Hölzer, die weitgehend dem Stampfstock ähnelten. Auch sie besaßen angesetzte Gabeln an ihrem oberen Ende und ersetzten vielfach die Butluvs (s. Folgekapitel). Doch in der zweiten Hälfte des 19. Jahrhunderts waren sie schon wieder verschwunden.

Auskunft zu solchen Spezialdetails sollten entsprechend gute Pläne liefern – die Regel ist freilich, dass man sich als gewissenhafter Modellbauer da nur mit Detailrecherchen an zeitgenössischen Modellen und der inzwischen ja umfangreichen zeitgenössischen Fachliteratur weiterhelfen kann …

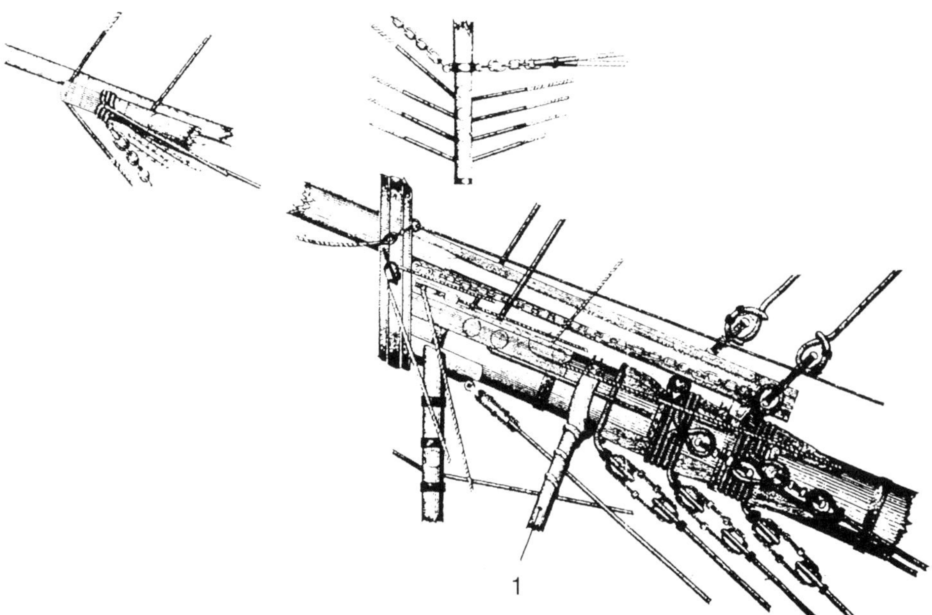

Vorgeschirr nach 1850. 1. Sterber.
(Zeichnung von Friedrich Gröben, Leipzig 1872 nach einer Vorlage von G. S. Nares in SEAMANSHIP *1862).*

Heckausleger – Papageienstock

Grundsätzlich setzte man die Schoten des Besan bzw. des achterlichsten Mastes auf dem hintersten Deck an. Das war stabil, zuverlässig und unkompliziert.

Vor allem im späten 15. und der ersten Hälfte des 16. Jahrhunderts gab es da mitunter freilich ein Problem, wenn das Achterschiff ganz einfach – zumal bei einen Bonaventurmast – nicht lang genug war, um die entsprechenden Schoten

Não aus einer Karte von Haiti , die um 1530 in Sevilla entstand.
(Als Zeichner wird Christoforo Colombo genannt, was freilich nicht stimmen kann, denn der starb bereits 1506)

an Deck setzen zu können. Da half es nur, eine entsprechende, über das Heck hinausragende, Spiere zu montieren, an der man entsprechende Blöcke anschlagen konnte: den Heckausleger.
Vor allem in der ersten Hälfte des 16. Jahrhunderts feierte der Heckausleger Triumphe, zumal auf *großen* Schiffen mit einem weit achterlich stehenden Bonaventurmast.
(Abbildungen beispielsweise s. Band 1 Modelle und Vorkenntnisse S. 69; Band 2 Material und Werkzeug S. 116; Band 3 Der Rumpf S. 87, 161, 233, 253, 285, 352, 383; Band 8 Taue, Blöcke und Segel S. 105, 141; in diesem Band S. 59).

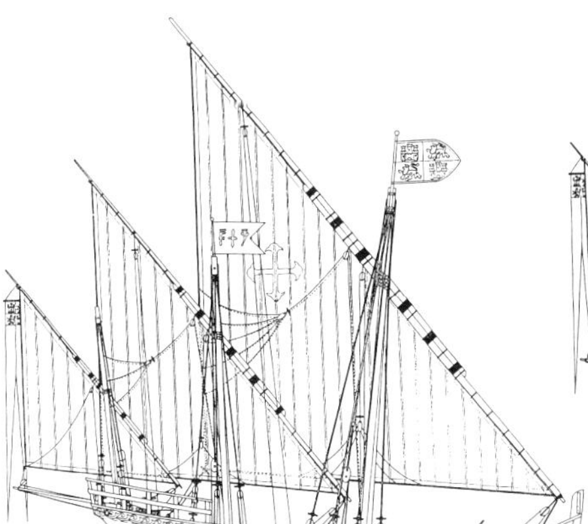

(Pläne des Autors in Die Schiffe des Christoforo Colombo 1492, Herford)

Carabela latina (durchgehend lateinisch getakelt) und Carabela redonda (mit Quersegeln an Fock- und Großmast), vom 15. bis ins frühe 16. Jahrhundert.

Danach verschwand der Heckausleger zusammen mit dem Bonaventurmast im Norden Europas weitestgehend wieder und wurde bis ins frühe 19. Jahrhundert nur noch provisorisch angeschlagen, wenn man etwa am Heck einen ebenso provisorischen Mast (gewöhnlich einen Bootsmast) aufstellte, um noch mehr Vortrieb zu bekommen, oder den Flaggstock mit einem zusätzlichen Segel ausrüstete (s. beispielsweise S. 24).
Diesem Trend widersetzen sich lediglich einige holländische Typen, vor allem aber die bretonischen Lugger und Chasse-marée, die flinken und wenigen Schiffe der bretonischen Küste, die in den napoleonischen Kriegen um 1800 als Korsaren die britische Marine zur Verzweiflung brachten – und auch danach als Schmuggler höchst erfolgreich im Einsatz waren, und schließlich bis in die erste Hälfte des 20. Jahrhundert zwar zu artigen, aber immer noch extrem schnell und wendigen Fischereinfahrzeugen „verkamen“ (Abb. Band 8 Taue, Blöcke und Segel S. 131).

Niederländische Galiot

Niederländische Schmack

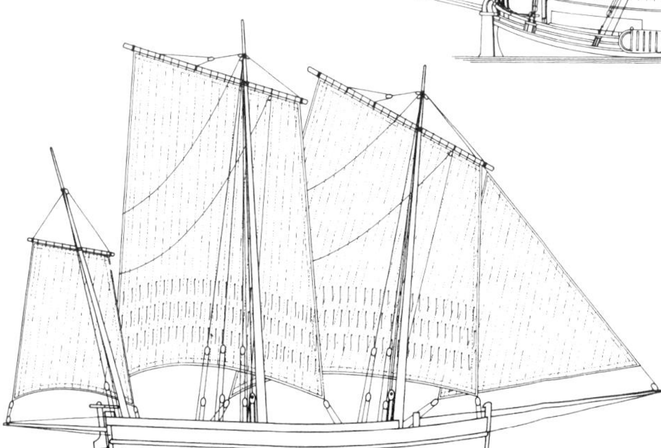

Bretonischer Lugger

Ganz anders im Mittelmeer: Dort war der Heckausleger einst fraglos erfunden worden. Er hielt sich, zumal auf kleineren Fahrzeugen, oft bis weit ins 20. Jahrhundert hinein – teils provisorisch, in der Regel jedoch fest eingebaut.

Sardisches Bovo
(Gemälde aus dem Bildarchiv Antichità belle arti e storia, Genua)

Griechische Sakoleva
(Radierung von Baugean aus dem Bildarchiv des Musée de la Marine, Paris)

Dimensionen und Befestigung

Er war so lang wie er eben sein musste, da gibt es keine verbindliche Regel. In seinen Dimensionen glich er in etwa einer Bram-, auf kleinen Schiffen einer Marsstenge.
Befestigt wurde der Heckausleger, fest eingebaut, auf großen Schiffen *unter*, auf kleineren Schiffen *auf* dem Achterdeck mit einer entsprechenden Holzklampe, seltener mit Eisenbändern. Provisorisch angebracht, im Mittelmeer auch dauerhaft, wurde er an Deck und/oder dem Achtersteven verzurrt (s. auch Band 5 BOOTE UND FAHRZEUGE). Auch auf wahrhaft fremdländischen Fahrzeugen folgte sie ihren eigenen, jedoch durchaus sinnvollen, Gesetzen (s. auch Band 11 ALLERLEI EXOTEN).
Vielfach, zumal bei fest eingebauten Auslegern, wurden diese nach den Seiten bzw. nach seitlich unten entsprechend abgestagt.

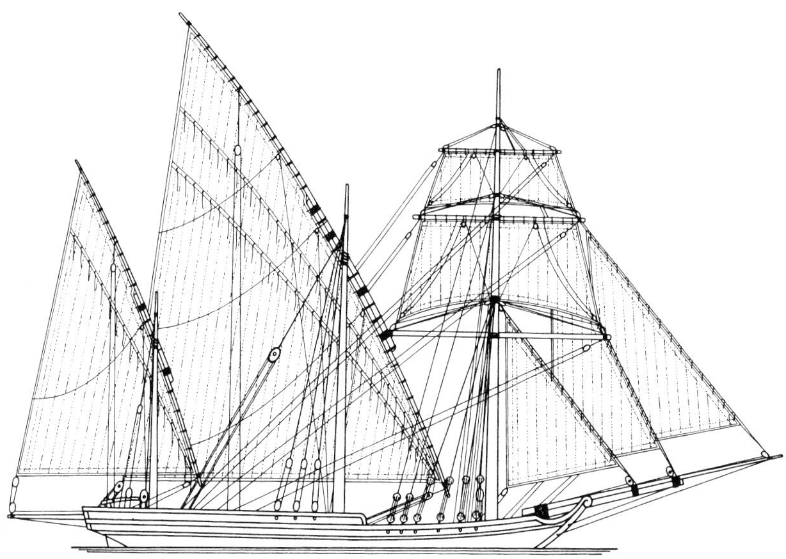

Genuesisches Vinco

Papageienstock

Dieser Begriff taucht in deutschspachiger Fachliteratur immer wieder auf.
Was damit aber wirklich gemeint ist, das ist höchst umstritten: Waren es die Butlufs? Oder der Heckausleger? Die Bezeichnung wird in beiden Fällen verwendet. Wir schließen uns hier gerne dem exzellenten Schiffshistoriker, Herrn Thomas Feige, an, der diesen Ausdruck allein für einen Heckausleger gelten lässt.
Die Bezeichnung stammt ursprünglich fraglos aus Spanien oder Portugal, also aus jenen Nationen, die diese „seltsam-exotischen Welten“ erforschten. War es so, dass sich diese Vögel gerne auf einem Heckausleger niederließen, oder so, dass man sie bei Triumphzügen (und bald auch privat bei entsprechend wohlhabenden Familien) auf Querstangen herum zutragen pflegte?

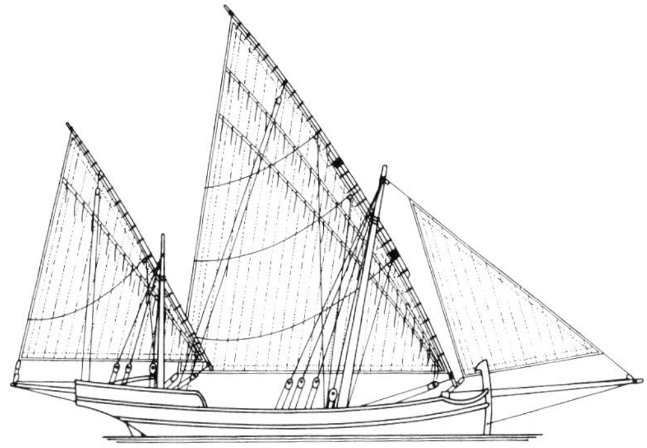

Spanische Felucca

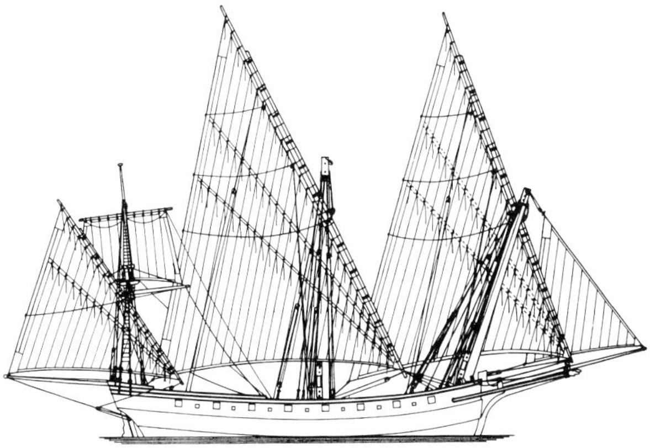

Ligurisch-tyrrenisch Barca

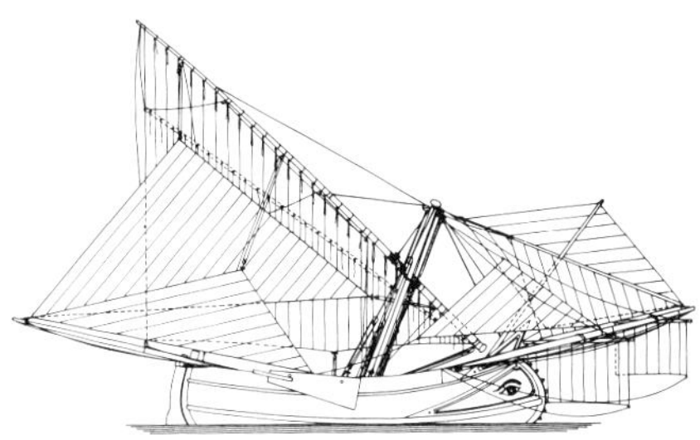

Portugiesische Muletta

Genuesische Pinca

(Alle Zeichnungen S. 138 bis 141 nach Edmond Pâris in SOUVENIRS DE MARINE CONSERVÉS, Paris 1882–1892)

Butluf oder Butluv

Es waren dies zwei Langhölzer, die am Bug eines Schiffes nach beiden Seiten hervorragten.
Im 16. Jahrhundert wurden sie unter das Galion genagelt, verschwanden im 17. Jahrhundert und wurden seit dem frühen 18. Jahrhundert auf dem kleinen Bugdeck vor dem Bugschott befestigt.
Zweck dieser Einrichtung war es, die Halsen des Focksegels über einen entsprechenden Block am äußeren Ende des Papageienstocks breiter ausspannen zu können als dies mit der Führung der Halsen durch das Bugscheg möglich war, was den Fuß der Fock bei leichterem Wind leicht zusammenfallen ließ.
So sinnvoll diese Einrichtung war, konnte sie sich, außer im späten 18. und der ersten Hälfte des 19. Jahrhunderts bei Kriegsschiffen, nicht so wirklich breit durchsetzen.
Johann Röding schreibt in seinem Allgemeines Wörterbuch der Marine, 1793:
„So heißt eine starke Spier, welche vorn an beyden Seiten des Galions in der Richtung aus dem Schiff liegt, welche die Fochraa hat, wenn man dicht beym Wind segelt. Das vorderste Ende derselben ist etwas gebogen oder hat eine Niederbught, und an demselben befindet sich ein Block wodurch der Fockhals ins Schiff fährt, um durch Anholen desselben den Hals des Segels bis an diesen Block zu bringen, wenn man bey dem Winde segelt. Um das Ende des Butlufs sind starke Taue gestochen, welche an Ringbolzen, die sich am Bug des Schiffes befinden, befestigt werden. Des Taue nennt man die Butlufs Schenkel; sie dienen zur Halterung derselben, weil die Kraft des Fockhalses aufwärts würgt. Kauffahrer haben selten einen Butluf, und Ermangelung desselben gebrauchen sie den Kranbalken."

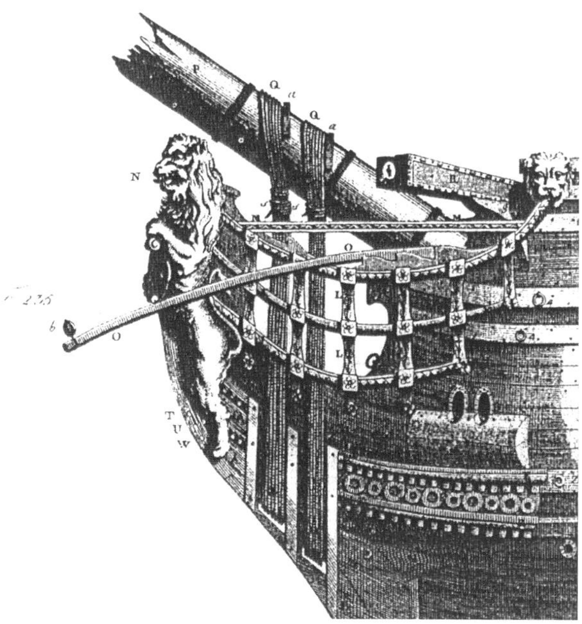

Butluf eines französischen Kriegsschiffes Ende 18. Jahrhunderts. (Zeichnung J. Röding nach G. Nares in Allgemeines Wörterbuch der Marine, Leipzig)

Modell einer spanischen Galeone/Karracke von 1541.
Rechts ein Foto Anfang des 20. Jahrhunderts des Originals. Deutlich zu sehen die Querhölzer unter dem Galion, die vernünftigerweise nur als Butlufs gedeutet werden können (was könnten sie sonst sein??).
Unten Replik des inzwischen verschwundenen Modells von 1931.
(Modell im Museo Naval, Madrid)

Generell ist große Vorsicht bei Repliken oder auch nur im späten 19. Jahrhundert wieder aufgetakelten Modellen geboten! Da schlichen sich gern schon auch mal „moderne“ Fehler ein.
Replikateure sind in der Regel allerdings äußert gewissenhafte Menschen, die einen Gegenstand genau so darstellen, wie eben das Original aussieht (auch wenn sie manches Detail nicht verstehen können).

Die Bezeichnung entwickelte sich wohl aus dem englischen „buten in luff“ oder dem französischen „Boute-lof“ (Baum auf der Windseite). Tatsächlich waren die Butlufs bis ins frühe 18. Jahrhundert – auf Handelsschiffen sogar später noch – nur im Zweifelsfalle angeschlagene Hillfsspieren.

Modellbau

Einen Butluf herzustellen ist relativ einfach – so er gebogen ist, kann man das durchaus mit der Methode „Wasser und Feuer“ (s. Band 2 MATERIAL UND WERKZEUG S. 30) bewirken.
Ob Ihr Schiff überhaupt Burtlufs führte, müssen Sie aus den entsprechenden *(Optimal!-)*Plänen entnehmen.

Butluf im 16. Jahrhundert

Im 16. Jahrhundert – weit früher als die Mehrzahl der Schiffshistoriker annimmt – gab es dieses Teil bereits, wie verschiedene zeitgenössische Darstellungen und vor allem auch das (wenn auch schwer beschädigte) Originalmodell einer spanischen Galeone (Karracke?) von 1541 deutlich demonstriert.
Sir Dr. Matthew Baker scheint nur wenig von dieser Einrichtung gehalten zu haben, trotzdem gibt es einen Stich, der die ARC ROYAL, das englische Flaggschiff wider die spanische Armada, welches deutlich solch einen Butluv unter dem Vorkastell zeigt, auch wenn der Zeichner wohl nicht so recht wusste, was er damit anfangen sollte und ihn deshalb nur backbord einzeichnete.

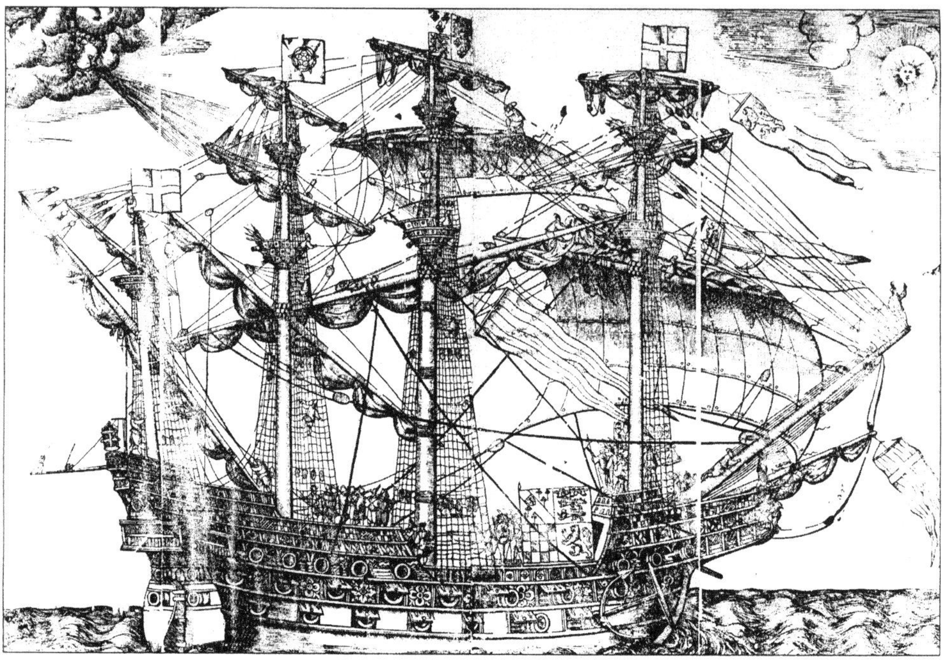

Die ARK ROYAL von 1588 mit offenbar einem Butluf am Bug. (Zeitgenössischer Stich im British Museum, London)

Butluf im 17. Jahrhundert

Zumindest mir ist keine bildliche Darstellung oder ein Originalmodell bekannt, das in jener Zeit einen Butluf zeigen würde.

Butluf im 18. und 19. Jahrhundert

Um 1710 erschienen vereinzelt wieder Butlufs in den verschiedensten Ausformungen.
Ihre Hochblüte hatten sie auf Kriegsschiffen zweifellos Ende des 18. und in der ersten Hälfte des 19. Jahrhunderts.
Danach verschwanden sie weitestgehend endgültig, wurden vielfach durch einen „Streber" (s. S. 136) oder durch eine entsprechende Einrichtung auf dem Kranbalken (s. Bd. 4 DIE AUSRÜSTUNG Kap. Kranbalken) ersetzt.

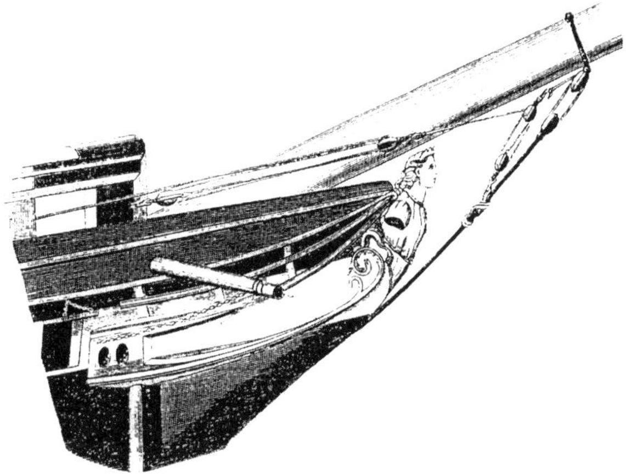

Butluf eines französischen Kriegsschiffes Mitte des 19. Jahrhunderts. (Zeichnung von J. Röding nach G. Nares in ALLGEMEINES WÖRTERBUCH DER MARINE, Leipzig)

*Bug der französischen Fregatte MINERVE von 1807 (s. auch S. 132).
Entgegen der dort üblichen Netze wurden, absolut unhistorisch (!), auf Gefangenen-/Knochenmodellen am Galion oft prächtig geschnitzte Platten angebracht.
(Modell in Arlington Court, Barnstaple/Devon)*

Butlufs

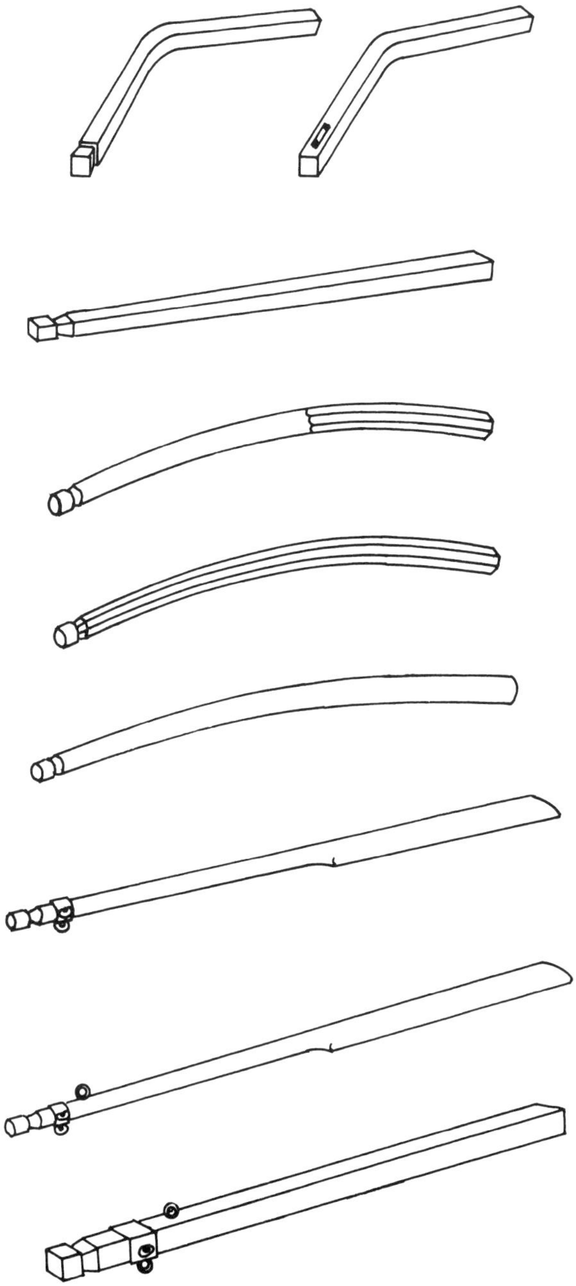

Englisch um 1710

International 1715–1735

Englisch 1730–1780

Kontinental 1730–1780

Englisch 1780–1805

Englisch 1800–1820

Englisch 1815–1825

International nach 1820

Die Rahen

Durch Jahrtausende blieben die Rahen, welche die Segel trugen, nahezu unverändert.

Bau der Rahen

Kleine Rahen waren aus einem einzigen Stück Holz gefertigt, längere Rahen laschte man mit Zurrings zusammen – einmal weil so lange, gerade und astfreie Hölzer nur schwer zu bekommen waren, zum anderen zur Verringerung der Bruchgefahr. Zwischen 1400 und 1550 begann man die Rahen, ähnlich den Masten, aus Kanteln zusammen zu bauen. Zunächst wurden diese noch mit Tauwulingen gesichert. Seit etwa 1515 verschwanden diese in Nord- und Mitteleuropa und auf Schiffen, die nach deren Grundmuster gebaut wurden, endgültig. Allerdings wurden sie im mediterranen und arabischen Raum weiterhin noch vielfach benutzt.

Rahdimensionen

In den Folgekapiteln werden immer wieder auch die Dimensionen der Rahen etwa im Verhältnis zu ihren Masten bzw. Stengen oder untereinander angegeben.
Generell sei dazu gesagt, dass es sich hierbei um *Mittelwerte* für größere Schiffe (Drei- oder auch Zweimaster) handelt, die keinen Anspruch auf absolute Präzision erheben, und von denen es, nicht nur zwischen Kriegs- und Handelsschiffen, Unterschiede gab. Zumal im Mittelalter, auf Kleinfahrzeugen und gar in der Antike gab es da natürlich oft sogar krasse Abweichungen. Sie nun alle in diesem Buch aufzuführen, würde ganz einfach den Rahmen sprengen. Wer es, zumindest für die Zeit des 17. bis 19. Jahrhunderts *ganz genau* wissen will, dem sei neben der Originalliteratur wärmstens das Buch BEMASTUNG UND TAKELUNG VON SCHIFFEN DES 18. JAHRHUNDERTS von Karl Heinz Marquardt, Rostock und Bielefeld 1986, empfohlen.

Rahmitte

Bis etwa 1740 war die Rah ganz einfach rund. Dann formte man diese jedoch in der Regel achteckig.

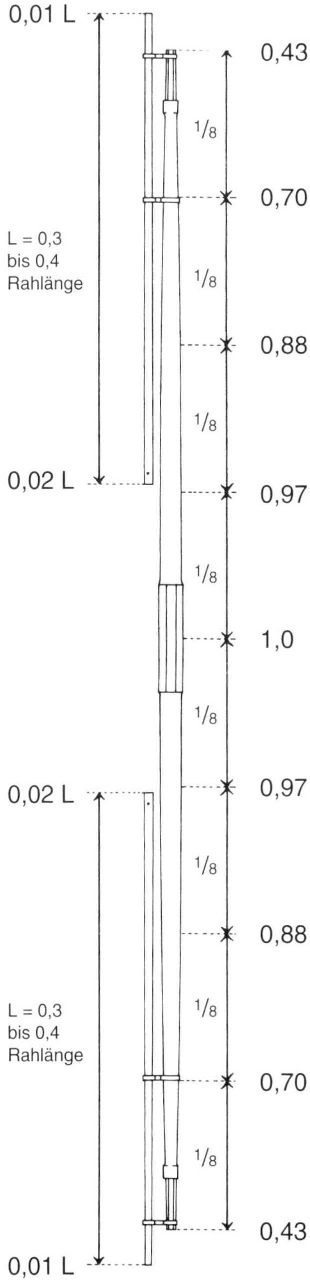

Rah mit Leesegelspieren

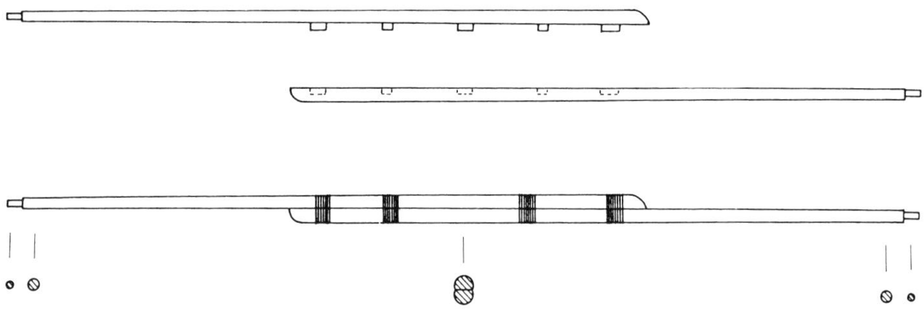

„Gezurrte“ Rah, wie sie bis Ende des 15. Jahrhunderts allgemein, und noch bis in die Mitte des 15. Jahrhunderts vielfach üblich war.

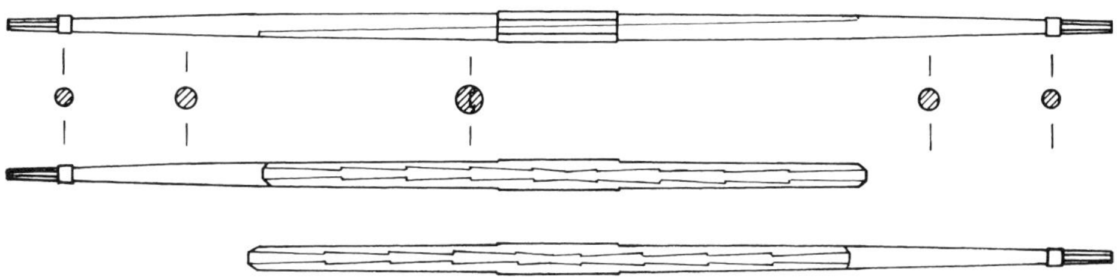

„Gebaute“ Rah, wie sie seit dem frühen 15. Jahrhundert für große Rahen üblich wurden.

Seit etwa 1780 wurde diese Schalung auf Kriegsschiffen oft mit Eisenbändern gesichert. Gegen Mitte des 19. Jahrhunderts verschwanden die Schalungen, zumindest auf Handelsschiffen wieder.

Rahschalung

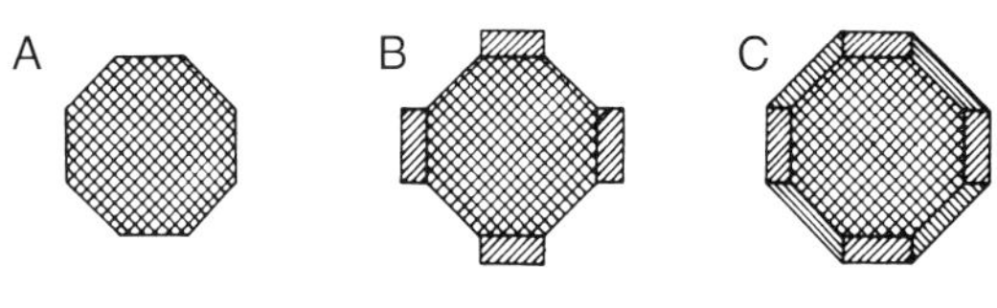

Rahschalung: A. Rahkörper mittig, B. Körper mit Teilschalung (vielfach englisch), C. Körper mit Vollschalung (grundsätzlich kontinental).

Modellbau

Natürlich kann man derlei aus einem entsprechenden Vierkant und sogar genügend dicken Rundstab herausfeilen und -schleifen, wie es von einigen Modellbau-Fundamentalisten gefordert wird.

Aber man kann sich das Modellbauerleben durchaus etwas leichter machen. Und das entspricht sogar der *historischen* (!) Bauweise:

Dieses Achteck stellt man am besten bei großen Rahen aus entsprechend schmalen Furnierholzleisten, die man rund um die Mitte der Rah klebt und an ihren äußeren Enden zuschleift, her. Bei den Oberrahen kann man entspre-

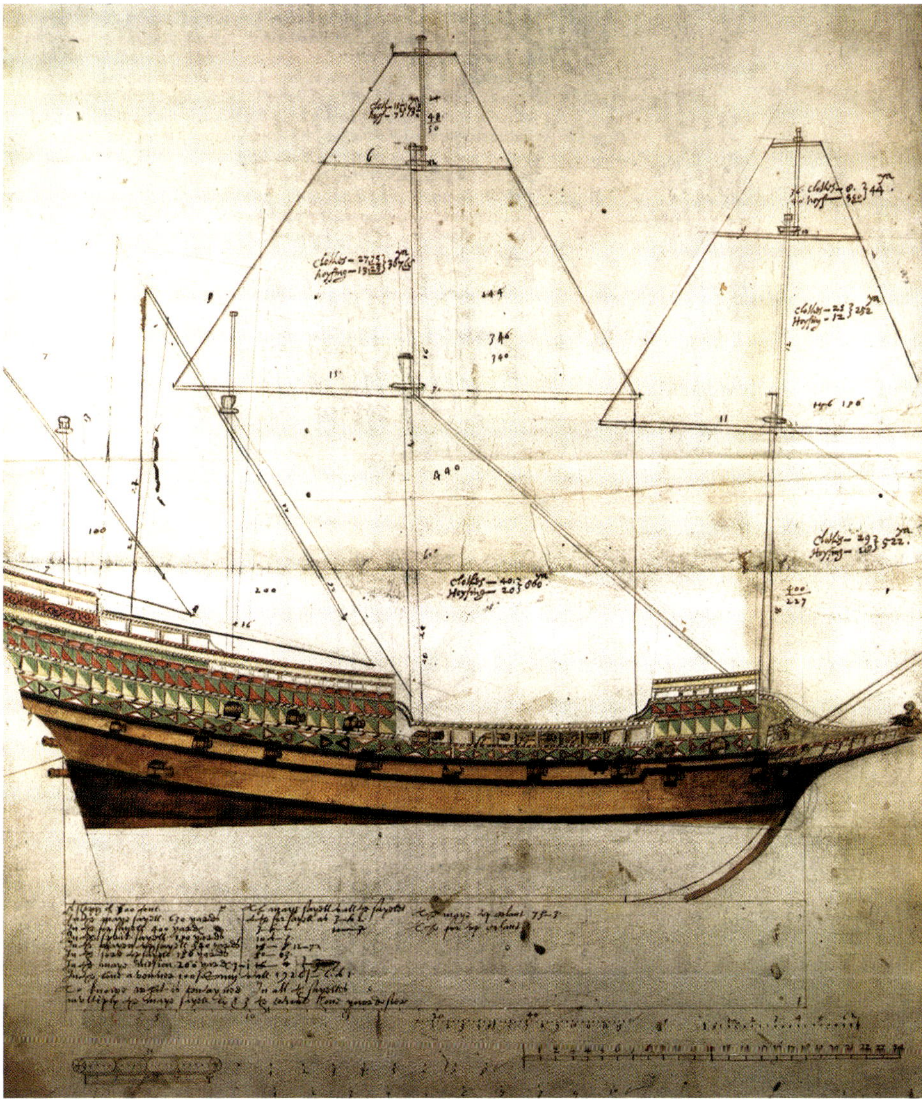

Der in dieser Enyzkopädie immer wieder zitierte Dr. Sir Matthew Baker lieferte in seinen Fragments of Ancient English Shipwrighty als erster auch konkrete und korrekte Angaben zu Größen und Proportionen von Masten und Rahen.
(Das Originalmanuskript von 1586 wird heute im Trinty College in Cambridge aufbewahrt.)

chende Streifchen aus mehr oder minder dickem Zeichenkarton herstellen, ankleben, an den Enden ein wenig schleifen und in der richtigen Farbe einfärben. Das wäre zwar – schon wieder einmal – ein „Betrug". Aber was ist im historischen Schiffsmodellbau (seien wir da doch einmal ganz ehrlich!) denn letztlich nicht irgendwie „Betrug"? Originalmaterialien wären ja viel zu grob, Details häufig ganz einfach nicht ausführbar ...

Und wieder einmal gilt das von mir für Modelle stets gepredigte Wort: „Etwas muss nicht so *sein* wie im Original. Es muss nur *so aussehen!*“ (In letzterem Punkt kenne *ich* freilich kein Erbarmen!).

Rahklampen

Um 1530 begann man in der Mitte *vor* der Rah eine entsprechende Klampe zu setzen, um ein seitliches Wegrutschen des Falls (s. Band 10 LAUFENDES GUT Kap. Fallen) zu verhindern. Ihre Gesamtlänge betrug etwa 0,1 bis 0,13 der Rahlänge, die Stärke 0,25 des Rahdurchmessers. Um 1740 verschwand dieses Teil auf kontinentalen Schiffen wieder, auf englischen Schiffen um 1800.

Rahnocken

Im 13. Jahrhundert begann man die Nocken zu entwickeln, also die äußersten Teile der Rah einzukerben/abzusetzen, um ein Hereinrutschen der Brassen, Toppnanten und Segelnockzurrings zu verhindern. Generell gab es solche Nocken vermutlich sogar schon in der Antike, doch erst im späten 14. Jahrhundert sind sie *offiziell* nachgewiesen.
Zunächst setzte man Klampen auf das äußere Rahende. Diese waren aus einem Stück Holz gefertigt und betrugen 0,1 bis 0,13 der Rahlänge, ihre Stärke rund 0,25 des Rahdurchmessers. Sie wurden entweder senkrecht oben und unten, vereinzelt auch seitlich auf die Rah genagelt, manchmal auch durch dies durchgeschoben. Diese Methode hielt sich teilweise bis in die Mitte des 17. Jahrhunderts zumal an den Oberrahen, auf Handelsschiffen mitunter bis in das frühe 19. Jahrhundert.

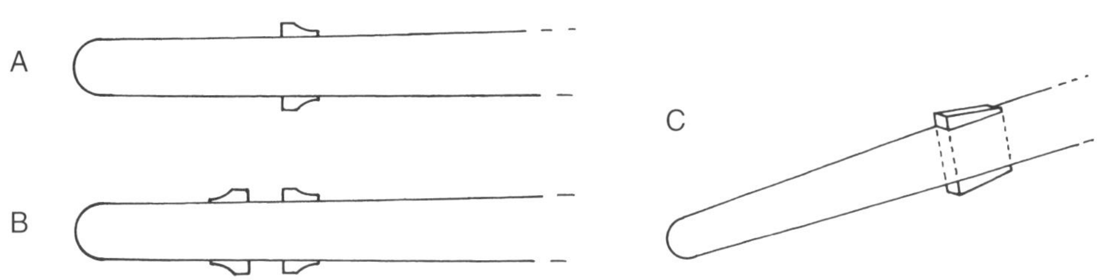

Klampen an Rahnocken: A. einfach, B. doppelt, C. oft durchgehend durch die Rah.

Auf Kriegsschiffen begann man um 1450 die Nocken ganz einfach etwas dünner zu bauen, um so einen entsprechenden Absatz zum Halt der Taue zu bekommen. Ihre Länge war durchschnittlich 0,04 bis 0,05 der Rahlänge. Ihre Dicke etwa $^{2}/_{3}$ bis $^{4}/_{5}$ der Rah. Allerdings brauchte diese Technik freilich noch gut 200 Jahre bis sie sich auch auf Handelsschiffen endgültig durchgesetzt hatte.

Mit der Einführung der Leesegel erhielten die Unter- und Marsrahen Leesegelbrillen. Gleichzeitig wurden die Nocken der Marsrahen erheblich länger. Bisher waren sie etwa 0,04/0,05 der Rahlänge gewesen, jetzt wuchsen sie bis auf 0,08 und erhielten zudem ein Scheibgatt für die Refftalje.

Entwicklung der Rahen.

Antike bis 15. Jahrhundert, später noch kleinere Rahen.

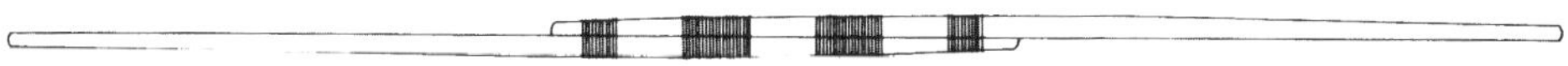

Antike bis 1530, große Rahen, aus zwei Teilen mit Wulingen zusammengelascht.

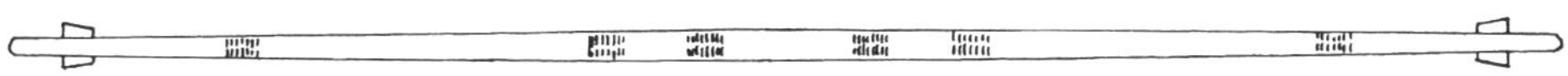

Seit 14. Jahrhundert bis teilweise 18. Jahrhundert, Nockklampen.

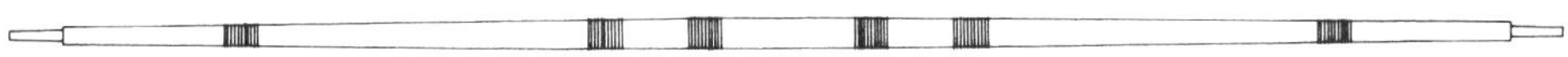

1400 bis 1550, Entwicklung der Nocken.

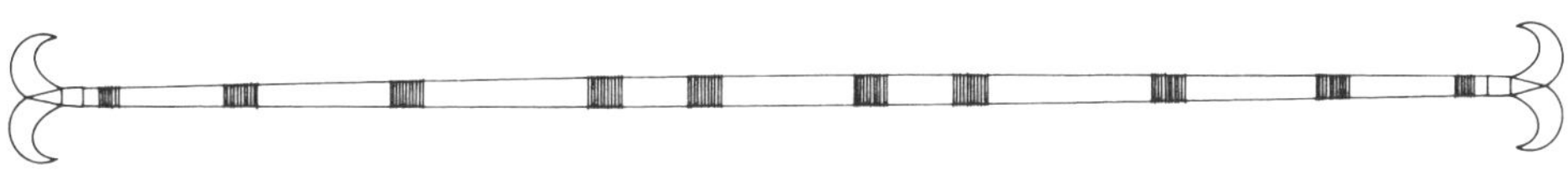

1450 bis 1550, Sonderform an Groß- und Fockrahen mit Sichelhaken an den Nocken.

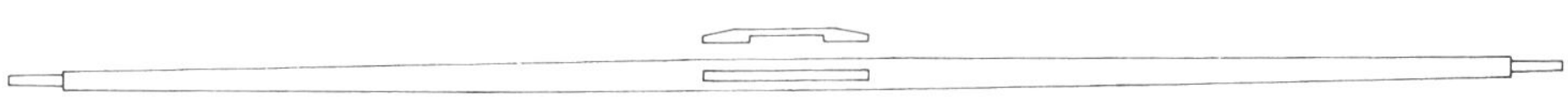

1530 bis 1660, Entfall der Wulinge, Einführung der Rahklampe.

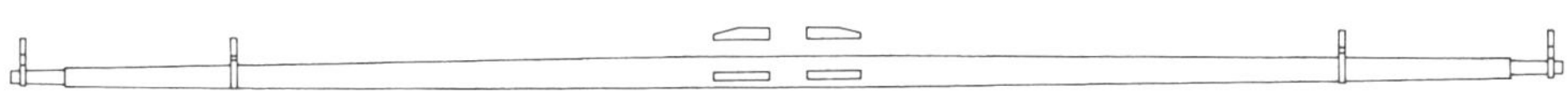

1660 bis 1740, Einführung der Leesegelbrille

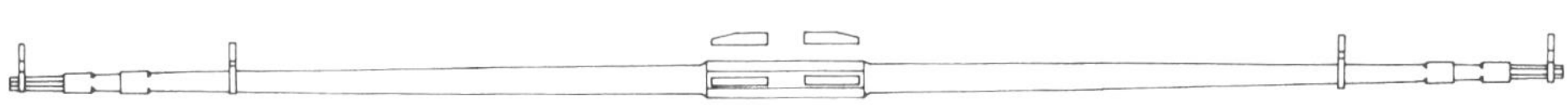

1730 bis 1800, Einführung der Schalung in der Rahmitte.

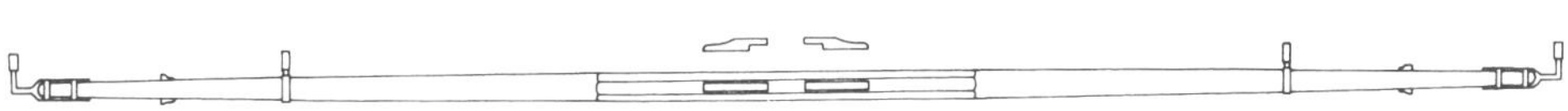

1780 bis 1820, Rahform auf kontinentalen Schiffen.

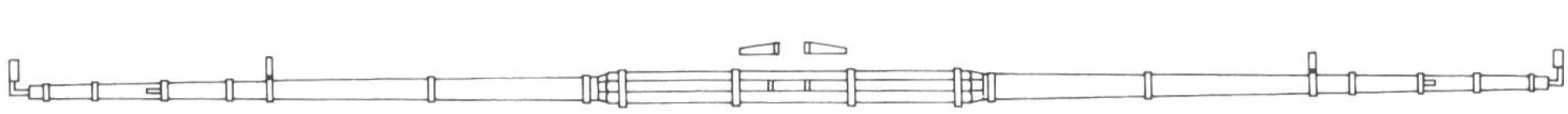

1780 bis 1820, Rahform auf englischen und amerikanischen Schiffen.

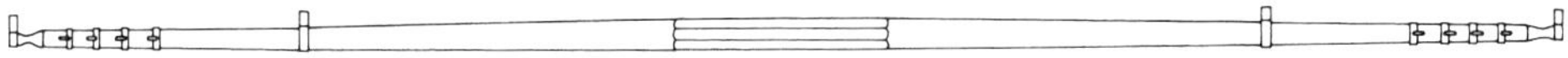

1800 bis 1840, allgemein Wegfall der Rahklampe.

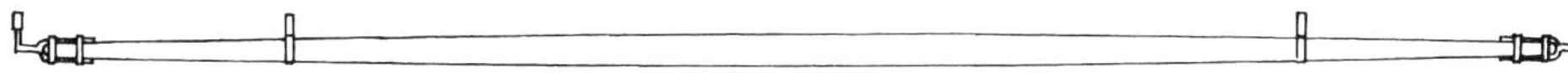

1820 bis 1840, allgemein Wegfall der Schalung in der Rahmitte.

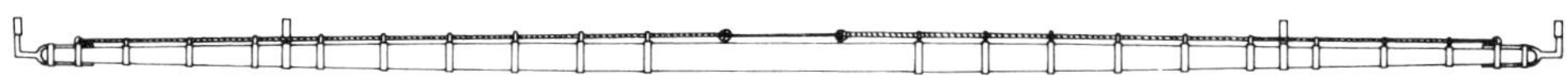

1820 bis 1840, Jackstag aus Hanftau, 1830 bis 1860 Jackstag aus Stahltau.

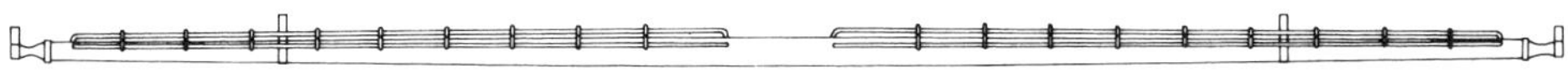

Nach 1845, Jackstag aus Metallstange, nach 1860 oft doppelt.

Jackstage

Seit 1820 wurden die Segel zunehmend nicht mehr an der Rah beschlagen, sondern auf deren Oberseite geführten Jackstagen.

Modellbau

Fraglos ist der Bau einer Rah um einiges schwieriger, als sich der Laie das vorstellt – da bindet man eben ein Rundhölzchen (gibt es im Baumarkt) an die Rah und hängt daran das Segel auf …
Ganz so einfach ist das freilich nicht, denn schon eine zu dünne Unterrah wirkt einfach lächerlich, zu schwere Oberrahen einfach plump! Das ist eine Sünde, welche leider immer noch so manche kommerziellen Modellbaufirmen begehen!
Ein – wieder einmal! – optimaler Plan, Recherchen zum genauen Bau der Rahen und sehr viel Geduld und Sorgfalt werden Ihnen ein ebenso optimales Ergebnis für Ihr Modell liefern, wie sie da ja schon beim Bau und der Ausrüstung Ihres Modells getan haben!

Alles Weitere nebst vielen Details in den Folgekapiteln.

Proportionen Rahen

Die Proportionen von Masten wechselten, je nach Bauprinzip, im Laufe der Jahrhunderte oft beträchtlich.
Die folgende Tabelle mag Ihnen dazu einen gewissen Anhaltspunkt geben, will sich aber keinesfalls als „verbindlich" betrachten! Details müssen Sie aus Ihren Plänen entnehmen – und im Zweifelsfall anhand glaubwürdigerer Unterlagen sogar korrigieren.

B = Breite am Hauptspant L = Länge des Bauteils

Nicht berücksichtigt sind hier, mit Ausnahme der Karavelle, die Ruten rein lateinisch getakelter Schiffe, etwa des Mittelmeeres oder auch aus dem arabischen Raum, die ihren eigenen Gesetzen folgten.
Wie schon gesagt, sind dies „Momentaufnahmen" jeweils für ihre Zeit durchaus repräsentativer Schiffe, ohne dass daraus bereits ein *allgemeines* Gesetz abgeleitet werden könnte. Die Rahen, ebenso wie die Masten, waren auf kleineren Schiffen – etwa Fregatten und Briggs – vielfach länger als auf den „dicken Pötten" der Linienschiffe, da es hier weniger um überwältigende Feuerkraft, sondern vor allem um Schnelligkeit ging.

	Wikinger Langschiff um 1000	Nef 13. Jahrhundert	Deutsch. Kogge 1400	Portug. Karavelle 15. Jahrhundert	Flämi. Karracke 1470	Span. Não 1490
Binderah L						0,844 B
Ø						0,027 L
Fockrah L					1,070 B	1,136 B
Ø					0,030 L	0,023 L
Fockrute (lat.) L				4,100 B		
Ø				0,025 L		
Grossrah L	2,252 B	2,160 B	1,968 B		1,770 B	2,169 B
Ø	0,025 L	0,023 L	0,030 L		0,030 L	0,030 L
Grossrute (lat.) L				2,873 B		
Ø				0,024 L		
Grossmarsrah L						0,623 B
Ø						0,026 L
Besanrute (lat.) L				1,830 B	1,920 B	1,870 B
Ø				0,019 L	0,018 L	0,015 L

	Große Karracke Kr.schiff 1520	Spani. Galeone Kr.schiff 1535	Engli. Galeone Kr.schiff 1580	Spani. Zweide. Kr.schiff 1600	Schwed. Zweide. Kr.schiff 1625	Französ. Zweide. Kr.schiff 1630
Blinderah L	0,906 B	1,460 B	1,184 B	1,234 B	1,326 B	0,954 B
Ø	0,018 L	0,023 L	0,025 L	0,030 L	0,032 L	0,023 L
Oberblinderah L				?	0,680 B	0,595 B
Ø				?	0,030 L	0,022 L
Fockrah L	1,900 B	2,032 B	2,000 B	1,930 B	1,625 B	1,700 B
Ø	0,050 L	0,030 L	0,024 L	0,028 L	0,030 L	0,023 L
Leesegelbaum L						
Leesegelspiere L						
Vormarsrah L	0,777 B	1,111 B	1,060 B	1,016 B	0,790 B	1,137 B
Ø	0,024 L	0,024 L	0,024 L	0,030 L	0,264 L	0,022 L
Leesegelspiere L						
Vorbramrah L			0,500 B	0,540 B	0,382 B	0,694 B
Ø			0,020 L	0,028 L	0,273 L	0,022 L
Leesegelspiere L						
Vorroyalrah L						
Ø						
Grossrah L	2,273 B	2,222 B	2,490 B	2,440 B	2,167 B	2,137 B
Ø	0,022 L	0,022 L	0,020 L	0,028 L	0,273 L	0,023 L
Leesegelbaum L						
Leesegelspiere L						
Großmarsrah L	0,935 B	1,306 B	1,245 B	1,273 B	1,208 B	1,374 B
Ø	0,026 L	0,025 L	0,024 L	0,030 L	0,026 L	0,022 L
Leesegelspiere L						
Großbramrah L	0,403 B	0,667 B	0,633 B	0,688 B	0,688 L	0,800 B
Ø	0,024 L	0,022 L	0,020 L	0,028 L	0,020 L	0,022 L
Leesegelspiere L						
Großroyalrah L						
Ø						
Bagienrah L					1,208 B	0,885 B
Ø					0,014 L	0,020 L
Leesegelspiere L						
Kreuzrah L					0,688 B	0,542 B
Ø					0,020 L	0,022 L
Leesegelspiere L						
Kreuzbrahmrah L						
Ø						
Kreuzroyalrah L						
Ø						
Besanrute (lat.) L	1,683 B	2,762 B	2,028 B	1,953 B	1,965 B	1,412 B
Ø	0,020 L	0,021 L	0,018 L	0,022 L	0,016 L	0,021 L
Gaffelbaum L						
Ø						
Gaffel L						
Ø						
Bonaventurrute (lat.) L	1,338 B	2,127 B	1,530 B	1,445 B		
Ø	0,016 L	0,016 L	0,015 L	0,022 L		

Hollän. Ostind. Fahrer 1650	Engli. Zweide. Kr.schiff 1650	Franz. Dreid. Kr.schiff 1680	Engli. Zweid. Kr.schiff 1710	Franz. Zweid. Kr.schiff 1740	Engli. Dreid. Kr.schiff 1800	Engli. Fregatte H.schiff 1810	Franz. Fregatte Kr.schiff 1820
1,193 B	1,310 B	1,575 B	1,250 B	1,345 B	1,286 B	1,554 B	1,583 B
0,020 L	0,023 L	0,021 L	0,021 L	0,018 L	0,015 L	0,015 L	0,022 L
0,664 B	0,714 B	0,565 B	0,750 B	0,926 B	0,841 B		
0,017 L	0,025 L	0,021 L	0,020 L	0,018 L	0,015 L		
1,872 B	1,870 B	2,000 B	2,000 B	1,842 B	1,707 B	1,942 B	1,816 B
0,021 L	0,024 L	0,021 L	0,021 L	0,022 L	0,021 L	0,020 L	0,022 L
1,030 B	1,100 B	1,100 B	1,100 B	0,920 B	0,845 B	0,971 B	0,908 B
0,358 B	0,655 B	0,700 B	0,700 B	0,553 B	0,512 B	0,583 B	0,545 B
1,024 B	1,200 B	1,500 B	1,166 B	1,345 B	1,232 B	1,294 B	1,496 B
0,020 L	0,024 L	0,021 L	0,021 L	0,018 L	0,018 L	0,018 L	0,020 L
		0,525 B	0,408 B	0,403 B	0,369 B	0,388 B	0,449 B
0,536 B	0,536 B	0,523 B	0,750 B	0,666 B	0,857 B	0,906 B	0,918 B
0,018 L	0,023 L	0,021 L	0,020 L	0,018 L	0,018 L	0,017 L	0,018 L
				0,257 B	0,254 B	0,273 B	0,275 B
						0,600 B	0,680 B
						0,017 L	0,015 L
2,088 B	2,264 B	2,100 B	2,125 B	2,020 B	1,936 B	1,942 B	2,040 B
0,021 L	0,024 L	0,021 L	0,021 L	0,022 L	0,021 L	0,020 L	0,022 L
1,148 B	1,244 B	1,155 B	1,169 B	1,010 B	0,981 B	0,971 B	1,020 B
0,428 B	0,702 B	0,735 B	0,774 B	0,606 B	0,590 B	0,583 B	0,612 B
1,224 B	1,250 B	1,575 B	1,250 B	1,458 B	1,390 B	1,294 B	1,632 B
0,020 L	0,024 L	0,021 L	0,021 L	0,018 L	0,018 L	0,018 L	0,020 L
		0,551 B	0,483 B	0,437 B	0,417 B	0,388 B	0,489 B
0,632 B	0,645 B	0,787 B	0,750 B	0,926 B	0,963 B	0,971 B	1,040 B
0,018 L	0,023 L	0,021 L	0,020 L	0,018 L	0,018 L	0,018 L	0,018 L
				0,276 B	0,298 B	0,290 B	0,312 B
						0,647 B	0,735 B
						0,017 L	0,015 L
1,056 B	1,286 B	1,130 B	1,666 B	1,345 B	1,268 B	1,424 B	1,619 B
0,015 L	0,014 L	0,019 L	0,015 L	0,018 L	0,018 L	0,018 L	0,021 L
				0,403 B	0,380 B	0,427 B	0,486 B
0,592 B	0,726 B	0,565 B	0,666 B	0,970 B	0,039 B	1,935 B	1,108 B
0,018 L	0,021 L	0,021 L	0,021 L	0,018 L	0,018 L	0,018 L	0,018 L
				0,290 B	0,082 B	0,310 B	0,322 B
				0,616 B	0,622 B	0,647 B	0,735 B
				0,018 L	0,018 L	0,017 L	0,015 L
						0,517 B	0,524 B
						0,016 L	0,015 L
1,700 B	1,490 B	2,000 B	2,000 B	1,852 B			
0,013 L	0,016 L	0,015 L	0,015 L	0,016 L			
					1,415 B	1,186 B	1,353 B
					0,013 L	0,013 L	0,015 L
					1,158 B	0,971 B	1,100 B
					0,010 L	0,011 L	0,013 L

Unterrahen

Bis fast zum Ende des 15. Jahrhunderts waren sie die einzigen Rahen auf einem Schiff, an denen ein vortreibendes Segel angeschlagen werden konnte. Sie verfügten seit dieser Zeit, zumal auf Kriegsschiffen, vielfach über Rahklampen und eventuell auch schon über Nocken, die Laufe des 16. Jahrhunderts allgemein üblich wurden (mehr dazu s. Vorkapitel).

Rahdimensionen

Eine proportionale Länge der Rahen, etwa zur Länge des Schiffrumpfes, anzugeben, ist in der Antike schlicht unmöglich. Ihre Stärke, mittig, dürfte aber ± von etwa $^1/_{39}$ bis $^1/_{48}$ auch den späteren Rahen entsprochen haben.
Im frühen Mittelalter (Wikingerzeit) lag die Rahlänge wohl bei 0,51 bis 0,53 der Schiffslänge. Große Knorren, wie sie etwa nach Island segelten, könnten sogar bis zu 0,66 der Rumpflänge gehabt haben, was durchaus Sinn machen würde. Einziges *bildliches* Zeugnis für Rahlängen in dieser Zeit sind die Schiffe auf dem Wandteppich von Bayeux aus dem 11. Jahrhundert, auf denen Rahlängen von rund 0,76 der Schiffslänge erscheinen – Realität oder doch nur Prestigemalerei bzw. -stickerei??
Die Nefs des 13. Jahrhunderts scheinen sich wieder an das Maß von 0,52 gehalten zu haben.
Allerdings sind dies alles eben letztlich nur Rekonstruktionen, die stets mit einer gewissen Vorsicht aufzunehmen sind. Das blieb so bis ins späte 15. Jahrhundert. Erst seit dem späten 16. Jahrhundert gibt es, dank Matthew Baker, zuverlässige Proportionsgrößen:
Die Großrah sollte nun 0,63 der Schifflänge zwischen den Loten betragen, die der Fockrah 0,73 der Großrah – Zahlen, die man wohl durchaus für das gesamte 16. Jahrhundert annehmen darf.
Im 17. Jahrhundert wurde die Großrah etwas kürzer auf 0,52 der Schiffslänge – allerdings wurden damals die Rumpflängen vielfach noch weit größer und die Untersegel verloren an Bedeutung (s. Folgekapitel). Der Durchmesser stand nun bei $^1/_{48}$ sicher fest. An diesen Proportionen änderte sich auch in der Folgezeit nichts mehr ernsthaft; nur kleinere, auf Schnelligkeit gezüchtete Fahrzeuge wie Fregatten und Briggs oder auch etliche Handelsschiffe fuhren gerne längere Rahen.

Fockrah

Die Fockrah maß Ende des 15. Jahrhunderts ca. 0,52 der Großrah, wuchs bis Ende des 16. Jahrhunderts auf 0,73 an und erreichte spätestens Mitte des 17. Jahrhunderts, genau so wie ihr Mast, 0,90 der Großrah.
Ihre proportionale Dicke entsprach der Dicke der Großrah. Ihre Bauart und Ausrüstung entsprach jeweils der Großrah.

Gebaute Rahen

Wie schon gesagt, wurden die Rahen zunächst aus einem einzigen Stück Holz

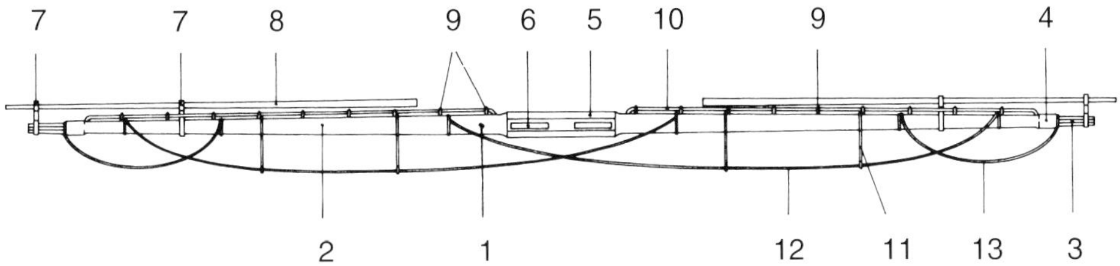

Teile einer Rah.
Selbstverständlich ist auch dies eine Hybriddarstellung, auf der typische Elemente auf verschiedenen Jahrhunderten zusammengefasst sind.
1. Rahkörper, 2. Arm, 3. Nock, 4. Nockklampe, 5. Schalung, 6. Rahklampe, 7. Leesegelbrille, 8. Leesegelspiere, 9. Ringbolzen, 10. Jackstag, 11. Springperde, 12. Perde, 13. flämische Perde.

gefertigt. Doch bald fand man einfach keine so langen und geraden Hölzer mehr, so dass die Rahen aus zwei Stücken zusammengebaut werden mussten. Zunächst laschte man sie wie die „Ruten" mediterraner Schiffe zusammen. Doch bereits ab 1400 begann man sie aus zwei schrägen „Kanteln" zu bauen, welche mit Tauwulingen gesichert wurden – eine Methode, die sich auf kontinentalen Schiffen bis Ende des 18. Jahrhunderts vielfach hielt, während englische Schiffe diese Stellen längst mit Eisenbändern bewehrten (s. auch S. 151).

Diese eventuellen Problemteile wurden vielfach zunächst mit vier zusätzlich aufgenagelten Brettern – *Laschungsleisten/Mastschalen* – gesichert (s. S. 148). Seit etwa 1730 wurden diese Laschungen auch in den Zwischenräumen aufgefüttert, so dass eine achteckige Mastschale entstand; in England war diese Schalung allerdings nur *sieben*eckig, da man das vorderste Brett wegzulassen pflegte. Fragen Sie mich jetzt bitte nicht nach dem *Warum*.

Rahnocken

Seit dem frühen 16. Jahrhundert begannen sich allgemein, zumal auf Kriegsschiffen, entsprechend abgesetzte Rahnocken einzubürgern. Sie hatten etwa $^1/_{15}$ bis $^1/_{11}$ der Rahlänge, doch da gab es zahllose zeitliche und regionale Abweichungen. Mit der Einführung der Leesegelbrillen um 1660 (s. Folgekapitel) verschwanden sie ab 1760 auf englischen Schiffen wieder, kontinental um 1800.
Handelsschiffe hatten vielfach stets auf sie verzichtet und stattdessen Klampen verwendet, die spätestens um 1820 ebenfalls verschwanden.

Rahklampen

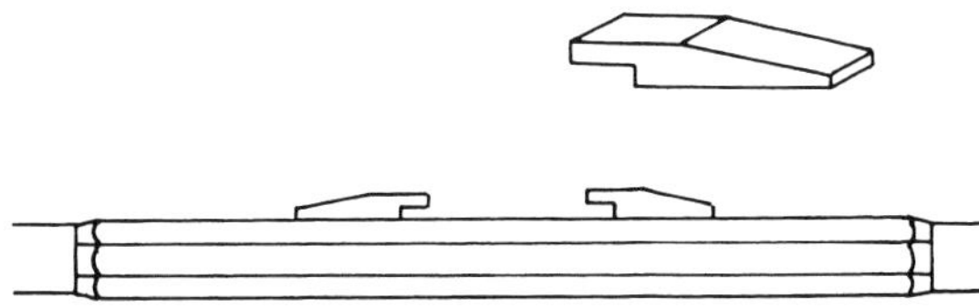
Rahklampen.
Stets vor die Rah gesetzt!

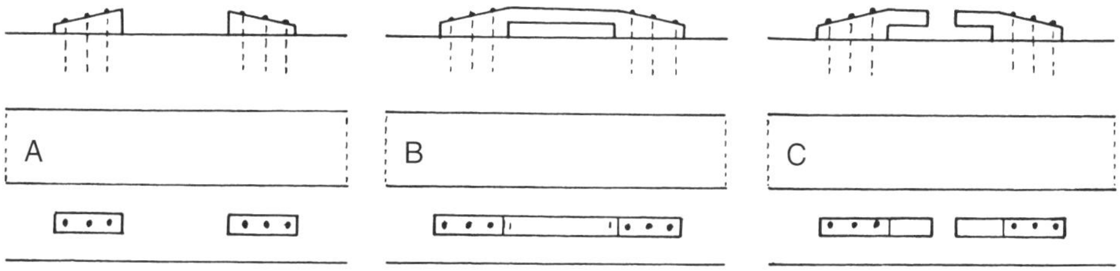

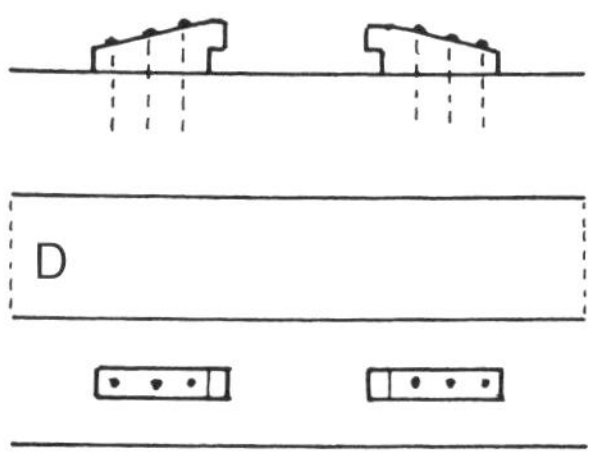

Rahklampen: A. bis frühes 16. Jahrhundert, B. geschlossen bis Mitte 17. Jahrhundert, C. mit Schlitz für Stag ab Mitte 17. Jahrhundert, D. seit Mitte 17. Jahrhundert allgemein übliche Form mit größerer Öffnung mittig. Jeweils Ansicht von oben und Ansicht bugwärts.

Wie auch schon gesagt, wurden Rahklampen seit dem frühen 16. Jahrhundert mittig vor die Rah genagelt, um das Fall-Tau mittig zu halten.
Zunächst bestand sie aus einem Stück, das in der Mitte gegen die Rah entsprechend ausgespart war. Seit dem 17. Jahrhundert verwendete man dann zwei Klampen, die rechts und links neben dem Fall vor die Rah gesetzt wurden. Sie verschwanden um 1820.

Scheibgatts

Im 17. Jahrhundert waren die Rahen etwas hinter den Nocken mitunter mit Scheibgatts ausgerüstet, um diverse Taue optimal führen zu können. Sie waren teils vor, meist hinter der Rah, manchmal auch beidseitig angesetzt. Eine feste Regel scheint es dafür nicht gegeben zu haben; dies war offenkundig der persönlichen Meinung des Kapitäns, in dessen alleinigen Händen schließlich die Takelung lag, überlassen.
Lediglich im späten 18. und teilweise bis Mitte des 19. Jahrhunderts war ein entsprechendes Scheibgatt zur Führung der Marsschot auf englischen Handelsschiffen obligatorisch.

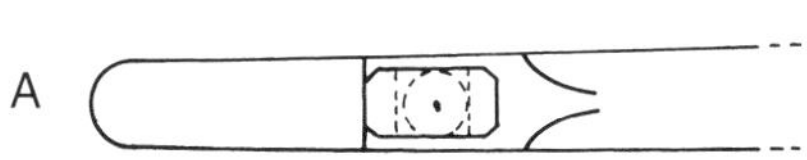

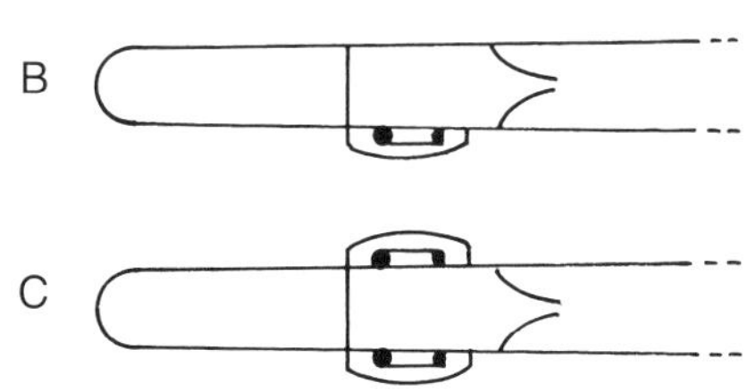

Scheibgatts an Unterrahen: A. Ansicht von achtern, B. Draufsicht einfaches Scheibgatt, C. Draufsicht doppeltes Scheibgatt vor und hinter der Rah.

Segel an der Rah beschlagen

Wenn Segel an ihren Rahen beschlagen wurden, dann wickelte man sie ja nicht einfach wie eine Wurst zusammen – fraglos einer der beliebtesten Fehler bei Baukastenmodellen! Man zog die Schothörner und dann auch die Seiten zunächst mit Geitauen und Gordings nach der Mitte der Rah zusammen, wo sie dann einen dicken „Bausch“ bildeten, während die angeschlagenen Segel nach den Rahenden immer dünner aussahen. Man verwendete hierzu übrigens nicht, wie vielfach zu lesen, die Refftaue, sondern die „Rattenschwänze“. Siehe hierzu unbedingt Band 8 TAUE, BLÖCKE UND SEGEL Kap. Geborgene Segel S. 136–140!

Rattenringe

Im 16. bis zur Mitte des 17. Jahrhunderts war es beliebt die Oberseite der Rahen mit paarweisen Metallringen, die mit U-förmigen Krampen aufgenagelt wurden. An diesen Ringen waren dann die Rattenschwänze angeschlagen. Bis Mitte des 19. Jahrhunderts verblieben von diesen, so überhaupt noch vorhanden, nur die kleinen metallenen U-Haken. Danach wurden die Rattenschwänze am Jackstag angeschlagen. Ansonsten, wurden die Rattenschwänze vielfach „in der Hosentasche“ eines Matrosen mit nach oben gebracht und nur provisorisch um Rah und Segeltuch angeschlagen.

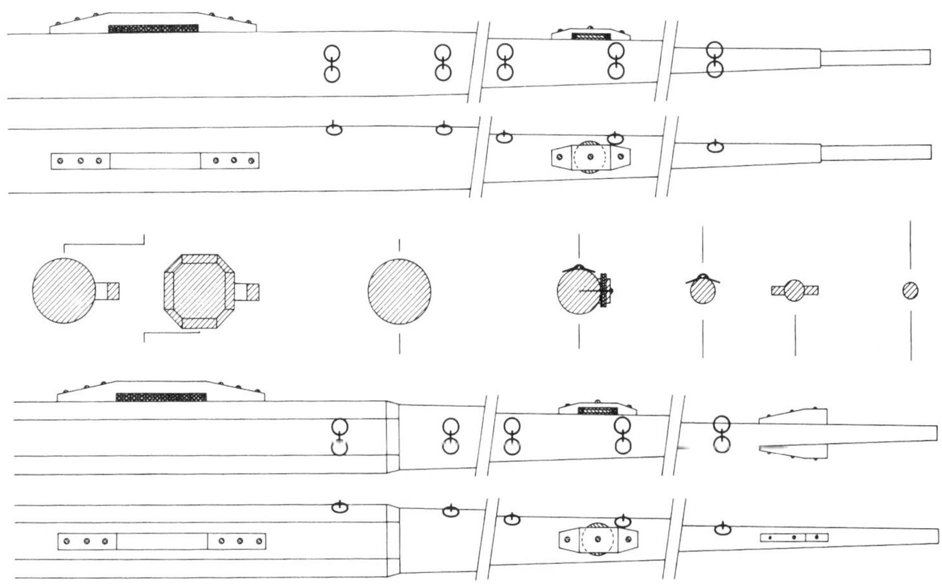

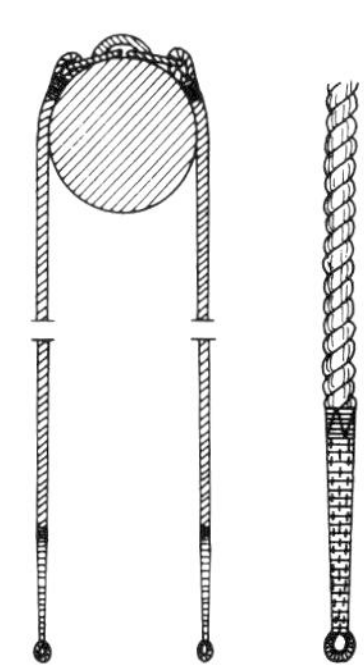

Rattenringe an der Großrah 16.–17. Jahrhundert.
Die Rah oben mit Nock, unten mit Rahklampen, jeweils Aufsicht von oben und darunter Ansicht vom Bug.
Rechts die Rattenschwänze = Rattenbändsel.

Anschlagbänselleisten

Sie wurden gelegentlich auch „Rattenleisten“ genannt.
Die Idee, unter der Rah nahe deren Mitte Leisten anzubringen, in deren bis zu fünf Löchern man Rattenschwänze anbringen konnte um speziell den „Bausch“ zu sichern, war durchaus vernünftig überlegt. So um 1700 gab es sowohl auf dem Kontinent wie in England solche *Rattenleisten*. Da sie aber in der Praxis nicht wirklich effektiv waren, verschwanden sie, kaum eingeführt, bald wieder.

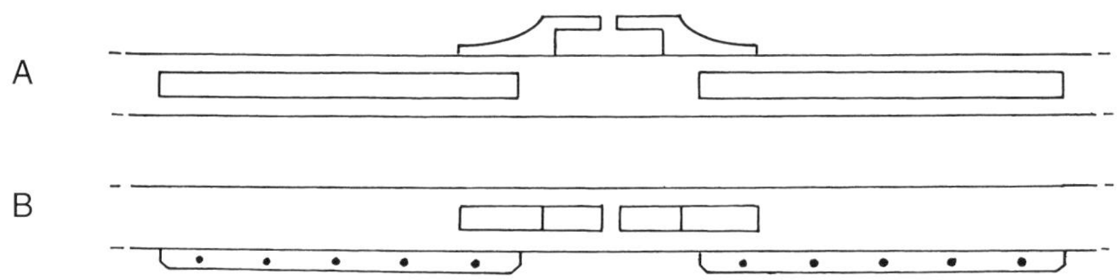

Rattenleisten: A. Ansicht von unten, B. Ansicht von vorne.

Leesegelspieren und Leesegelbrillen

Die mit weitem Abstand wichtigste Veränderung an der Rah war die Einführung der Leesegelspieren um 1660.
Aus diesem Grund sei ihnen ein eigenes Folgekapitel gewidmet.

Die Unterrahen des britischen 74-Kanonen-Schiffes W*ELLESLY* *von 1813. (Modell von P. L. Maak, Kopenhagen)*

Rahmesser

Zwischen 1450 und 1550 stattete man die Rahnocken der Unterrahen größerer (Kriegs-)Schiffe gerne mit sichel-/doppelsichelförmigen eisernen Haken aus, mit denen man im Nahkampf Bordwand an Bordwand die feindliche Takelage herunter zu schneiden oder zu reißen versuchte. Auf entsprechend zeitgenössischen Abbildungen erscheinen sie zwar bis in die Mitte des 16. Jahrhunderts, doch ihre tatsächliche Wirkung war so gering, dass sie, selbst auf Darstellungen noch vor der Jahrhundertmitte, gnadenlos wieder verschwanden.
Rahmesser gehören also eindeutig ins 15. und frühe 16. Jahrhundert.

Rahmesser: links ältere Form bis spätes 15. Jahrhundert mit Tauzurrings an der Rah; rechts jüngere Form bis Mitte 16. Jahrhundert mit entsprechenden Eisenbeschlägen.

Das Wrack der Vizcaìna

Und jetzt bekomme ich einen so *dicken* Hals, dass ich ihn eigentlich schleunigst bandagieren müsste:
Im Juni 1998 wurde in der Bucht von Bastimentos bei Nombre de Dios, nicht weit von Portobelo in Panama das Bodenstück eines Wracks gefunden nebst zwei großen Ankern, einer ganzen Menge Kanonen, Steinkugeln und Resten von Tongefäßen – und eben auch den Überresten von Rahsicheln. Die Entdecker waren sich sehr schnell darüber einig: „Dieses Wrack ist alt! Sehr alt! Wohl mit Abstand das erste Schiff, das in der Neuen Welt gefunden wurde – und das am besten erhaltene!“

Klaus Brinkenbäumer, Clemens Höges, Marc Brasse und Karl Vanderhole, alle von Spiegel bzw. Spiegel-TV haben sich mächtig in die Sache hineingekniet. Sie haben Historiker, Unterwasserarchäologen. Chemiker, Physiker und Schiffsbauexperten aus Panama, Spanien, Deutschland (darunter auch den Autor dieser Enzyklopädie) und den USA mit herangezogen. Diese waren einhellig der Meinung: Dieses Wrack vollständig auszugraben, zu bergen und exakt zu vermessen wäre eine technikgeschichtliche Großtat, vergleichbar mit der Bergung der Wasa, der Mary Rose und den Schiffen von Oseberg und Gokstad! Hier bestehe die einzigartige Gelegenheit einen der wichtigsten Schifftypen (Karavelle) der gesamten Seefahrtgeschichte – denn mit diesem Typ wurden ja nicht nur bedeutende Teile Amerikas entdeckt und erforscht, sondern im 15./frühen 16. Jahrhundert auch die Küsten Afrikas und der Seeweg nach Indien – korrekt zu vermessen und exakt zu rekonstruieren.
Natürlich hatte der Spiegel ganz einfach nicht die ca. 1,5 Millionen Dollar, welche

Das englische „Noblest Shippe“ Mary Rose, gekentert und untergegangen im Solent vor Portsmouth am 19. Juli 1545.
Sie wurde Anfang der 60er-Jahre von Alexander McKee wieder entdeckt, seit den späten 60ern gehoben, restauriert und ist heute im Museum in Portsmouth zu besichtigen.

die Bergung des Wracks und dessen Restaurierung mit Sicherheit kosten würden. So griff die Texas A & M University mit ihrem „Oberguru“, Dr. Roger Smith, zu. Die Verdienste dieser Universität in Sachen Unterwasserarchäologie seien keinesfalls in Frage gestellt. Dafür umso mehr jene von Dr. Smith, der etwa – nachweislich! – behauptete, der Spantbau (im Mittelmeer seit der Antike, in Nordeuropa seit mindestens dem 14. Jahrhundert allgemeine Praxis) sei von den *Spaniern* im 15. Jahrhundert erfunden worden. Oder auch das Heckruder, das bereits im 13. Jahrhundert bekannt (s. Bd. 4 Die Ausrüstung Kap. Ruder!) und seit dem 14. Jahrhundert allgemein in Gebrauch war. Oder die Dimensionen einer Karavelle (nachweislich zwar relativ breit, jedoch durchaus flach, um auch in Flussmündungen eindringen zu können) mit einer „der Kiellänge nahezu iden-

Das Bild der MARY ROSE wurde seinerzeit von dem Artillerieoffizier König Henry's VIII., Sir Anthony Anthony, um 1545 gezeichnet und zeigt deutlich die damals für Kriegsschiffe noch vielfach typischen Rahmesser an Fock- und Großrah.

tischen Rumpfhöhe" – selbst eine Riesenkarracke wie die englische HENRY GRÂCE À DIEU von 1512 hat sich solch irrwitziger Proportionen nicht schuldig gemacht! Die Beispiele solch unsinniger Behauptungen ließe sich noch beträchtlich verlängern …

Dr. Smith behauptete auch steif und fest, gestützt durch eine von ihm in Auftrag gegebene C 14-Analyse des „Beta Analytic"-Instituts in Miami/USA, dass das Holz des Schiffes erst um 1530/1550 geschlagen worden sei – und widerspricht damit ganz eindeutig den europäischen Analysen, die das Fälldatum auf durchschnittliche1472 datierten. Auch bei einer ganzen Reihe anderer Analysen kam Dr. Smith auf ein sehr viel „jüngeres" Untergangsdatum (um 1550 oder sogar noch später) als die europäischen Wissenschaftler.

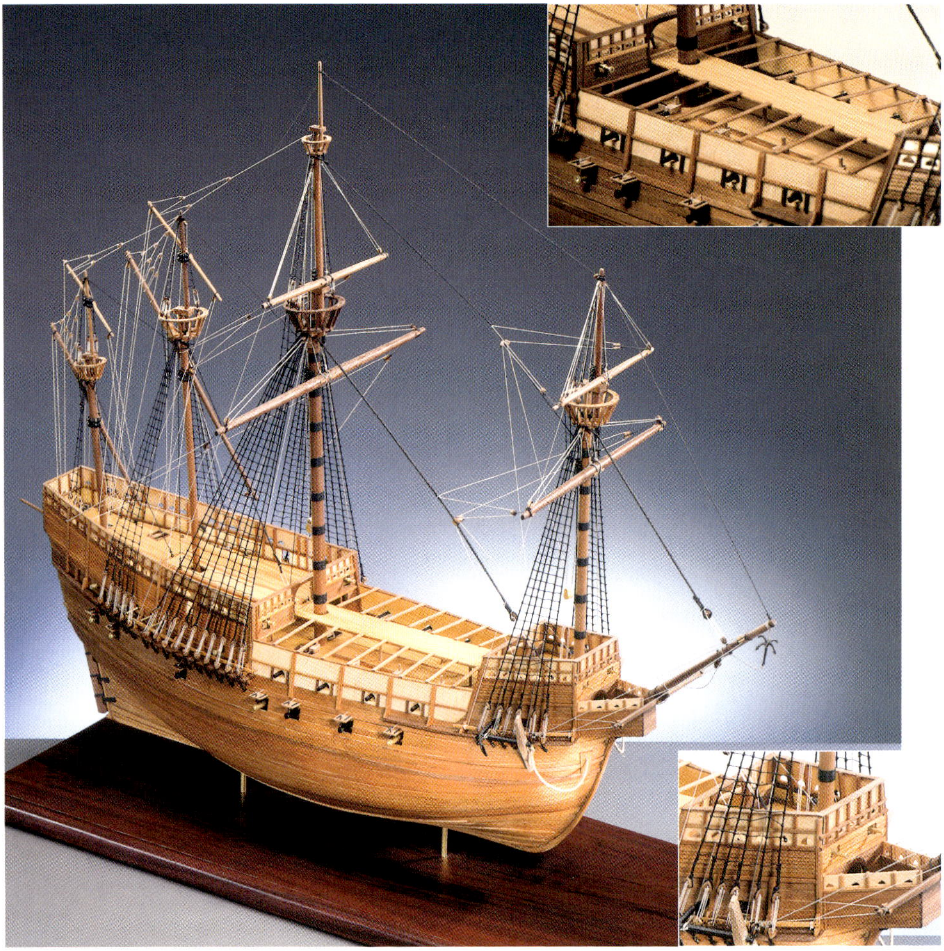

Noch so eine „wissenschaftliche“ Fehlleistung: die Mary Rose, wie sie sich die Museumsleiterin Margaret Rule vorstellte und für das Museum in Portsmouth großmaßstäblich als Modell bauen ließ. Das Vorkastell hat freilich nicht die mindeste Ähnlichkeit mit der Zeichnung von Anthony Anthony, und der zeichnete schließlich nach dem Original! (Baukastenmodell von Calder Craft, Groitwich. Bei allen Einwänden, die der Autor immer wieder gegen Baukastenfirmen haben mag, in diesem Fall ist Calder Craft eindeutig schuldlos, denn rund 30 Jahre waren vom Museum in Portsmouth die Pläne der Mary Rose einfach nicht zu bekommen, galten wohl als „geheime Verschlusssache“, und durften erst 2009 (!) von Peter Marsden herausgegeben werden.)

Auf einen, vom Autor eingebrachten Einwurf, geruhte er grundsätzlich gar nicht erst einzugehen: Seit 1508 (s. Band 3 Der Rumpf S. 286) war per königlich-spanischem Dekret *verboten*, dass ein Schiff ohne Bleibeschlag Spanien in Richtung Karibik verlassen dürfe. Wenn das Wrack von Bastimentos *nach* 1510 versank, müssten entsprechende Bleiplatten gefunden worden sein. Doch diese fehlen samt Nagellöchern an den noch vorhandenen Planken – nicht einmal das winzigste Fitzelchen Blei wurde gefunden! Dafür war das Holz vom „Teredo navalis“ vollständig durchsiebt, genau wie es Colombo schilderte.

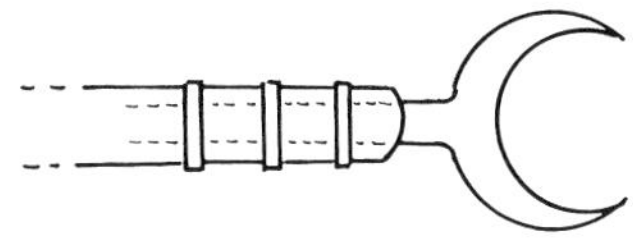

Rahmesser südeuropäischer, vorzüglich spanischer Bauart.

Dr. Roger Smith, bietet auch dafür einige Erklärungen an: Abenteurer, etwa aus England und Frankreich. Doch diese kamen erst, nachweislich, in der zweiten Hälfte des 16. Jahrhunderts in die Karibik. Oder es sollten Piraten gewesen sein „die sich um gar nichts scherten". Aber Piraten pflegen sich nun einmal an viel befahrenen Seestraßen auf die Lauer zu legen und nicht in Gegenden, von denen man nicht einmal wusste, ob es dort überhaupt Beute zu machen gab … Und selbst wenn: Piraten waren zwar mitunter verrückt, *Idioten* waren sie aber in der Regel nicht, die sich mit einem „ungeschützten" Schiff in jene Meeresregion gewagt hätten.
Kurz: Der fehlende Bleibeschlag spricht unmissverständlich für ein Fahrzeug, das vor 1508/09 Spanien verlassen hat. Sein Kiel und seine Spanten waren, nachweislich, aus nordeuropäischer Eiche (besonders stabil), seine Planken aus südeuropäischer (spanischer?) Eiche gefertigt. Dr. Smith, hat natürlich auch dafür eine Erklärung: Das Schiff wurde eben auf einer Werft in der Karibik gebaut. Davon abgesehen, dass es damals in der Karibik noch keine Werften gab, die mehr leisten konnten als europäische Schiffe auszubessern – sollten da etwa nord- oder auch südeuropäische Baumstämme wirklich über den Atlantik transportiert worden sein, um damit ein Schiff ohne Bleibeschlag am Unterwasserrumpf zu bauen, damit dieser, vom Teredo zerfressen, an einer der nächsten Inseln untergehen konnte? Und ein „Schiffbruch" in der Bucht von Bastimentos? Dort gibt es keine Riffe, keine Felsen, nicht einmal große Steine, an denen ein Schiff scheitern kann. Jenes Wrack muss also ganz bewusst, weil einfach nicht mehr seetauglich, versenkt worden sein.

Die Frage war natürlich, ob es sich dabei tatsächlich um die 1503 von Christoforo Colombo auf seiner vierten Fahrt in die Neue Welt an jener Stelle aufgegebene und versenkte VIZCAÍNA handeln könnte.
Tatsache ist, dass sich in jenem *realistischen „Zeitfenster"* zwischen 1500 und 1512 nur drei spanische Geschwader in jener Gegend herumgetrieben haben:
1. Rodrigo de Bastias 1501/1502 – aber der hat dort keines seiner Schiffe verloren oder aufgeben müssen.
2. Christoforo Colombo 1503 – er hat tatsächlich dort ein Schiff, die VIZCAÍNA, aufgeben und versenken müssen.
3. Diego de Nicuesa 1511 (am Ende des „Zeitfensters") – hat dort ebenfalls ein Schiff aufgeben müssen, jedoch nicht versenkt, sondern alles Brauchbare (und ganz bestimmt jegliches *Eisen!*) zum Bau von Nombre de Dios verwendet.
So bleibt für das Wrack von Bastimintos realistisch nur der Name Christoforo Colombo stehen bzw. der seiner dort bewusst versenkten VIZCAÍNA. Persönlich habe ich einen wahren Horror davor, wenn man ein altes, neu gefundenes Wrack sofort mit einem allgemein bekannten historischen Namen zu verbinden versucht. Etwa in der Art: „Altes Schiffswrack in der Karibik gefunden = Kolumbus!"
In dem speziellen Fall bedurfte ich einer ganzen Weile an Fund- und Quellen-

studium, um mich schließlich davon überzeugen zu lassen: Das kann tatsächlich nur die VIZCAÍNA Christoforo Colombos sein!

Das Ende dieser sensationellen Entdeckung – die fraglos in das Weltkulturerbe hätte aufgenommen werden müssen! – geriet freilich zu einem echten historisch-wissenschaftlichen Skandal:
Zunächst wurden, angeführt von Dr. Roger Smith, erst einmal die „Europäer“ aus dem Projekt hinausgekippt – wir in Europa hätten dies sogar um der Wissenschaftlichkeit willen vielleicht sogar noch verkraftet und, wenn auch zähneknirschend, akzeptieren können. Doch dann legten sich die Amerikaner auch noch mit den Behörden in Panama (denen das Wrack schließlich offiziell gehörte!) um die Grabungs- und Verwertungsrechte an. Der Streit ging jahrelang. Die SPIEGEL-Expeditionen hatten einiges an Material wie Kanonen, Rahmesser und sonstiges geborgen, den eigentlichen Rumpf, so weit noch vorhanden, unter dem Sand jedoch unberührt (und damit unvermessen) gelassen, damit er später optimal gehoben und restauriert werden könne. Als endlich, nach langem Hickhack, die Amerikaner anrückten, um ihn zu heben – war von dem Rumpf nichts mehr vorhanden! Raubgräber hatten ihn längst ausgebuddelt und Spreißelchen für Spreißelchen im Internet verhökert ...! Nationale (und fraglos auch persönliche) Eitelkeit hatten einen ungemein wertvollen technikgeschichtlichen Fund ganz schlicht *vernichtet!*
Ich weiß nicht, ob diese Geschichte von Dummheit und Eitelkeit und irregeführtem Nationalstolz eigentlich überhaupt in diese ENZYKLOPÄDIE gehört. Zugegeben: Ein bisschen persönliche Betroffenheit zählt da zweifellos auch dazu. Tatsache bleibt, dass selbst „wissenschaftliche“ Abhandlungen für einen Modellbauer immer noch mit einer gewissen Vorsicht zu genießen sind. Dr. Roger Smith

Spanische Karavelle aus der ersten Hälfte des 16. Jahrhunderts. Schon die Portugiesen hatten auf ihren Entdeckungsfahrten um Afrika diesem eher kleinen, jedoch schnellen und wendigen Schiffstyp, der sich hoch am Wind segeln ließ, den Vorzug gegeben. Das Lieblingsschiff Colombos war die Karavelle NIÑA, und es waren auch fast durchweg Karavellen, welche die spanischen Entdecker und Eroberer auf ihren Zügen verwendet haben. So ähnlich dürfte auch die VIZCAÍNA ausgesehen haben.

Schwer bewaffnete spanische Galeone SANT IAGO *um 1560.*
Die Zeichnung eines englischen Spions zeigt genau nicht nur die Abzeichen (Heck) des Schiffes, sondern vor allem seine Bewaffnung nebst Rahmessern – derlei detaillierte Angaben konnten seinerzeit ein kleines Vermögen wert sein!

hat mittlerweile zahllose Artikel über das Wrack von Bastimentos veröffentlicht obwohl er es nie mit eigenen Augen sah, geschweige *vermessen* hatte …
Was mit dem ehrlich-wissenschaftlichen Einsatz der SPIEGEL-Truppe begann, das endete tragisch nicht nur in einer Posse, sondern in einer *wissenschaftlichen Katastrophe!*

Modellbau

So ist also ein Modellbauer, der eine Entdecker-Karavelle – ein hochinteressanter Schifftyp, der zudem den Vorteil hat, auch im Maßstab 1:50 nicht allzu groß zu sein (Abb. s. Band 1 MODELLE UND VORKENNTNISSE S. 69) – bauen möchte, doch wieder auf Rekonstruktionen angewiesen. Wie eine Karavelle *oberhalb* der Wasserlinie aussah, weiß man recht gut. Aber wie der Rumpf *unter* der KWL genau aussah, das wird durch den Verlust des VIZCAÍNA-Wracks nun wohl für alle Zeit Spekulationen vorbehalten bleiben …
Die Rahmesser selber stellt man am besten aus Messingblech (natürlich geschwärzt) her. Ihr inneres Ende steckte in einem Schlitz an der Rahnock und wurde dort mit einer Tauwuling oder mit Eisenbändern gesichert.

Marsrahen

Fraglos haben sie zwischen dem Ende des 15. und dem 19. Jahrhundert ganz einfach *die* „Karriere“ gemacht!

Marsrah-Proportionen

Um 1490 waren sie gerade einmal ein dünnes Stängelchen (maximal 28 % so lang wie die Großrah und am Fockmast gab es derlei überhaupt noch nicht) an einem mehr oder minder provisorischen Mästlein mit einem kaum „Schnupftuch“-großen Segelchen. Das Segelchen wurde noch in der Mars belegt (s. Band 10 LAUFENDES GUT Kap. Schoten, und Abb. Band 1 MODELLE UND VORKENNTNISSE S. 19 und 111).
Dies änderte sich rasant, als man im ersten Jahrzehnt des 16. Jahrhunderts die Schotecken des Marssegels breit nach den Nockenden der Unterrah ausspannte (Abb. s. Band 8 TAUE, BLÖCKE UND SEGEL S. 141). Das *Segelchen* wurde zum Segel, das *Stängelchen*, an dem es angeschlagen wurde, zur höchst ernstzunehmenden *Rah*. Zunächst nur für den Großmast gedacht, folgte schon in extremer zeitlicher Kürze der Fockmast mit einer einschlägigen Vorrichtung.
Und sie wuchs kontinuierlich!
Um 1580 gab Matthew Baker die Großmarsrah mit zwar nur 0,35 der Großrah an, doch die Stenge war nun längst entsprechend hoch und damit das Marssegel ein höchst beachtlicher „Lappen“.
Und die Marsrah wuchs tüchtig weiter. Mitte des 17. Jahrhunderts hatte sie eine Länge von ca. 0,6 der Großrah erreicht. Ende des 17./Anfang des 18. Jahrhunderts erreichte sie eine Länge von 0,69 der Großrah, Mitte des 18. Jahrhunderts eine Länge von 0,72 der Großrah.
An dieser Größe änderte sich dann, zumindest auf Kriegsschiffen, bis in die Mitte des 19. Jahrhundert kaum noch etwas. Auf Handelsschiffen konnte sie in der ersten Hälfte des 19. Jahrhunderts sogar bis zu 0,8 der Großrah erreichen.

Das Marssegel war im späten 15. und frühen 16. Jahrhundert kaum mehr als ein „Schnupftuch“, seine Rah wurde gerne auch schräg gestellt. (Allegorie auf Fernão Magalhães um 1525, Stich eines unbekannten Meisters)

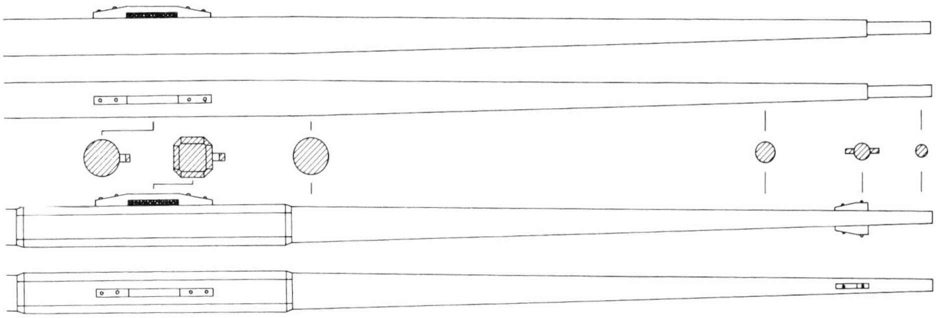

Marsrah: oben ohne Rahschalung und mit einfachen (seit dem 18. Jahrhundert auch mehrfachen) Nocken; unten mit Rahschalung und Nockklampen. Wie die mittige Rahklampe wurden diese Varianten entsprechend der Epoche entsprechend kombiniert.

Der Durchmesser betrug in der Mitte 1/49 der Rahlänge und verjüngte sich nach den äußeren Enden auf 1/3 des Durchmessers in der Mitte.
Die jeweils zugehörige Fockmarsrah stand stets im gleichen Längenverhältnis zur Großmarsrah wie Groß- und Fockrah untereinander.

Marssegel

Je höher die Marsstenge und je breiter die Marsrah wurde, um so größer wurde natürlich auch das Marssegel.
So war es eigentlich gar nicht verwunderlich, dass seit der Mitte des 17. Jahrhunderts die Marssegel, da sehr viel besser im Wind stehend, zu den *eigentlichen* Vortriebssegeln eines Schiffes wurden.
Und damit wurden die Marsrahen genau genommen auch zu den wichtigsten Rahen eines Schiffes.

Bau der Marsrahen

Seit der ersten Hälfte des 16. Jahrhunderts wurden Marsrahen identisch so gebaut wie die Unterrahen – nur eben ein bisschen kürzer und proportional schwächer im Durchmesser.
Zu den Ausnahmen im Bau gehörte, dass sie nie Ringe für die Rattenschwänze trugen. Dafür verlängerte man ihre Nocken im 18. Jahrhundert beträchtlich, bewehrte sie mit Ringbolzen bzw. schnitt kontinental zwei bis drei weitere Kerben an ihnen ein, um die immer zahlreicheren Taue dort optimal befestigen zu können.

Geteilte Marsrahen

Nach der Mitte des 19. Jahrhunderts wurden die Marssegel vielfach einfach so groß, dass man sie mit einer (relativ kleinen) Handelsschiff-Mannschaft ganz einfach nicht mehr vernünftig handhaben konnte. Die Kriegsmarinen folgten mit einiger zeitlicher Verzögerung diesem Beispiel.
So teilte man das Marssegel in ein *Unter*- und ein *Ober*marssegel mit jeweils eigenen Rahen – eine Praxis, die bis heute erhalten blieb.

Oberrahen

Die Oberrahen – speziell die Bramrahen – folgten generell den Marsrahen, waren nur entsprechend kürzer und schwächer in ihren Dimensionen und nur noch aus einem Stück Langholz gebaut.

Bramrahen

Bereits im frühen 16. Jahrhundert gab es Bramsegel mit natürlich dazugehörigen Rahen. Doch man sollte sich da nicht täuschen lassen: Bramsegel waren zu dieser Zeit reine Prunk- bzw. Repräsentationssegel, die man allenfalls bei schönstem Wetter und bei Flottenparaden setzte, um damit „anzugeben"!
Erst um 1580 begann man das Bramsegel tatsächlich als Vortriebssegel zu benutzen. Und dann machte es schnell eine ähnliche Karriere wie das Marssegel bis es Ende des 19. Jahrhundert wie dieses sogar in Unterbram- und Oberbramsegel zweigeteilt wurde, um es leichter handhaben zu können. Und mit den Segeln entwickelte sich auch die Bramrah.

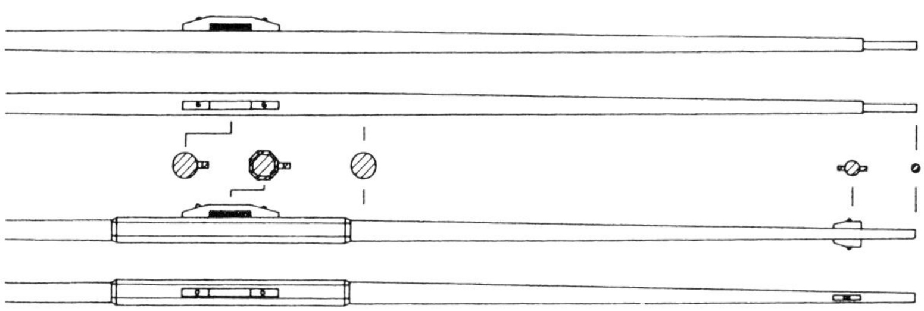

Bramrahen verfügten seit Mitte des 18. Jahrhunderts auf Kriegsschiffen eher selten über Rahschalungen, bei Handelsschiffen verschwanden sie gänzlich. Rahklampen kamen bis ins späte 18. Jahrhundert vor.

Bramrah-Proportionen

Kontinental konnte im ersten Drittel des 16. Jahrhunderts die Bramrah bereits bis zur Hälfte der zugehörigen Marsrah lang sein. Sehr viel realistischer war man um 1580 in England, wo man das Bramsegel tatsächlich auch im „Normalbetrieb" zum *Segeln* einsetzte. Dr. Matthew Baker gab die Länge der Bramrah mit 0,36 der Marsrah an.
Mitte des 18. Jahrhunderts war die Bramrah bereits 0,62 der Marsrah und wuchs bis Ende des 18. Jahrhunderts bis zu 0,65 dieser Länge, wurde verschiedentlich im 19. Jahrhundert sogar noch ein bisschen länger. Der Durchmesser der Rahen entsprach proportional generell jenem der Marsrahen.

Kreuzrahen

Die Kreuzrah am Besanmast, die Anfang des 17. Jahrhunderts eingeführt

wurde, entsprach (plus-minus) der Großbramrah, auch wenn sie oft ein etwas größeres Segel tragen musste.
In der zweiten Hälfte des 18. Jahrhundert wurde dann auf vielen Schiffen auch eine entsprechend kleinere Kreuzbramrah (Maße einer Royalrah) üblich.

Royalrahen

Royalrahen über den Bramrahen erscheinen erstmals 1637 auf einem (absolut glaubwürdigen!) Stich der englischen SOVEREIGN OF THE SEAS, dem am prachtvollst geschmückten Schiff, das je gebaut wurde (s. dazu S. 88/89). Doch auch hier handelte es sich zweifellos um technisch zwar denkbares, auf gewiss auf diesem speziellen Schiff auch so ausgeführtes – segelpraktisch jedoch noch absolut unbrauchbares – Prestigedenken.
Bis über die Mitte des 18. Jahrhunderts ist, zumindest mir, kein Schiff bekannt, das (mit Ausnahme der SOVEREIGN, und auch auf dieser wurden sie sehr bald wieder abmontiert) Royals fuhr. Bei größeren Kriegsschiffen blieb das auch so bis Ende des 18. Jahrhunderts.
Anders bei Handels- und auch Kaperschiffen, denen es ja vor allem auch um Schnelligkeit ging: Bei ihnen tauchten im letzten Drittel des 18. Jahrhunderts wieder Royalrahen nebst entsprechenden Segeln auf. Die Kriegsmarinen zogen, zumindest für kleinere Einheiten wie Fregatten und Briggs, um 1800 nach. Mitte des 19. Jahrhunderts waren Royals auch auf „Dickschiffen" weitgehend fester Bestandteil der Takelage.
In ihren Dimensionen glichen die Royalrahen den Bramrahen, waren eben nur entsprechend kürzer und dünner.

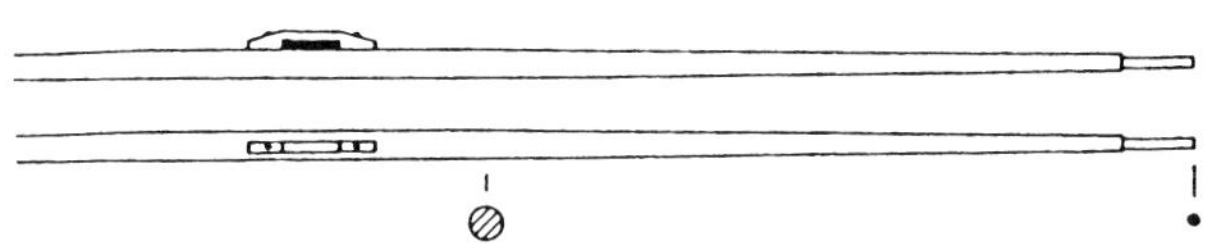

Royalrahen hatten niemals eine Schalung. Rahklampen benutzte man allenfalls bis ins frühe 18. Jahrhundert. Dies gilt natürlich umso mehr für Sky- und Mondsegelrahen.

Sky- und Mondsegelrahen

Und weil man schon einmal dabei war die Segelfläche auch um jedes „Schnupftuch" zu vergrößern, setzte man Ende des 18. Jahrhunderts zunächst auf Handelsschiffe, ab 1800 auch auf Schnelligkeit gebauten Kriegsschiffen (Fregatten und Briggs) noch eine kleine Rah mit Segel darüber – die Skyrah mit Skysegel (s. auch Band 8 TAUE, BLÖCKE UND SEGEL S. 94 f).
Mitte des 19. Jahrhunderts toppte man diese, etwa auf Klippern, sogar noch mit einer Mondsegelrah nebst Mondsegel (Abb. Band 8 TAUE, BLÖCKE UND SEGEL S. 56 Großmast).

Rahdimensionen

Es ist oft äußerst schwierig die genauen Dimensionen dieser Oberrahen exakt festzustellen. Gewiss entsprachen sie in ihrer Dicke proportional den Marsra-

hen, doch ihre genaue Länge zu ermitteln ist kompliziert, mitunter nicht einmal aus entsprechenden Originalquellen kaum zu ermitteln.
Allerdings gab es da ein wahrhaft „heiliges“ Grundprinzip, das auch jedem Modellbauer eindeutig helfen kann:
Die Außenkanten der Obersegel, und entsprechend die Rahen, sollten (von ein paar Zentimetern hin oder her abgesehen) sauber von der unteren Marsschotecke bis zum Nockhorn des obersten Segels entlang in *einer Linie* stehen! Offiziell hat Sir Matthew Baker diese Regel in seinen FRAGMENTS OF ANCIENT SHIPWRIGHTY, Cambridge 1586, aufgestellt, auch wenn sie wohl schon älter war.
Und an dieser Regel sollte sich niemals wieder etwas ändern, solange es Segelschiffe gab und gibt!

Modellbau

Diese Linie *muss* das Maß der Dinge, also der Segel, sein! (S. dazu noch mal Band 8 TAUE, BLÖCKE UND SEGEL S. 56 und S. 94 f.) Ausnahmslos! Selbst wenn Ihre noch so guten Pläne da etwas anderes behaupten sollten.

Bau der Rahen

Die Bramrah, zumindest als sie entsprechend länger wurde, setzte man wie die Marsrah aus zwei Stücken zusammen. So besaß sie im 18. Jahrhundert auch eine Schalung in der Mitte. Entsprechendes gilt auch für die Kreuzrah. Nach 1770 verschwanden die Schalungen allerdings.
Auch Rahklampen verschwanden um diese Zeit endgültig.
Royal-, Sky- und Mondrahen waren stets nur aus einem einzigen Langholz gefertigt und besaßen weder Schalung noch Rahklampen.

Modellbau

Für den Modellbauer macht es natürlich keinen Sinn, eine Rah, schon gar nicht eine Oberrah (historisch in aller Regel sogar falsch), zusammensetzen zu wollen (selbst für Unter- und Marsrahen würde ich dringend davon abraten!). Man fertigt sie am besten genau so an, wie bereits bei den Unterrahen beschrieben.
Ein Problem mit dem sich Modellbauer immer wieder einmal die Köpfe heiß machen, ist, dass sich die Rahen, gerade die dünnen im oberen Bereich, nicht dem Zug der Taue folgend im Lauf der Jahre verbiegen. Nun, ich kenne wahrlich Hunderte von Modellen (manche über 300 Jahre alt), bei denen sich da nichts verbogen oder verzogen hat, denn der Zug der Taue, gerade bei Oberrahen, ist letztlich so gering, dass sie einen Holzstab nicht ernsthaft verformen können. Voraussetzung dafür ist natürlich, dass das Holz von Anfang an wirklich gerade und optimal durchgetrocknet ist!
Jener Ultrafundamentalist, den ich schon gelegentlich erwähnte, hatte natürlich auch dazu eine brillante Idee: Man müsse nur die Rah der gesamten Länge nach durchbohren und dann innen mit einem entsprechenden Stahl- oder Carbonstab „garantiert verzugsfrei“ sichern. Selbst *wenn* es gelänge, eine Rah auf diese Weise der Länge nach, ohne Bruch, zu durchbohren, woher will er einen so langen, entsprechend dünnen Bohrer herbekommen, der nicht *seinerseits* bricht?

Das absolut exquisite Modell des französischen Dreideckers LE VALMY von 1847. Seit Mitte des 18. Jahrhunderts fuhren auch „Dickschiffe“ oft Royalrahen. (Modell im Musée de la Marine, Paris)

Bagienrahen

Das sind Rahen, die keine Segel trugen, sondern lediglich zum Ausspreizen der Schothörner des darüber stehenden Segels dienten.

Bagienrah-Dimensionen

Die fraglos bekannteste ist die unterste Rah am Besanmast von Schiffen im 17. bis in die erste Hälfte des 19. Jahrhunderts.
Ihre Länge entsprach in etwa der Länge der Großrah, welche um den Faktor verkleinert wurde wie Besan- zu Großmast.
Ihre Dicke entsprach in etwa der Großmarsrah, eventuell sogar ein bisschen schwächer.
Ihre Aufhängung am Mast und ihre eigene Takelage waren entsprechend einfacher gehalten (s. auch Band 10 LAUFENDES GUT).
Rahklampen waren, bis diese um 1800 verwanden, üblich. Schalungen in der Rahmitte, zumindest auf Kriegsschiffen, ebenso, bis auch diese im 19. Jahrhundert verschwanden.

Kreuzrah

So wurde bis in die ersten Jahre des 19. Jahrhunderts die unterste Rah am Besanmast genannt, die ein Segel trug.

Das Kreuzsegel ist unten an der Bagienrah angeschlagen wie vom 16. bis zum frühen 18. Jahrhundert allgemein üblich.
(Modell einer Bombenketch um 1800; Erbauer und Standort leider nicht ermittelbar)

In ihrer Länge, Stärke und Ausführung entsprach sie etwa einer Großbramrah. Als man seit der zweiten Hälfte des 18. Jahrhunderts, zunächst auf Handelsschiffen, die Bagienrah ebenfalls mit einem Segel ausrüstete, erhielt diese nun den Namen „Kreuzrah“. In ihren Abmessungen stand sie, nach wie vor, im gleichen Verhältnis wie Groß- und Besanmast zueinander, glich also im Prinzip einer Großmarsrah.
In der Takelage glich sie nun völlig ihren „großen“ Vorbildern.
Bereits im 18. und vor allem im 19. Jahrhundert wurden weitere Rahen über die Kreuzrah gesetzt. Ihre Dimensionen waren, entsprechend verkleinert (!), mit jenen des Großmastes identisch.

Bagienrahen auf anderen Schiffen

Bagienrahen waren kein Vorrecht für den Besanmast von großen oder zumindest größeren Drei- und Zweimastern bis ins Ende des 18. Jahrhunderts.
Gerade kleinere Fahrzeuge, die trotzdem Wert auf Schnelligkeit legten, benützen sie äußerst gerne und oft: englische wie kontinentale Marinekutter, die ebenso als Piraten und Schmuggler wie staatliche Zöllner unterwegs waren (Abb. s. Band 8 Taue, Blöcke und Segel S. 57), Yachten mit Ähnlichem (allerdings keinem *Zoll*auftrag), Bermuda-Sloops (im 17. und frühen 18.Jahrhundert das klassische Piratenfahrzeug der Karibik), niederländische Staatenjaghden

Der amerikanische Schoner Fame von 1795. Fockmarsrah und Fockbagienrah sind mit Leesegelspieren ausgerüstet.
(Aquarell von William Ward in Peabody Museums, Salem/Mass)

(die eigentlich nur schön sein wollten, um den Ruhm und Reichtum ihres Herrn zu verkünden) sowie ganz einfach braven Handelsfahrzeugen wie Bilander, Galiot, Gleasse (nicht zu verwechseln trotz Namensgleichheit mit den Supergaleeren des Mittelmeers s. Band 11 ALLERLEI EXOTEN) oder Chalk (Tjalk).
Gelegentlich wurde sie *unterhalb* der Hauptrah gefahren wie auf Kuttern oder Bermuda-Sloops und gelegentlich Yachten, so dass das Marssegel in seinem unteren Teil über das Großsegel griff (Abb. s. nochmals Band 8 S. 57).
Besonders beliebt waren sie auf Schonern seit dem 17. Jahrhundert, die ihre Toppsegel mit Bagienrahen ausspreizten, wobei diese auch durchaus Leesegelspieren tragen konnten.

Stutzrah

Mitunter wollte man freilich doch noch ein Rahsegel, zumal am Fockmast etwa eines Schoners, aufhängen.
Die Rah dieses Segels war freilich sehr kurz – mehr oder minder ein Provisorium – das man an der Bagienrah oder auch der Mars aufhängte und die Nockhörner zu den Nocken der Bagienrah ausspreizte.

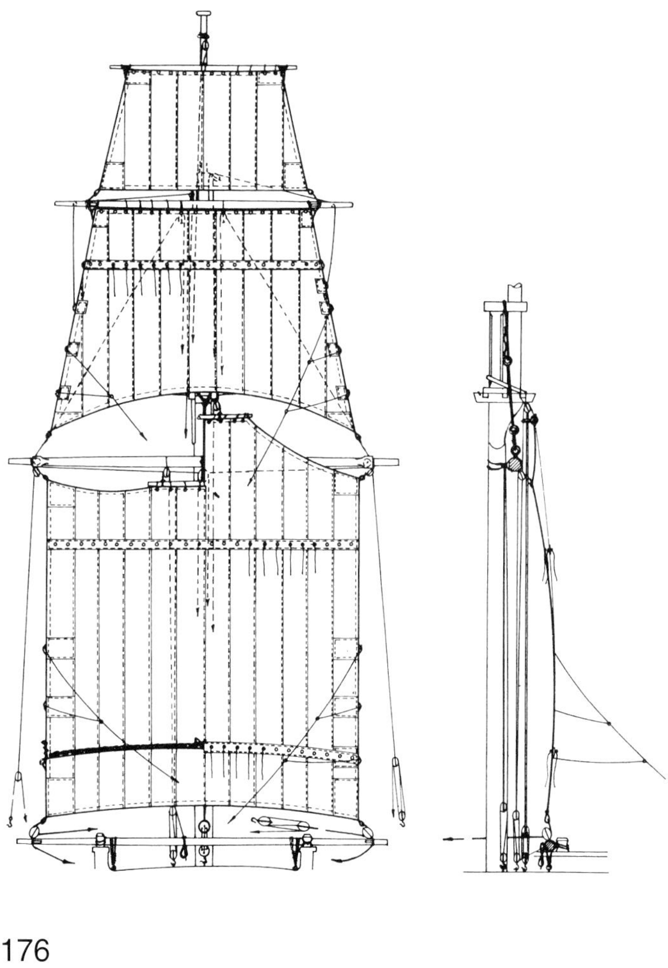

Provisorisches Focksegel (Breitfock) mit Stutzrah. A. Zwei Varianten: links an der Bagienrah, rechts an der Marssaling angeschlagen. B. Seitenansicht; der Breitfockläufer war an einem Jackstag angeschlagen. (Zeichnungen von Karl Heinz Marquardt, Mountrose/ Victoria (AUS))

Blinderahen

Blinderahen, unter dem Bugspriet gefahren, sind seit dem Ende des 15. Jahrhunderts nachgewiesen.

Blinderahen

Ende des 15. Jahrhunderts war die Blinderah etwa 1/3 der Großrah lang. Doch sie wuchsen schnell und erreichten bereits um 1515 etwa die halbe Länge der Großrah.

Der englische Opiumklipper Falcon von 1824.
Seine Blinderah trug kein Segel mehr, war „auf" den Bugspriet gesetzt und diente nur noch den Tauen des Vorgeschirrs als entsprechende Versteifung bzw. Führung.
Diese Opiumklipper, in Indien gebaut, galten als die am besten gebauten Schiffe ihrer Zeit mit einem Holzwerk aus Mahagoni und Tauen aus „unverrottbaren" Kokosfasern, zudem höchst ordentlich bewaffnet.
Verbrechen wie der Transport von indischem Opium nach China, all zumal offiziell vom Staat tüchtig unterstützt, rechnete sich eindeutig. England führte 1839 bis 1842 sogar einen offiziellen Krieg gegen China, um diese lukrative Einfuhr, welche die Kosten für die jährliche Teeernte weit überstieg, weiterhin zu garantieren – der wohl schmutzigste aller Kriege, derer sich Europa je schuldig gemacht hat!
(Modell im Science Museum, London)

Seit dem frühen 17. Jahrhundert entsprach sie in etwa der Großmarsrah, der sie auch in ihrem Bau weitgehend glich. Das blieb so bis zum Jahrhundertende. Im frühen 18. Jahrhundert wurden die Blinderahen etwas kürzer, die Länge entsprach nun den jeweils zugehörigen Fockmarsrahen. Und dabei blieb es generell (natürlich mit zahlreichen national-lokalen Abweichungen!) solange bis gegen Mitte des 19. Jahrhunderts überhaupt keine Blinderahen mehr gefahren wurden.
Allerdings wurden sie immer schwächer und dünner gebaut. Waren sie im 16. Jahrhundert noch etwa 0,028 ihrer Länge dick, waren es im 17. Jahrhundert noch 0,023, im 18. Jahrhundert durchschnittlich noch 0,021 und im 19. Jahrhundert nurmehr 0,017 der Länge.
Das hatte natürlich einen vernünftigen Grund abgesehen von der Tatsache, dass so lang gewachsenes und gerades Bauholz nun einmal extrem teuer war. Im Vergleich zu einem Marssegel brachte das Bildesegel nur relativ wenig „Zugkraft“ und so konnte man seine Rah guten Gewissens etwas schwächer bauen. In aller Regel trugen sie in der ersten Hälfte des 19. Jahrhunderts, ehe sie ganz verschwanden, überhaupt keine Segel mehr, sondern dienten lediglich nur noch dazu, um durch aufgesetzte Ringösen Taue des Vorgeschirrs „unverheddert“ an ihre Belegstellen zu dirigieren.
Die Nocken waren stets einfach gestaltet, glichen also nicht jenen mancher Marsrahen.

Oberblinderahen

Ihre „große Zeit“ war fraglos das 17. und die ersten Jahre des 18. Jahrhunderts, als man einen eigenen Sprietmast fuhr.
Ihre Dimensionen entsprachen denen der Großbramrah, später der Fockbramrah.
Doch mit dem endgültigen Verschwinden des Sprietmastes um 1730 verschwanden die Oberblinderahen keineswegs. Nur wurden sie jetzt unter dem Klüverbaum angesetzt nach der gleichen Methode wie die Binderahen am Bugspriet.
Noch in der zweiten Hälfte des 18. Jahrhunderts hielten zumindest größere Handelsschiffe vielfach an dieser Einrichtung fest, auch wenn längst klar war, dass solch ein Oberblindesegel eigentlich nicht allzu viel brachte und nur schwierig zu setzten war. Natürlich hielten die Kriegsmarinen – konservativ wie sie eben nun einmal sind – bis ins erste Jahrzehnt des 19. Jahrhunderts vor allem auf „Dickschiffen“ wie der HMS Victory an solchen Rahen samt Segeln fest, ehe sie diese, eben doch, abschaffte (Abb. s. auch Band 2 Material und Werkzeug S. 33).

Leesegelspieren und Leesegelrahen

Leesegel gab es, nachweislich (!), bereits im späten 16. Jahrhundert, zumindest in England! Die allermeisten modernen Autoren setzen die Einführung von Leesegeln frühestens (!) auf 1630 an, auch wenn es da bereits um 1585 absolut eindeutige Aussagen des 1618 geköpften Sir Walter Raleigh (zeitweiliger Favorit der Königin Elizabeth I., der so gerne ein großer Pirat, aber eben nur ein eher mäßiger Seefahrer gewesen ist) gibt, der Leesegel ausdrücklich erwähnte! Als ihren Erfinder muss man wohl (schon wieder) Sir Dr. Matthew Baker nennen – er war eben ein wahres Genie, das teilweise um 250 Jahre seiner Zeit vorausgeeilt war. Inwieweit man damals eine Leesegelspiere an der Großrah mit Tauwulingen anschlug bleibe dahingestellt, obwohl das technisch so wohl durchaus am logischsten Sinn gemacht hätte (s. auch Band 8 TAUE, BLÖCKE UND SEGEL S. 123 f.).

Leesegel

Auch in der ersten Hälfte des 17. Jahrhunderts werden Leesegel immer wieder einmal erwähnt, scheinen freilich noch ein Provisorium einzelner Kapitäne gewesen zu sein.
Allgemein in Gebrauch kamen Leesegel auf dem Kontinent an Groß- und Fockrah um 1650 und an den Marsrahen um 1675. In England erschienen Großleesegel um 1660, Fockleesegel um 1690 und Marsleesegel erst um 1700. In der ersten Hälfte des 18. Jahrhunderts wurden allgemein noch Bramleesegel hinzugefügt.
Die Kriegsmarinen beließen es, zumindest für die großen Linienschiffe, bis in die Mitte des 19. Jahrhunderts dabei und fügten erst dann, höchst zögerlich, mitunter Royalleesegel hinzu.
Ganz anders die Handelsmarinen, bei denen es um Tempo, Tempo und nochmals Tempo ging. Mit jedem Segel oberhalb der Bram, das man neu einführte – Royal-, Sky- und gar Mondsegel (gelegentlich auch „Mondgucker“ oder „Skyscrapper“ genannt) – rüstete man auch jene Rahen nur zu gerne entsprechend aus, um noch ein paar, wenn auch nur winzige, Leesegel tragen zu können (s. dazu auch Band 8, TAUE, BLÖCKE UND SEGEL S. 67).
Die Kriegsmarinen folgten dem Trend, allerdings zunächst *wirklich* nur für die „kleinen“ und „schnellen“ Einheiten (!) wie Fregatten, Korvetten oder Briggs, welche die wahrhaft Mächtigen der Admiralitäten lange Zeit (sehr zum Ärger der Herren) bis in die 2. Hälfte des 18. Jahrhunderts gar nicht *wirklich* ernst genommen hatten. Zumal britische Marine- und Zollkutter – „allenfalls für die Jagd auf französische Schmuggler und Piraten geeignet“ – waren schließlich dermaßen „übertakelt“, dass man sich ehrlich wundern muss, wie der Kommandant (höchstens ein Leutnant) es überhaupt schaffte, solch ein Fahrzeug vernünftig zu segeln, ohne dass es kenterte.
1994 bekam ich vom Deutschen Technikmuseum in Berlin den Auftrag, das Modell eines englischen bewaffneten Zollkutters aus der Zeit um 1780 zu bauen, der wider Piraten oder auch nur Schmuggler eingesetzt worden war.
Das war ein eher kleines Schiff. Doch als ich dann die entsprechenden Originalunterlagen durchzuarbeiten begann, kam ich nicht mehr aus dem Staunen heraus:

Ein kleines Schiff ganz groß! Der im Maßstab 1:50 eben einmal ca. 44 cm lange Rumpf eines englischen Zollkutters um 1780 dehnte sich dank Treiber und Wassersegel auf satte 120 cm Gesamtlänge aus; in der Breite dank Leesegeln auf das 3,8-Fache der Rumpfbreite. Erst mit diesen Hilfssegeln wird deutlich, welche Dimensionen solch ein „Schifflein“ annehmen konnte – und vor was für Herausforderungen es seinen Kommandanten – allenfalls einen Leutnant – stellte! (Modell von Wolfram zu Mondfeld, Hohenfurch, im Deutschen Technikmuseum, Berlin)

Der Rumpf war in der Tat „klein“ – ca. 22 m in der Länge zwischen den Loten und 7,3 m maximaler Breite bei ca. 3 m Tiefgang (1:50 also etwa 44 cm zwischen den Loten, 14,6 cm breit bei 6 cm Tiefgang). Es war also ein Schiff, das problemlos an den Küsten Englands fahren, aber auch in eher flachen Gewässern vor Teilen der Küsten Frankreichs und vor allem denen der Niederlanden manövrieren konnte. Ausgerüstet war er mit einer für seine Größe durchaus beeindruckenden Anzahl Kanonen.

Dass der (einzige) Mast, vom Deck auf gemessen, fast doppelt so hoch war wie der Rumpf lang, konnte mich noch nicht *wirklich* erstaunen – britische Marinekutter *waren* extrem hoch getakelt.

Doch dann kam der „echte Hammer“: Mit *Hilfssegeln* wie etwa den Leesegeln, dem „Treiber“ (also dem Leesegel der Gaffel) und sogar einem „Wassersegel“ (das man unter dem Gaffelbaum anschlagen konnte) waren es insgesamt 16 (!) Segel, die hier irgendwie an einem Mast befestigt wurden.

Noch verblüffender: Von der Spitze des Bugspriets bis zur Nock des Auslegers am Gaffelbaum, d. h. zum Schothorn des Treibers, war das Schiff fast dreimal (!) so lang wie sein Rumpf, und, über die unteren Leesegelbäume gemessen, beinahe viermal so breit!!

Das, was da schließlich auf dem Arbeitstisch in meiner „Werft" stand und was ich 1995 im Deutschen Technikmuseum ablieferte, mag man im Rumpf durchaus immer noch in die Kategorie Schiff*lein* zählen, doch von seinen wahren Dimensionen her war es ein *Schiff*. Und im Maßstab 1:50 mit ca. 120 cm Gesamtlänge und rund 65 cm Gesamtbreite wahrlich keines von den „kleinen“. So manche Fregatte des frühen 18. Jahrhunderts hatte durchaus bescheidenere Maße.

Modellbau

Ob man sein Modell mit Leesegeln ausrüstet ist natürlich eine Geschmacksfrage (und manchmal auch die des Platzes, an dem das Modell irgendwann einmal stehen soll).
Die englische Flachdeck-Galeone TYGAR von 1580 rüstete ich selbstverständlich mit Leesegeln aus, denn es gibt weltweit kein Modell eines Schiffes jener Epoche, welches Leesegel zeigt, auch wenn es sie (s. oben) nachweislich durchaus gesetzt werden *konnten* (Abb. s. Band 3 DER RUMPF S. 253 und Band 8 TAUE, BLÖCKE UND SEGEL S. 124). Ein Klipper aus der Mitte des 19. Jahrhunderts mit Leesegeln entfaltet erst so richtig eine Vorstellung was für Segelmassen solch ein

Schiff tragen konnte und vermittelt damit auch optisch dessen Geschwindigkeit (Abb. meiner YOUNG AMERICA von 1853, s. Band 8 TAUE, BLÖCKE UND SEGEL S. 56). Und ein voll besegelter Marine- oder Zollkutter um 1780 „haut den Betrachter ganz einfach aus den Socken!“ Mein Vorteil ist dabei natürlich, dass ich bislang ausschließlich für Museen Modelle gebaut habe, und dass das „Platzproblem“ keine Rolle spielte – anders als in mancher Wohnzimmervitrine …
Die Leesegel waren gewöhnlich, anders als die Unter- oder auch Marssegel, aus sehr leichtem Tuch gefertigt. Und hier stößt der Modellbauer nun wirklich an die Grenzen seiner technischen Möglichkeiten: Wenn man schon für die „schweren“ Segel nur den feinsten Baumwollbatist nehmen darf (selbst wenn sogar *der* noch meist realistisch zu „dick“ ist), woher sollte man für die Leesegel einen noch feineren Stoff herbekommen? Eventuell Seide, auch wenn die Struktur des Materials sich doch sehr deutlich von jener des Baumwollbatists unterscheidet?
Oder, wie mein Freund Werner Zimmermann vorschlug, Japanpapier? Das unterscheidet sich freilich noch deutlicher in seiner Struktur von den jeweiligen Stammsegeln! Außerdem, wie früher schon gesagt, kann ich von einem Mischmasch der Segelmaterialien nur dringendst abraten, denn das sieht ganz einfach „unnatürlich“ aus!
Mehr zum Thema Band 2 MATERIAL UND WERKZEUG im Kapitel Textilien und vor allem in Band 8 TAUE, BLÖCKE UND SEGEL, Kap. Segelstoff S. 68 ff.).
Persönlich schneidere ich bei meinen Museumsmodellen meine Leesegel aus dem gleichen feinen Baumwollbatist wie auch alle anderen Segel. In ihrer Stärke sind sie zwar wohl eindeutig zu „dick“ (wie so manches Royal-, Sky- oder gar Mondsegel), aber wer *sieht* das schon?

Leesegelrahen

Natürlich mussten die Leesegel entsprechend nach den Seiten ausgespreizt werden. Dazu diente eine kleine Rah am Kopfliek des Segels, die gewöhnlich an der Nock des Stammsegels mit einem Block angeschlagen war.
Sie hatte etwa 1/3 des Durchmessers der Mitte der Stammrah.
Wenn das Unterleesegel „fliegend“ gefahren wurde – kontinental bis in die erste Hälfte des 18. Jahrhunderts durchaus üblich – versah man den Segelfuß mit

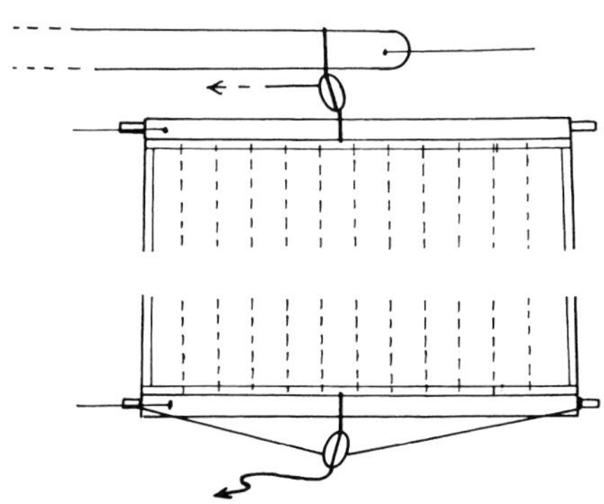

Leesegelrah: 1. Leesegelspiere, 2. Leesegelrah, 3. Leesegelbaum. Die Zeichnung ist natürlich nur schematisch und lässt z. B. die Liektaue bei fliegenden Leesegeln samt Nock- und Schothörnern außer Acht.

Die dänische Handelsbrigg Najade von Rendsburg *von 1833.*
Das Modell zeigt sehr schön, dass Leesegel bei seitlichem Wind tatsächlich oft nur in Lee gefahren wurden.
(Modell von Peter Holz, Dasing, im Deutschen Technikmuseum, Berlin)

einem „Baum", der bis zu $^{3}/_{2}$ der Leesegelrah stark sein konnte, und von dessen angeschlagenen Tauen man Rah und Segel unten entsprechend in den Wind halten konnte.

Eine Ausnahme bildeten dazu seit etwa Mitte des 18. Jahrhunderts die Rahen der Unterleesegel: Sie waren nur etwa halb so lang wie das Kopfliek und an dessen äußerem Ende angeschlagen – das innere Nockhorn des Kopflieks wurde nach innen zum Mast hin verspannt (s. auch Band 10 Laufendes Gut, Kap. Leesegel).

Leesegelspieren

Leesegel hatten also einen zuverlässigen „Kopf", doch wenn sie nicht unkontrolliert herum flattern sollten, dann brauchen auch ihre Schoten und Halsen am unteren Ende einen sicheren Halt.

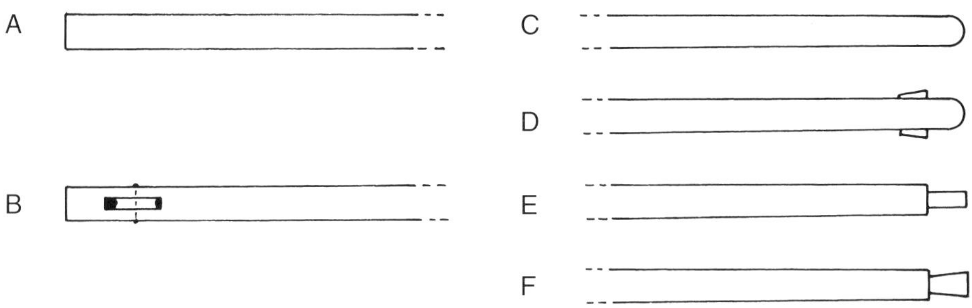

Leesegelspiere: A. Binnennock bis 1760, B. Binnennock mit Scheibgatt ab 1745, C. Außennock bis 1650, D. Außennock 1650 bis 1720, E. Außennock 1720 bis 1820, F. Außennock nach 1810.

Diesen Halt gaben ihnen die Leesegelspieren an der jeweils darunter montierten Rah.

Daraus lässt sich übrigens auch problemlos ersehen bei welchem Schiff welche Leesegel überhaupt gefahren werden konnten: In der zweiten Hälfte des 17. Jahrhunderts beispielsweise Marsleesegel (Spiere auf der Unterrah), später etwa auch Bramleesegel (Spiere auf der Marsrah) usw.

Leesegelspieren waren ca. 0,4 der zugehörigen Rah lang. An ihrem inneren Ende maßen sie im Durchmesser 0,45 bis 0,6 der entsprechenden Rah, hatte dort mitunter auch ein Scheibgatt, in das man ein Hilfstau schor, um sie bewegen zu können. Sie verschmälerten sich an ihrer Außennock auf ca. die Hälfte des Binnendurchmessers. Und sie ragten – *eingefahren!* – mindestens rund $^{3}/_{3}$ bis $^{3}/_{2}$ der Nocklänge der jeweiligen Rah seitlich über diese hinaus, aber das war zeitlich und regional oft sehr unterschiedlich.

Leesegelbrillen

Leesegelspieren wurden stets „fest“ gefahren. D. h.: so überhaupt vorhanden, waren sie auch dann an der zugehörigen Rah montiert, auch wenn diese jeweils augenblicklich gar keine Leesegel führte.

„Fest“ ist natürlich hier nur relativ zu verstehen, denn die Spieren konnten/mussten ja je nach Bedarf nach innen bzw. außen verschoben werden können!

Dafür sorgten die sogenannten „Brillen“, kräftige Eisenbänder, welche an der Rahnock und ca. $^{1}/_{8}$ bis $^{1}/_{6}$ der Rahlänge hinter der Außenkante der Rahnock saßen, um die Leesegelspiere zu halten.

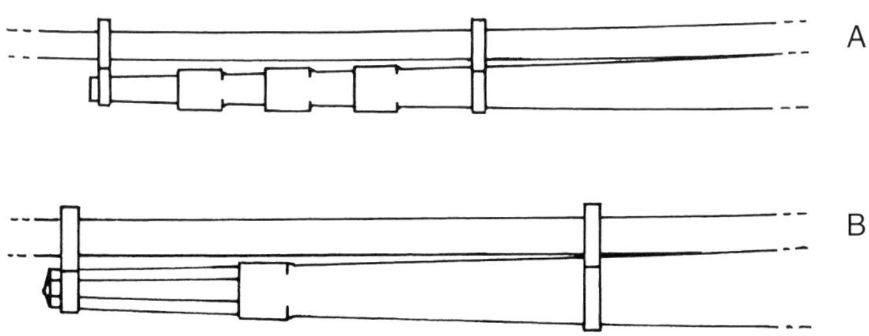

Leesegelspieren und Leesegelbrillen: A. an der Großrah, B. an der Marsrah.

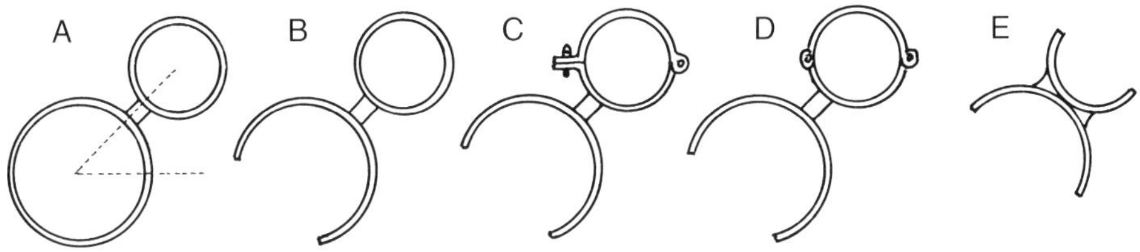

Binnenleesegelbrillen: A. bis 1750, B. 1745 bis 1780, C. und D. nach 1775, E. Binnenbordstütze bei eingefahrener Leesegelspiere.

Ihre Bauweise veränderte sich zwar im Lauf der Jahrhunderte ein wenig, das Prinzip blieb identisch: Die „Außenbrille" an der Rahnock entsprach dem Durchmesser der durchgeschobenen Spiere und gab dieser entsprechend Halt. Die „Binnenbrille" hielt zuverlässig das hintere Ende der ausgefahrenen Spiere. Zumal auf englischen Schiffen wurde vielfach weiter innen ein Sattel aufgesetzt auf dem das hintere Ende der eingefahrenen Spiere ruhte.
Die Leesegelspieren wurden grundsätzlich mit Tauen auf der Rah verzurrt.

Achtung: Alle Nationen fuhren bis etwa 1820 die Leesegelspieren etwa 45° vor der Mitte der Rah, nur die Niederlande machten da eine Ausnahme, welche die Spieren rund 45° *hinter* der Rahmitte fuhren.

Baltimore-Klipper mit typischen Hilfssegeln (Leesgel und Treiber) Mitte 19. Jahrhundert. Diese schlanken, scharf gebauten und damit extrem schnellen Schiffe wurden nicht nur gerne als Sklaventransporter von Afrika in die „Neue Welt" eingesetzt, sie waren auch die Urväter der legendären Klipper überhaupt.

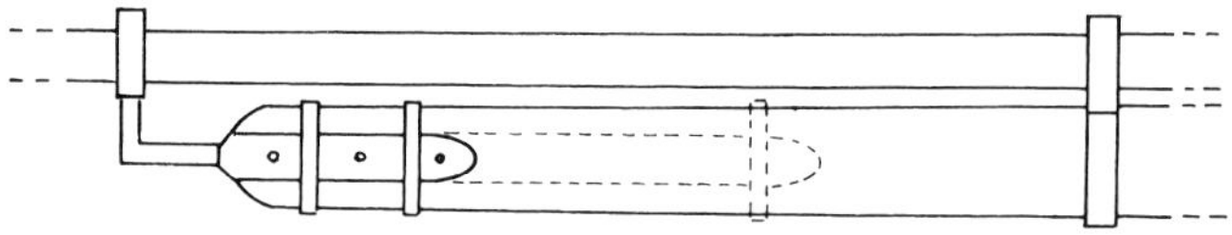

Außenleesegelbrille: Bis etwa 1730 englisch, bis 1770 kontinental wurde die Außenleesegelbrille „an" der Rahnock befestigt. Danach setzte man sie „vor" die Rahnock.

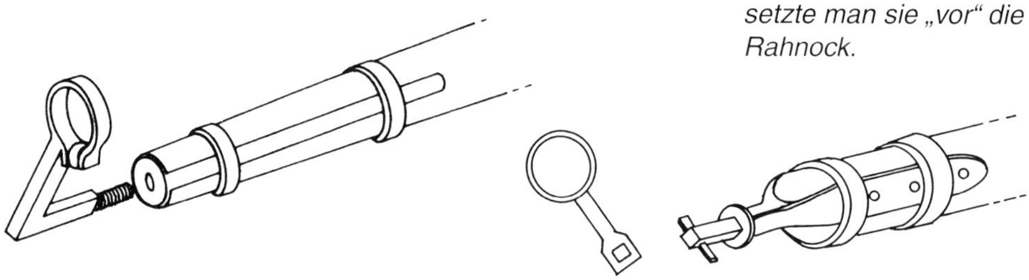

Links das im 18. und frühen 19. Jahrhundert übliche Verfahren. Rechts mit Splint an einem Eisen, wie es gegen Mitte des 19. Jahrhunderts vielfach üblich wurde.

Nach 1820 rutschten die Spieren vielfach *hinter* die Rah nach Niederländischem Vorbild, um nicht mit den Zurrings der Segel zum Jackstag auf der Mitte der Rah in Kollision zu kommen.

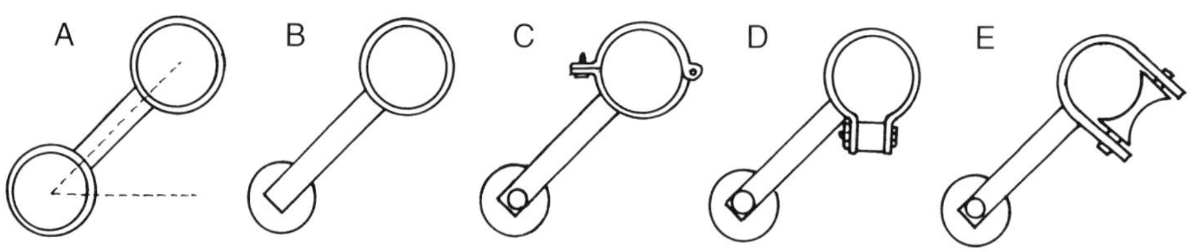

Außenleesegelbrillen: A. allgemein an der Rahnock bis 1730 und kontinental weitgehend bis 1770, B. englisch 1730 bis 1770, C. allgemein seit 1765, D. 1770 bis 1830, E. oftmals nach 1830.

Modellbau

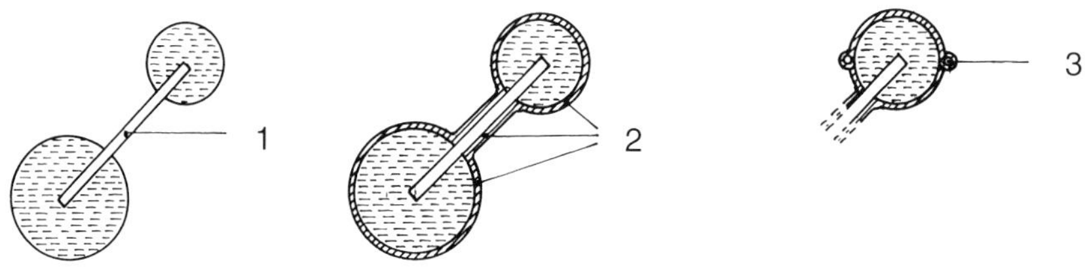

1. ein eingebohrter Messingstab hält Rah und Leesegelspiere optimal auf gewünschtem Abstand, 2. entsprechende Bandeisen fertigt man aus dünnem schwarzen Zeichenkarton, 3. die Achsen von Scharnieren kann man aus kleinsten Nägelchen formen.

Die Leesegelbrillen fertigt man am besten aus schwarzem Zeichenkarton in den eventuell ein Stückchen Messingdraht eingesetzt wird. Natürlich kann man sie auch aus dünnem Messingblech und Messingdraht fertigen, die anschließend geschwärzt werden, allerdings bedarf es dazu solider Kenntnisse im Hartlöten (s. auch Band 2 MATERIAL UND WERKZEUG, Kap. Löten).

Leesegelbaum

Auch „Backspiere“ genannt.
Das „fliegende“ Fußliek eines Groß- bzw. Fockleesegels war nicht wirklich ideal, obwohl diese Form, zumal kontinental, bis in die Mitte des 18. Jahrhunderts vielfach in Gebrauch blieb.
In Großbritannien setzte man daher seit dem 18. Jahrhundert einen Leesegelbaum ein, der zunehmend dann auch auf dem Kontinent übernommen wurde. Er hatte die Länge der Unterrahleesegelspiere (eventuell ein bisschen länger) und deren Stärke. Mit einem „Schwanenhals“ konnte er an der Rüste oder der Bordwand in einem schweren Ringbolzen eingehakt werden und gab so dem äußeren Schothorn des Leesegels sicheren Halt. Außen verfügte der Leesegelbaum vielfach über eine Nock, kontinental, zumal französisch/spanisch, auch über einen Knauf ähnlich dem der Besanrute. Mit an einem „Backspierenband“ konnte er mit Tauen entsprechend ausgeschwenkt und in seiner erwünschten Position gesichert werden (s. hierzu auch Abb. in Band 8 TAUE, BLÖCKE UND SEGEL S. 57). Wenn keine Leesegel gesetzt waren, waren diese gewöhnlich an den Rüsten bzw. der Bordwand verzurrt.
Solch ein Leesegelbaum hatte freilich mitunter die höchst unangenehme Eigenheit bei entsprechender Krängung des Schiffes im Wasser zu schleifen und damit die eigentlich erwünschte Vortriebswirkung zunichte zu machen. Die Amerikaner kamen Mitte des 19. Jahrhunderts für ihre Superklipper auf eine ebenso geniale wie simple Lösung: Die Unterleesegel wurden nicht mehr viereckig, sondern dreieckig geschnitten und am Fußliek ganz simpel binnenbords angeschlagen – damit ersparte man sich den Leesegelbaum (Abb. s. Band 8 TAUE, BLÖCKE UND SEGEL S. 56).

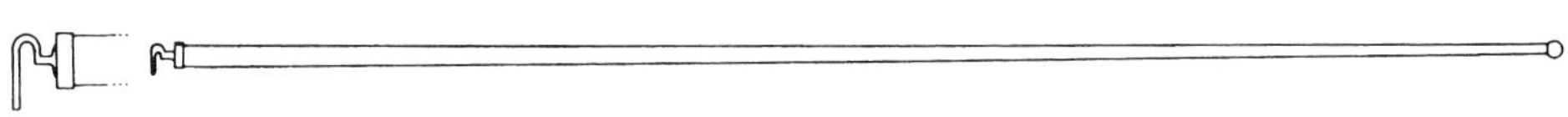

Leesegelbaum: Die Ausformung seiner Außennock konnte zeitlich und national unterschiedlich sein. Links der Schwanenhals mit dem er, gewöhnlich an der Rüste, eingehängt war.

Treiberrah und Treiberbaum

So wurde das Leesegel der Gaffel genannt, das bereits 1770 erwähnt wird. In der Regel war dies einfach eine Vergrößerung des Gaffelsegels wie die anderen Leesegel eben eine Vergrößerung der Quersegel waren.
Am Kopfliek verfügte es wie alle Leesegel über eine kleine Rah, die am Nock der Gaffel aufgehängt war.

Die Hals wurde vom Halshorn zur Nock des Gaffelbaums, die Schot vom Schothorn zu einer am Gaffelbaum angelaschten, allerdings ohne Brillen, verlängernden Spiere geführt.
Vereinzelt wurde der Treiber allerdings auch als eigenständiges Segel gesehen, das dann durchaus auch quer zum Gaffelsegel stehen konnte. Hals- und Schothorn wurden in diesem Fall an einem eigenen Treiberbaum angeschlagen, der an schweren Ringen an Deck angelascht wurde und über das Hackbord, gelegentlich aber auch durchaus über die achterliche Seitenreling hinausragen konnte. So man den Treiberbaum nicht benötigte, wurde er auf Handelsschiffen im Wassergang des Achterdecks, bei Kriegsschiffen in der Kuhl neben den Reservespieren gelagert.

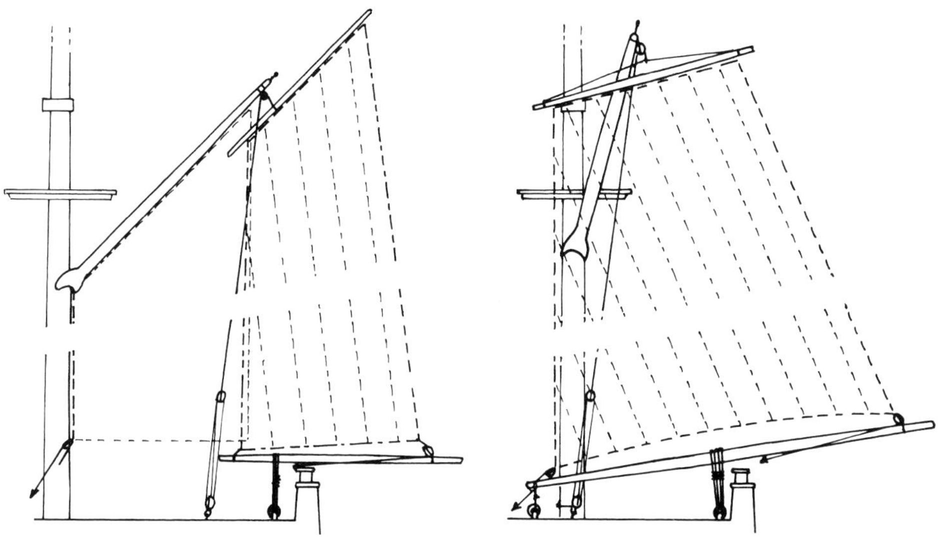

Treiber: angelaschter Treiberbaum s. Kapitel Gaffeln.
Links: Treiberbaum auf einem kleinen (Handels-)Schiff um 1800.
Rechts: Treiber als selbstständiges Segel mit quer zum Deck stehenden Treiberbaum seit 1770 auf vielen Handelsschiffen.
(Zeichnungen nach Karl Heinz Marquardt, Montrose/Victoria)

Wassersegelrah

Bei „Extremtakelagen“ wurde seit Mitte des 18. Jahrhunderts ein Wassersegel mit einer kleinen, senkrecht stehenden Rah am Achterliek – mitunter auch am Vorliek – an dessen Schmalenden unter dem Gaffelbaum gefahren (Abb s. beispielsweise S. 181).

Weitere Informationen zu Leesegeln s. Band 10 LAUFENDES GUT.

Perde

Um Matrosen, die weit hinaus auf einer hohen, schwankenden Rah hinausklettern mussten, um etwa ein Segel zu reffen oder gar anzuschlagen, gab man in

Reffen eines Segels von vorne: Die Männer müssen mit Bauch oder zumindest der Brust auf der Rah liegen, um das sperrige, vom Wind zudem aufgeblähte Tuch überhaupt greifen zu können.

Das Ganze von hinten: Das Perd (Fußtau) gab ihnen wenigstens ein bisschen Standsicherheit bei dieser Arbeit.
(Beide Zeichnungen von Jean Boudriot, Grenoble und Paris).

Die Realität auf einem Segelschiff sah oftmals so aus! Die Perde waren der schwankende, aber oft auch einzige Halt beim Arbeiten auf der Rah. (Graphik in der Library of Congress, Washington DC).

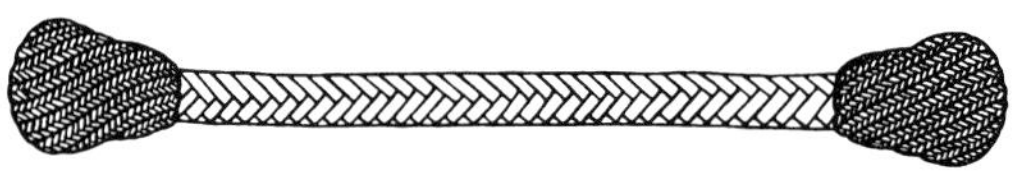

Drehknüppel, ein Taustück mit verstärkten Enden, war bei Unteroffizieren auf Schiffen höchst beliebt.

Kriegsschiffe hatten stets genug (mehr oder minder „freiwillige") Männer zur Verfügung. Handelsschiffe versuchten mit weitaus weniger Matrosen auszukommen (die kosteten schließlich Geld!). Zumal während des „Californischen Goldrausches", Mitte der 50/60er-Jahre des 19. Jahrhunderts, heuerten Abertausende von „Landratten" auf den wahrhaft optimal gebauten Klippern an, um ins „gelobte Goldland" zu kommen und wurden dann mit dem „Drehknüppel" gnadenlos in die Takelage gejagt. Wer das überlebte, war kaum noch bereit, die Heimreise an die Ostküste der USA anzutreten. Etwa San Francisco wurde damals zum größten Friedhof für hervorragende Schiffe. (Daguerreotypie von 1853, The Peabody Museum of Salem, Salem/Mass.)

der zweiten Hälfte des 17. Jahrhunderts wenigstens eine, immer noch schwankende, aber zumindest halbwegs akzeptable Fußstütze:
Perde haben mit „Pferden“, wie oft zu lesen, überhaupt nichts zu tun; das Wort leitet sich von „Pes“, dem lateinischen Wort für „Fuß“ ab.
Perde kamen wohl Mitte des 17. Jahrhunderts in den Niederlanden auf.
Bislang ging man wohl eher allzu sorglos mit Menschenleben um, doch die Niederlande waren schließlich eine Republik. Und selbst wenn damals ein Menschenleben immer noch nicht allzu viel Wert hatte, sah das bei ausgebildeten Matrosen, die den Mut hatten, hinaus auf Rahen zu klettern um ein Segel „einzufangen“, schon anders aus ...
Die technische Einrichtung setzte sich bis in die Mitte des 18. Jahrhunderts allgemein durch, denn auch in Resteuropa wurden voll ausgebildete Matrosen schließlich eher zur Rarität ...
Das Prinzip war denkbar einfach: Man hänge ein Tau in Fußhöhe der Männer unter die Rah, damit auf ihm ihre Füße einigermaßen sicheren Halt finden können: die *Perde*.
Nur haben Taue die eklige Eigenschaft in der Mitte durchzuhängen. Also gab man den Perden eine Höhensicherung mit, indem man sie in regelmäßigen Abständen durch an der Rah befestigte, so genannte senkrechte *Springperde* in der gewünschten Höhe hielt. Die generelle Höhe der Springperde war bei allen Rahen gleich und maß 3 Fuß, also zwischen 85 bis 91 cm – „Bauchhöhe“, also genau so hoch, dass ein Mann, der auf dem Perd stand, sich noch bequem mit dem Oberkörper über die Rah legen konnte, ohne den Halt unter den Füßen zu verlieren (s. auch Abb. S. 189).

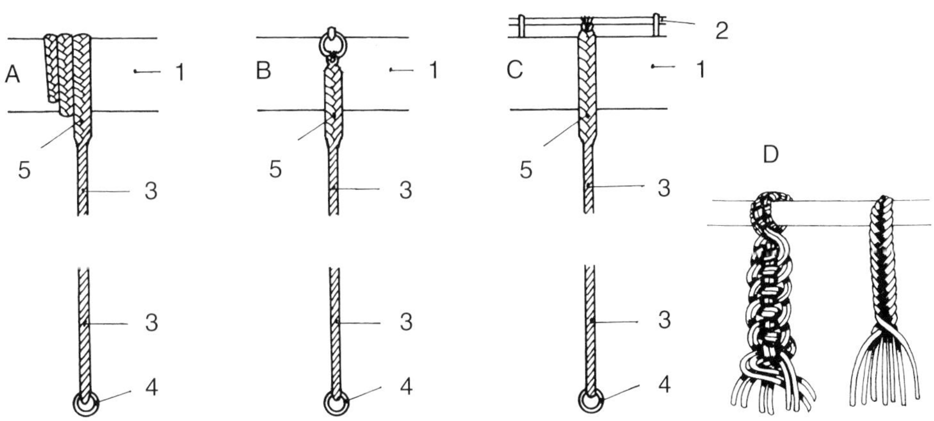

Springperde: A. bis Ende 18. Jahrhunderts, B. 1790–1850, C. nach 1845, D. geflochtene Plattings.
1. Rah, 2. Jackstag, 3. Springperd, 4. Ringöse (aus dem Tau geflochten, später oft Metall) durch welche das Perd-Tau geführt wurde, 5. „Platting“ an der Rah.
Plattings tatsächlich original zu flechten macht allenfalls nur bei wirklich sehr großmaßstäblichen Modellen Sinn! Bei Modellen im Maßstab 1:50 kann man das entsprechende obere (selbstverständlich schon entsprechend eingefärbte!) Ende mit einem Bügeleisen etwas platt drücken (was aber in der Regel auch der fieslingste „Fundi“ ohne eine extrem starke Lupe nicht zu erkennen vermag).

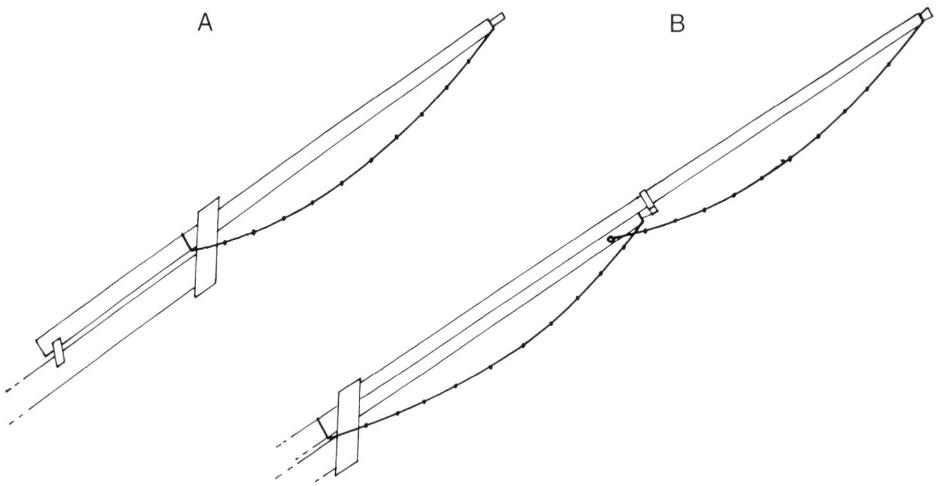

Perde am A. Klüverbaum (oft doppelt), B. Klüver- und Außenklüverbaum.

Entsprechende Perde – ohne Springperde – wurden auch am Klüver- und Außenklüverbaum oder dem äußeren Teil des Gaffelbaums angebracht, oft mit Knoten, die den Matrosenfüßen besseren Halt gaben. Im sehr späten 18. und 19. Jahrhundert wurden Springperde oftmals zunächst in Ringbolzen auf der Rah, später auch am Jackstag angeschlagen.

Nach diesem Grundprinzip werden auch heute noch auf Segelschiffen die Perde angebracht.

Montage der Perde

Die Perde waren etwa so stark wie die jeweilige Schot, die Springperde ca. 4/5 davon und waren in aller Regel dunkel geteert.
Angesetzt wurden die Perde jeweils paarweise, d. h. für jede Rahhälfte eines. Seit Mitte des 18. Jahrhunderts wurden an den Außenenden der Rahen oft noch kleinere Perde, die „Flämischen Perde“, angesetzt; sie kamen ohne Springperde aus und hatten etwa 2/3 Stärke der eigentlichen Perde.
Die Perde waren bis ins frühe 19. Jahrhundert an ihrem äußeren Ende mit einem Auge um die Rahnock gelegt.
Auf ihrer Binnenseite waren sie mit einer Jungfer versehen, die seitlich der Rahklampen mit einer zweiten Jungfer an der Rah verbunden wurde. Diese Anordnung war bis etwa 1700 allgemein üblich, auf kontinentalen Schiffen bis etwa 1760. England experimentierte inzwischen mit direkt gespannten Perden, allerdings verwendete man nun keine Jungfern mehr, wie auch auf dem Kontinent, sondern Kauschen. Sehr befriedigend scheint das Ergebnis freilich nicht gewesen zu sein, denn nach 1760 setzten sich mittig gekreuzte Perde durch, die innen entweder mit Kauschen oder auch einem Ringbolzen neben der Rahklampe, oder sogar ein wenig außerhalb der Rahschalung angesetzt wurden. Im frühen 19. Jahrhundert verzichtete man dann auf Kauschen und schlug die

Perde mit Tauzurrings direkt an der Rah an. Mitte des 19. Jahrhunderts wurden sie dann jeweils unmittelbar neben dem Fall angestroppt.
Die Höhe der Springperde hatten generell 3 Fuß Länge, wie gesagt, und veränderten sich im Lauf der Zeit so gut wie überhaupt nicht. Es waren ein bis fünf Stück (je nach Rahlänge) und hatten einen durchschnittlichen Abstand von 270 cm.
Sie hatten am unteren Ende eine Kausch durch die das Perdtau gefädelt wurde. Das obere Ende war zu einer „Platting" ausgeflochten, die man 2- bis 3-mal um die Rah legen und dort annageln konnte.
Anbringung der Perde s. auch S. 195.

Perde waren stets aus Hanf-Tauwerk auf dem die Füße der Matrosen besseren Halt fanden als auf Drahttauwerk oder gar Stahlstangen.

Modellbau:
Das Prinzip ist absolut klar und logisch, für den Modellbauer kann es freilich zur extremen Qual werden! Das eigentliche Perd-Tau ist kein Problem, die Springperde hingegen um so heftiger! Denn die sollen das Tau ja senkrecht unter der Rah halten.
Und genau da sind eben die Springperde das modellbauerisch gravierende Problem, denn das Perd-Tau eines Modells ist ganz einfach zu leicht, um Springperde sauber nach unten zu richten! Und dann sträuben sich mitunter auch auf den besten Museumsmodellen die Perde nach vorne und hinten oder in unerwünschten Wellen unter der Rah.
Was also tun, um ihnen ihr „natürliches" Aussehen zu geben?
Um der Wahrheit die Ehre zu geben: Ich weiß es nicht! Ich habe versucht mit Weißleim („Ponal") die Springperde zu versteifen – Erfolg mäßig. Die Springperde aus geschwärztem dünnem Kupfer- oder Messingdraht zu formen – doch das sieht unnatürlich aus. Sie mit flüssigem Sekundenkleber zu versteifen – wenn sie dann nicht sofort gnadenlos an den Fingern kleben bleiben (eigentlich ja auch nicht der Sinn der Sache!) – ist auch nicht optimal.

Verehrte, liebe Leser dieser Enzyklopädie des historischen Schiffsmodellbaus:
Viele von Ihnen haben sich wohl schon mit diesem Problem herumgeschlagen, und Sie sind fraglos Menschen mit Phantasie und Einfallsreichtum (sonst hätten Sie ein weniger anspruchsvolles Hobby gewählt).
Hat da jemand von Ihnen eine geniale Idee, die ich dann in Band 12 im Kapitel „Nachträge" veröffentlichen könnte (selbstverständlich mit entsprechender Namensnennung)?

Jackstage

Als man in der ersten Hälfte des 18. Jahrhunderts das dreieckige Besansegel durch ein Gaffelsegel ersetzte, musste man das Binnenliek am Mast anschlagen. Und weil das doch eine recht aufwändige Sache war, ging man spätestens Mitte des 18. Jahrhunderts auf vielen Handelsschiffen dazu über hinter den Mast eine Stange zwischen Deck und Mars, den Schnaumast, zu montieren.

Mast-Jackstage

Um 1775 stellte man dann fest, dass es eigentlich noch bequemer war, hinter dem Mast ein kräftiges Tau etwa von der Stärke der Wanten an der Mars hinter dem Mast zu befestigen. Dieses läuft von der Mars hinter dem Mast bis ans Deck, wo es mit zwei kleineren Jungfern steifgesetzt wurde. An ihm wurde dann das Binnenliek der Gaffel angeschlagen (s. auch Band 8 Taue, Blöcke und Segel S. 128). Zunächst war es ein Hanftau, ab 1845 vielfach ein Stahltau, das schließlich in der zweiten Hälfte des 19. Jahrhunderts von einer Stahlstange abgelöst wurde.

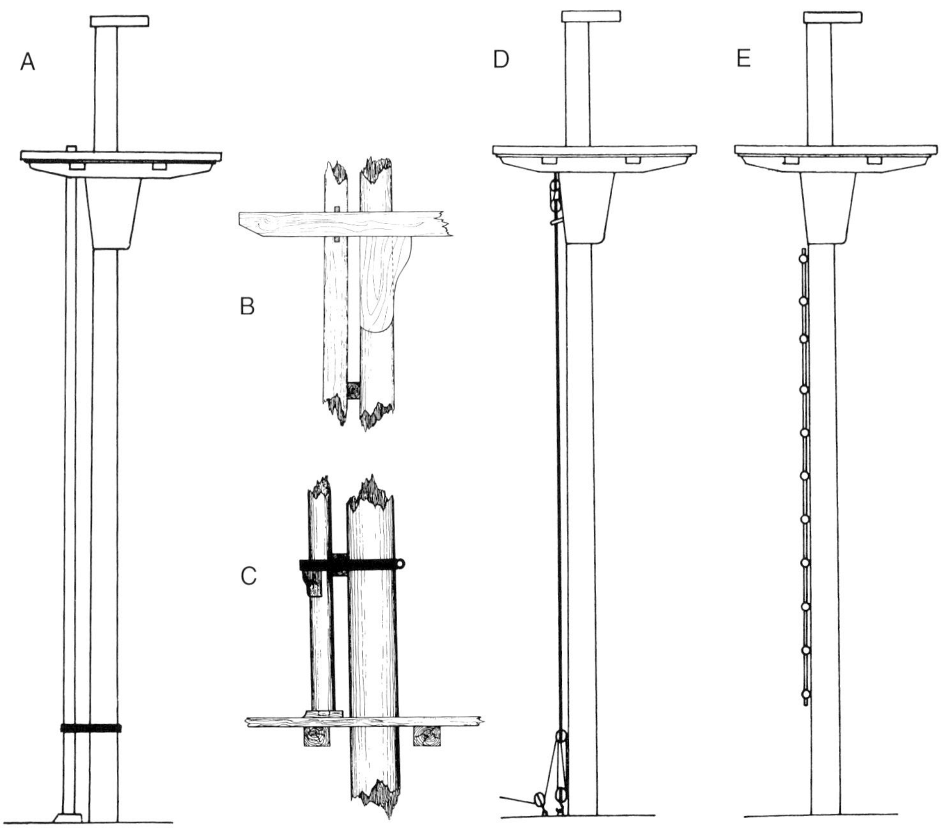

A. Schnaumast mit B. Topp und C. Fuß, D. Mastjackstag Tau 1775 bis 1860, E. Mastjackstag Metallstange nach 1850; Marsjackstag s. Band 9 Stehendes Gut.

Um 1775 experimentierte man auch mit Mast-Jackstagen an den Stengen, etwa um dort ein Mittelstag anzuschlagen. Der Erfolg war nicht überzeugend, und so verschwanden diese Jackstage, so überhaupt verwendet, um 1790 bereits wieder.

Rah-Jackstage

Doch die Grundidee war gut und diesmal auch äußerst erfolgreich:
Um 1820 begann man die Segel nicht mehr unmittelbar an der Rah anzuschlagen, sondern an Jackstagen, die oben auf der Rah geführt wurden (s. auch Band 8 TAUE, BLÖCKE UND SEGEL Kap. Segel anschlagen S. 119–122).
Jackstage wurden stets paarweise – für jede Rahhälfte eines – geführt. Das war sinnvoll, einerseits, um die Taue wie das Fall mittig nicht zu stören, andererseits um sie stets absolut straff gespannt halten zu können.

Tau-Jackstage

Zunächst wurden diese Jackstage aus Hanftau von etwa der Stärke der Perde gefertigt. Ihr äußeres Ende bestand ebenfalls aus einem Auge, das über die Rahnock gelegt wurde. Dann wurde es durch eine Reihe von Ringbolzen geführt, die in etwa doppeltem Abstand der größten Rahstärke mittig oben auf dieser befestigt waren. Am Binnenende wurden zunächst kleine Jungfern, seit 1830 Kauschen, eingebunden, mit denen die beiden Hälften zusammengespannt werden konnten.

Stahldraht-Jackstage

Etwa seit 1845 wurden die Hanftaue weitgehend durch Stahltaue ersetzt, welche – übrigens wie alle Metalltaue – $1/3$ Stärke des entsprechenden Hanftaus hatten.

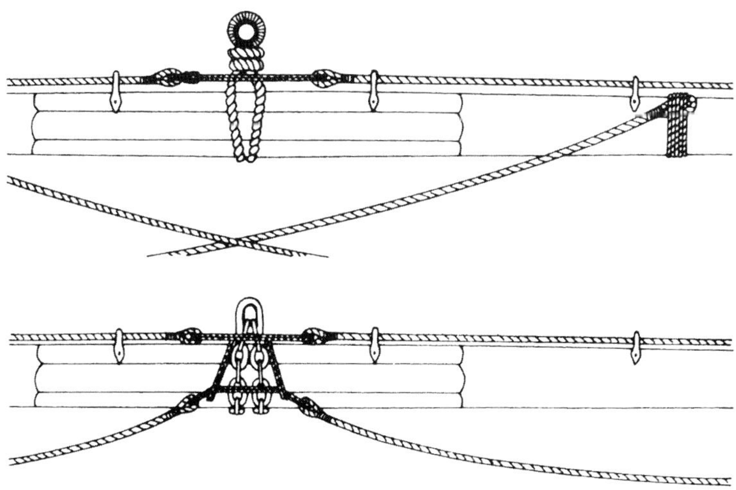

Oben: Spannen des Taujackstags bis 1830 und Ansetzen der Perde.
Unten: Spannen des Taujackstags nach 1830 und Ansetzen des Perde.

Stahlstangen

In der zweiten Hälfte des 19. Jahrhunderts wurden statt der Taue zunehmend Stahlstangen verwendet, die um 1900 oft auch doppelt waren.

Modellbau

Die Jackstage machen in der Herstellung keine Probleme. Für die benötigten Ringösen bietet etwa AERO-NAUT MODELLBAU ein reiches Sortiment (interessant dabei sind auch die so genannten „Handlaufdurchzüge").
Bei Stahltauen brauchen Sie sich übrigens nicht mit *echten* Metalltauen herumquälen, weil diese gegen den Rost ohnehin voll mit Schiemannsgarn gekleidet waren – nur auf die richtige Stärke muss man achten (s. auch Band 8 TAUE, BLÖCKE UND SEGEL die Kapitel Wurmen und Kleiden S. 16 f. und Stahl-Taue S. 21).

Zumal bei den Perden wird in Modellbaukästen gern und gründlich „gesündigt".
Bei diesem Schnittmodell der HMS VICTORY von 1805 ist der Rumpf weitgehend tadellos, auch Mast und Takelage.
Aber:
Die Springperde an der Großrah erscheinen mir ein bisschen zu wenige. Das dürfte durchaus mindestens noch eines mehr sein – Marsrah mit drei und Großrah auch nur mit drei Springperden?
„Flämische" Perde, damals absolut üblich, vermisst man freilich total.
Und jetzt kommt es so richtig „krass": Das Perd der Bramrah ist so knapp unter der Rah angesetzt, dass ein Seemann, der versucht hätte, seine Füße auf dieses Tau zu stellen, sich besser gleich „kopfüber" auf das Deck gestürzt hätte …
(Baukasten von COREL, Mailand)

Ist es notwendig zu erwähnen, dass man natürlich Leesegelspieren, Perde, Rattenschwänze und Jackstage genauso wie die Segel an der Rah montiert, solange diese noch auf dem Arbeitstisch liegt? Der Versuch, diese an einer bereits gesetzten Rah anbringen zu wollen, artet nämlich schnell zu einem echten Horrortrip aus!

Bei diesem sonst durchaus ordentlichen Modell (auch wenn das Spill auf dem Kampanjedeck etwas fragwürdig erscheint; auch über die Rahlängen könnte man streiten und den Flaggstock mit einer eigenen Saling anzusetzen, war um diese Zeit eigentlich nicht mehr üblich) der englischen Ketsch Race Horse vom Ende des 18. Jahrhunderts fehlen nicht nur die Perde, sondern auch noch die Leesegelspieren!
Einer angesehenen Modellfirma sollten solche Fehler wahrhaft nicht passieren! (Baukasten von Mantua Model, Mailand)

Rute

Die Rah eines Lateinersegels wird als „Rute“ bezeichnet.

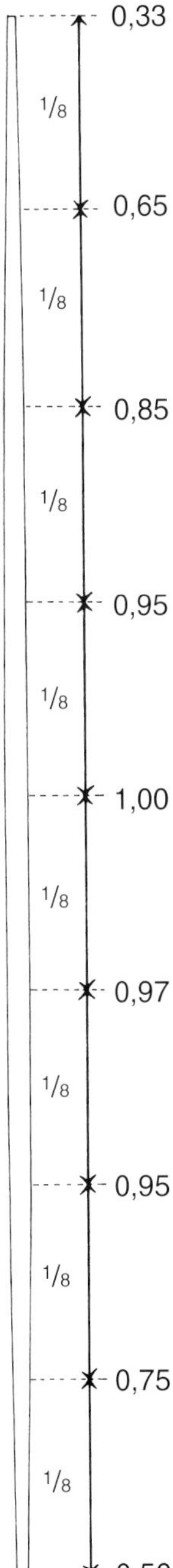

Besanrute

Ruten im mediterranen und arabischen Raum

Im Mittelmeer und im arabischen Raum, wo das Lateinersegel (oft sogar ausschließlich) von der Antike bis Ende des 19. Jahrhunderts, teilweise sogar heute noch, gefahren wurde. Das Segel konnte dabei ziemlich gewaltige Dimensionen annehmen, es war mitunter länger als der gesamte Schiffsrumpf. In solchen Fällen war die Rute vielfach aus zwei bis drei Spieren mit Wulingen zusammengelascht. Das obere Ende hieß Feder, das untere, dickere Ende Wagen. Mehr dazu in Band 11 Allerlei Exoten.

Besanrute

Es ist ziemlich schwierig, nur mit Quersegeln hoch am Wind zu segeln und dabei einigermaßen exakt Kurs zu halten. So wurde Ende des 14. Jahrhunderts am Heck ein kleiner Mast errichtet und mit einem Lateinersegel ausgerüstet.
Bis 1550 war die Besanrute auf großen Schiffen mitunter ebenfalls aus zwei Teilen gelascht. Die kleineren Ruten, und seit 1550 auch die größten Ruten, waren wie die anderen Rahen aus einem Stück oder aus Kanteln gebaut und ohne Wulinge.
Im 16. Jahrhundert wurden auf großen Schiffen am Besan- und Bonaventurmast auch lateinische Mars- und Bramsegel gefahren (Abb. s. auch Band 2 Material und Werkzeug S. 116), die man allerdings im sehr frühen 17. Jahrhundert ebenso wie den Bonaventurmast als unzweckmäßig abschaffte und durch das Kreuzsegel ersetzte.

Das lateinische Besansegel hielt sich bis ins frühe 18. Jahrhundert, dann wechselte man es gegen ein Klausegel (Gaffelsegel ohne Gaffelbaum) aus.
Die Besanrute selber hielt sich freilich in Kriegsmarinen fast bis zum Ende des 18. Jahrhunderts, ehe man sie gegen Gaffel und Gaffelbaum (s. Folgekapitel) austauschte. Lord Nelson's Flaggschiff bei Abukir 1798, die Vanguard, war schließlich das letzte britische Linienschiff, das noch eine Besanrute führte.

Dimensionen von Lateinerruten

Die Länge der Besanruten im Verhältnis zur Großrah bewegte sich bis Ende des 15. Jahrhunderts irgendwo zwischen 0,87 und 0,94. Um 1515 war die Besanrute ebenso lang wie die Großrah.

Die Länge der Marsrute betrug 0,38 und die der Bramrute 0,23; die Bonaventurrute war 0,76 der Großrah und ihre Marsrute 0,34.
Diese Zahlen sind dokumentarisch *nicht* gesichert, beruhen also nur auf den Schätzungen und Rekonstruktionen freilich weltweit anerkannter Schiffbauhistoriker.
Erst seit etwa 1580 gibt es dank Dr. Matthew Baker zuverlässige Angaben:
Um 1580 war zumindest auf englischen Schiffen die Besanrute 0,95 der Großrah, die zugehörige Marsrute 0,45; die Bonaventurrute 0,78.
Im 16. Jahrhundert war die Besanrute (von nationalen Schwankungen abgesehen) rund 0,90 der Großrah lang.
Seit dem zweiten Drittel der ersten Hälfte des 18. Jahrhunderts „schrumpfte" die Besanrute ein wenig, auf kontinentalen, vor allem französischen Schiffen auf 0,86 der Großrahlänge, auf englischen bis 1770 sogar auf rund ca. 0,83 – aber der „Wagen" der Rute trug ja nun auch kein Segel/Segelteil mehr.

Generell war die Rute nicht symmetrisch zu ihrer dicksten Stelle wie andere Rahen, sondern war oben deutlich schwächer als unten.
Ihre größte Dicke betrug ca. 0,018 der Länge. Am oberen Ende der „Feder" waren sie ca. 0,33 der größten Dicke, am unteren Ende des „Wagens" 0,5.
Dies gilt natürlich nur bei „ungelaschten" Ruten, also generell bei kleineren, und ab spätestens ab 1550 auch für große Ruten.

Für den mediterranen und arabischen Raum sind derlei Angaben nahezu unmöglich, da die oft extrem langen Ruten nach wie vor gerne aus kleineren Teilen zusammengelascht wurden; sie folgten aber dem gleichen Prinzip: dünne „Feder" oben und deutlich stärkerer „Wagen" unten.

Zunächst besaß die Feder keine Nock, die sich aber bereits im 16. Jahrhundert weitgehend durchsetzte. Eine Nock am unteren Ende des Wagens ist baugeschichtlich zumindest seit dem frühen 16. Jahrhundert nachgewiesen. Kontinentale Schiffe, zumal französische, bevorzugten da allerdings anstelle der unteren Nock einen birnenförmigen Knauf.

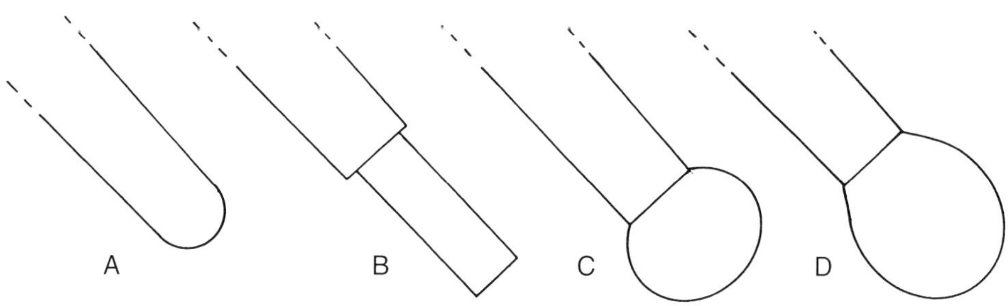

Das untere Ende des Wagens. A. ohne Nock bis Ende 16. Jahrhundert, B. mit Nock Ende des 15. Jahrhunderts bis teilweise frühes 18. Jahrhundert, C. mit rundem Knauf spätes 17. Jahrhundert bis Ende 18. Jahrhundert. D. mit birnenförmigem Knauf von 1730 bis Ende 18. Jahrhundert vor allem auf französischen und spanischen Schiffen bevorzugt. Solche Knäufe blieben auf lateinisch getakelten Fahrzeugen des Mittelmeers bis in die erste Hälfte des 20. Jahrhunderts beliebt.

Luggerrahen der westlichen Hemisphäre

Im Grunde waren sie nichts anderes als Lateinerruten, wenn auch relativ kurze. In ihrer Stärke richteten sie sich nach den entsprechenden (theoretischen!) Querrahen, in ihrer *proportionalen* Dicke jedoch nach Lateinerruten (Abb. s. auch Band 8 TAUE, BLÖCKE UND SEGEL S. 131).
In vereinzelten Fällen wurden Luggerrahen anstelle von Besanruten eingesetzt, wie etwa dem „Bilander", einem im 18. Jahrhundert durchaus beliebten, zweimastigen Handelsschiff.

Französischer Korsaren- oder Schmuggler-Lugger (rechts) im Kampf mit einem englischen Zollkutter (links) Anfang des 19. Jahrhunderts. Solche Schießereien waren, zumal im Ärmelkanal, damals fast an der Tagesordnung; obwohl etwa gleich bewaffnet war der Lugger meist im Vorteil, da er dank seiner Schnelligkeit und Wendigkeit seinem Gegner einfach „davonlaufen" konnte.
(Unsigniertes Gemälde in The Peabody Museum of Salem, Salem/Mass.)

Luggerrahen der östlichen Hemisphäre

Luggersegel waren in Ostasien, zumal auf chinesischen Dschunken, äußerst beliebt, um nicht zu sagen „die Regel". Weder die Segel noch ihre Rahen hatten freilich viel mit etwa europäischen gemeinsam (s. Band 11 ALLERLEI EXOTEN).

Gaffel und Gaffelbaum

Seit etwa um 1740 begann man den unteren Teil der Besanrute am Mast abzuschneiden und den verbleibenden oberen Teil mit einer „Klaue“ genannten Gabel direkt an den Mast zu setzen. Vorreiter war eindeutig die Handelsmarine – wie schon öfter bei Neuerungen seit dem frühen 18. Jahrhundert. Die Kriegsmarine zog eher zögerlich nach: Immerhin begann sie ab 1750 ihre kleinen Einheiten wie Kutter, Briggs, Korvetten und kleine Fregatten, zwischen 1760 und 1770 dann auch große Fregatten derart auszurüsten. In den 80er-Jahren folgten die anderen großen Schiffe und gipfelte in den 90ern, als man auch die echten „Dickschiffe“ mit 74 bis 100 Kanonen entsprechend umtakelte. Wie gesagt, war in Großbritannien das Flaggschiff bei Abukir von Horation Nelson, die VANGUARD, das letzte, das noch eine traditionelle Besanrute führte.

Klausegel waren fast grundsätzlich an Gaffeln angeschlagen.

Schoner führten an allen Masten Gaffeln und Gaffelsegel. Seit etwa 1760 führten kleinere Handelsschiffe wie Huker (Ketsch), Galiot oder Galeasse ein großes Gaffelsegel am Großmast und ein kleineres (ohne sonstige Quersegel) am Besanmast. In der ersten Hälfte des 19. Jahrhunderts wurden mitunter zusätzlich auch Groß- und Fockmast auf großen Handelsschiffen mit Gaffelsegeln ausgerüstet, da die untersten Stagsegel zumindest teilweise durch die Quersegel dahinter abgedeckt wurden und nicht optimal im Wind standen.

Gaffel

Die Länge der Gaffel war – von Land zu Land, vor allem aber von Schiffstyp zu Schiffstyp – so unterschiedlich, dass hier unmöglich entsprechende Angaben gemacht werden können. Da hilft dann wirklich nur ein guter Plan weiter.

Ihre Dicke betrug maximal in der Regel 0,017 der Länge im untersten Viertel am Mast und schwächte sich bis zur Nock auf 0,55 der Maximaldicke ab.

Die Klaue war seitlich am Rundholz angebolzt und in der Regel mit Eisenbändern gesichert.

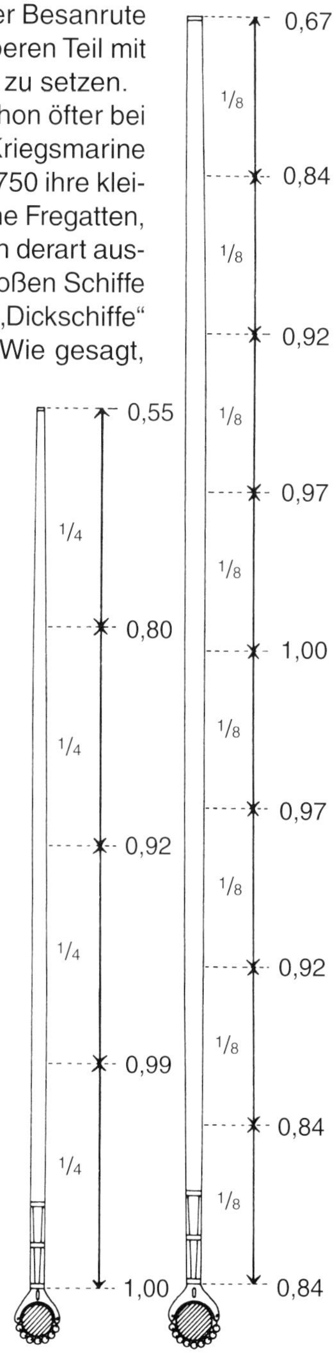

Gaffel und Gaffelbaum

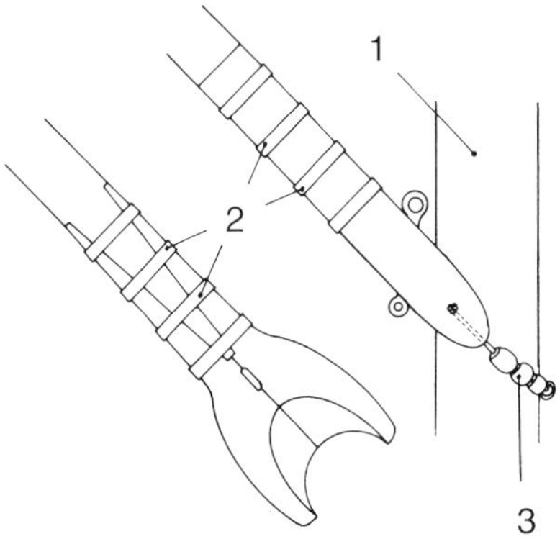

Gaffelklaue: 1. Mast, 2. Eisenbänder, 3. Rack mit Klotjes.

Mit ihren Seitenteilen maß sie insgesamt ca. 0,13 der Länge.
Die Klaue wurde bis über die Mitte des 19. Jahrhunderts mit einem einfachen Korallenrack (s. auch Band 10 LAUFENDES GUT Kap. Racks) gesichert. Oben auf der Klaue war ein schwerer Ringbolzen, in den das Klaufall eingehakt wurde. Unten meist ein kleinerer für einen Niederhohler.
In der zweiten Hälfte des 19. Jahrhunderts verschwand die Klaue und wurde durch einen stählernen Schwanenhals ersetzt.
Am äußeren Ende besaß die Gaffel gewöhnlich eine Nock und vielfach ein Scheibgatt durch das die Schot eines Besangaffeltoppsegels geschoren wurde.

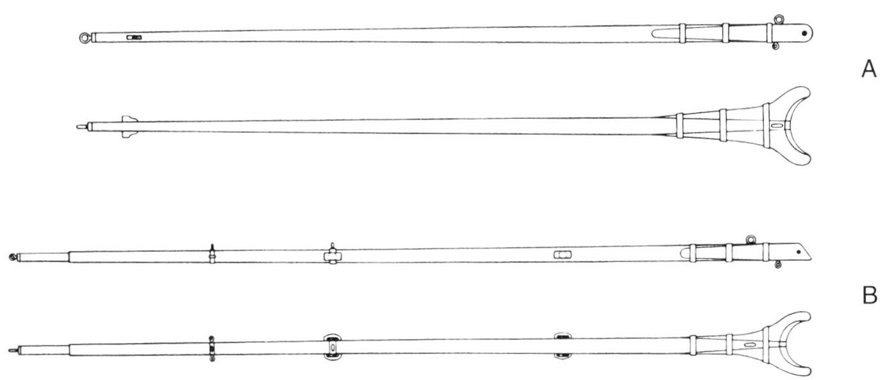

Gaffel: A. bis 1818, B. nach 1818.

Gaffelbaum

Der Gaffelbaum wird gelegentlich auch als „Giekbaum“ bezeichnet.
Ähnlich einer Bagienrah war es die Aufgabe eines Gaffelbaums das Schothorn eines Gaffelsegels optimal nach hinten auszuspreizen, zumal wenn dieses hinten über das Hackbord hinausragte und damit nicht mehr an Deck belegt werden konnte, ähnlich den Heckauslegern im 16. Jahrhundert.

Die Einführung eines Gaffelbaums wird in der Regel auf etwa 1760 angesetzt und meist den Engländern zugeschrieben.
Das kann aber beides so nicht stimmen!

*Mit solchen „Nussschalen“ brachten im letzten Drittel des 17. Jahrhunderts französische und englische Piraten in der Karibik das spanische Weltreich an den Rand des Ruins.
Ein Gaffelbaum gehörte zur Standardausrüstung, längst, ehe er in Europa eingeführt wurde.
(Originalzeichnung in der Bibliothèque Nationale, Paris)*

*Bermuda-Sloop, einer der beliebtesten Schiffstypen karibischer Piraten zwischen 1670 und 1730.
(Modell von Peter Holz, Dasing)*

Bereits zwischen 1670 und 1692 (der Glanzzeit der Karibischen Piraten) fuhren diese auf ihren in der Regel kleinen aber flinken Schiffen – mehrheitlich Barken, Kutter, Sloops, Schoner oder Barkentinen – einen Gaffelbaum, wie zeitgenössische Darstellungen eindeutig belegen!
Auch, dass diese Einrichtung aus Großbritannien stamme, ist fragwürdig, denn neben den englischen „Buccaneers" trieben sich dort mindestens ebenso viele französische „Bucaniers" erfolgreich herum.
In Europa setzte sich diese durchaus sinnvolle Einrichtung freilich erst um 1760 allgemein durch. Und da scheinen es wohl zunächst die Russen gewesen zu sein. Zumindest finden sich die frühesten Modelle im Zentralen Marinemuseum in St. Petersburg mit einer solchen Einrichtung.

Die HMS TRANSPORT von 1695. Das Modell wurde Zar Pjotr I. während seines Aufenthalts 1698 in England übergeben. Der Gaffelbaum war also längst erfunden. Ihn auch auf großen, d. h. Linienschiffen eingeführt zu haben, muss trotzdem wohl vor allem der russischen Marine an die Fahne geheftet werden.
(Modell im Zentralen Marinemuseum, St. Petersburg)

Historische Anmerkung

Russland galt in Westeuropa, zumal im hochnäsigen Großbritannien aber auch Frankreich, als „Landmacht" (was sie zweifellos war und ist), das über keine nennenswerte Flotte verfüge, weil diese sich weitgehend nicht in das Gerangel der westeuropäischen Seemächte einmischte. Das böse Erwachen kam erst Mitte des 20. Jahrhunderts – und selbst heute sollte man die, wenn in den letz-

ten Jahren auch ein wenig heruntergekommene, russische Flotte keineswegs unterschätzen und in den Denkfehler von damals verfallen!
Seit Zar Pjotr I. Ende des 17. Jahrhunderts die russische Flotte gründete, war Russland durchaus auch eine „Seemacht“ – auch wenn sie hauptsächlich nur in der Ostsee oder im Schwarzen Meer Präsenz zeigte. Von ihrer Zahl, aber auch der Größe der Linienschiffe – von kleineren Einheiten ganz abgesehen – stand sie jener Frankreichs kaum nach! Anfangs hatte man etliche Schiffe aus den Niederlanden „zugekauft“ und noch im 17. Jahrhundert etwa englische Schiffsbaumeister angeworben. Das war (wie auch Soldaten) damals allgemein durchaus üblich. Auch heute lockt man schließlich noch Spitzenleute, woher diese immer kommen mögen, mit Supergehältern ins eigene Land – und diese sind sich keineswegs zu „national-fein“, um derlei Angebote auszuschlagen. Schon vor der Mitte des 18. Jahrhunderts war Russland dann so weit, dass „eigene“ Meister auf den hervorragenden Werften nicht mehr ausschließlich auf „Auslandshilfe“ angewiesen waren, sogar durchaus eigene Ideen erfolgreich entwickelten.

Konstruktion

Der Gaffelbaum war im Wesentlichen konstruiert und gebaut wie die zugehörige Gaffel, nur lag sein größter Durchmesser weiter hinten etwa in der Mitte. Er hatte stets eine Nock und wenig dahinter ein Scheibgatt für die Gaffelschot.
Die Klaue war ebenfalls mit einem einfachen Korallenrack am Mast gesichert. Da der Gaffelbaum doch ein recht gewichtiges Stück Holz war und am Mast nach unten aber keinen rechten Halt hatte, setzte man am Mast ein kräftiges, halb-

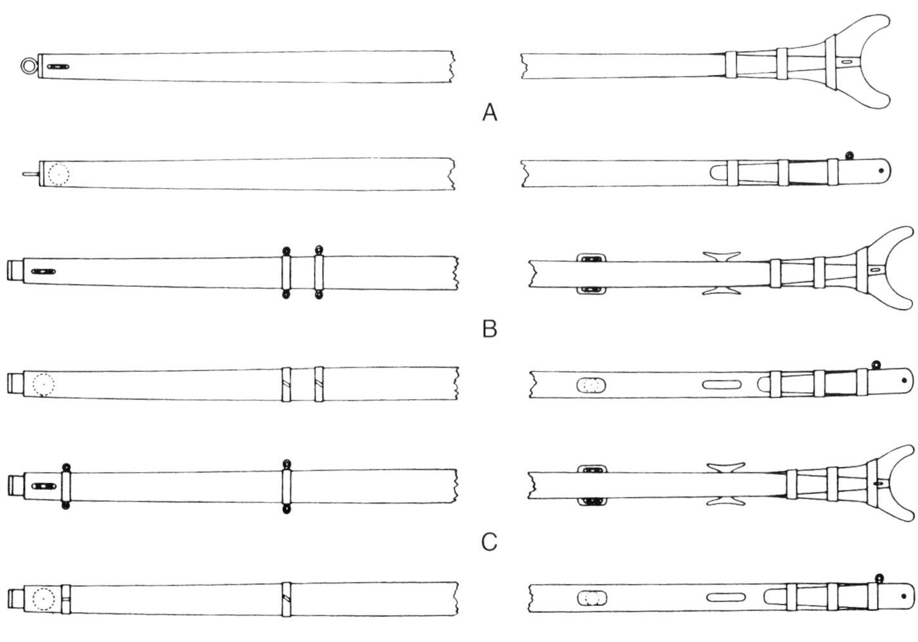

Gaffelbaum: A. vor 1818, B. 1818 bis 1840, C. nach 1840.

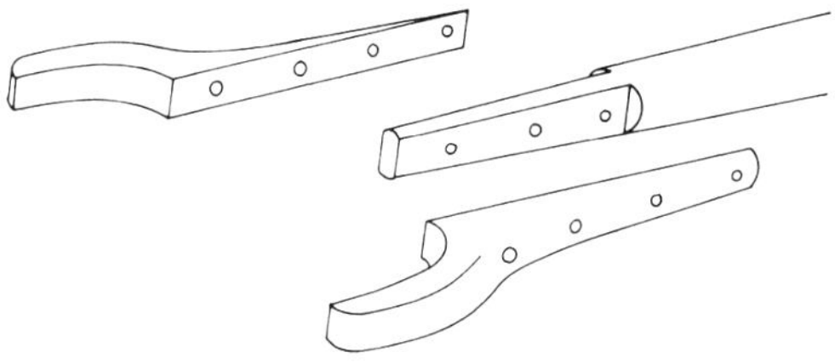

Klaue an Gaffel und Gaffelbaum.

rundes, mit Knien abgestütztes Stück Holz an: den „Sattel“. Auf diesem konnte nun die Klaue sicher ruhen (natürlich wurden Sattel und Baumklaue *nicht* fest verbunden, denn der Gaffelbaum musste sich ja nach den Seiten drehen können.

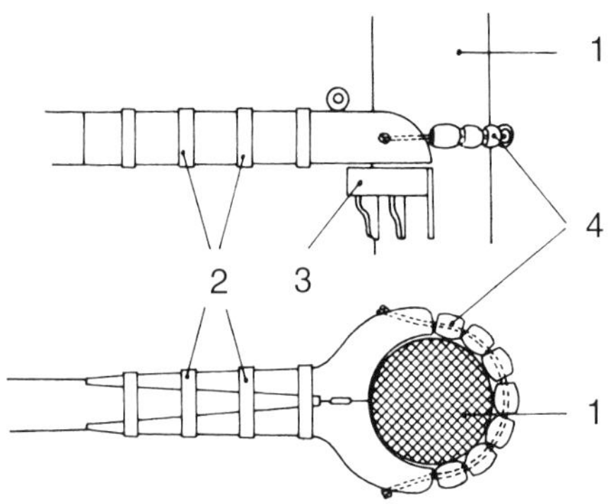

Baumklaue: 1. Mast, 2. Eisenbänder, 3. Sattel, 4. Rack mit Klotjes.

Der Teil, der über das Hackbord nach hinten über den Schiffsrumpf hinausragte, war vielfach mit einem Perd ausgerüstet, damit die Matrosen auch dort einigermaßen gefahrlos arbeiten konnten. In das Perd waren oft auch Knoten einflochten, um den Füßen der Männer besseren Halt zu geben.
Die Einrichtung eines Gaffelbaums war einfach zu praktisch handhabbar, als dass man – natürlich zunächst auf Handelsschiffen – auf ihn verzichten mochte. Das galt auch dann, wenn man die Schot eines Klausegels durchaus an Deck hätte anschlagen können, etwa bei Typen wie Schoner, Galeasse oder Huker-Jacht, wie es Fredrik Henrik af Chapman in seiner 1768 erschienenen ARCHITECTURA NAVALIS MERCATORIA zeigt. Nach 1815 wurde der Gaffelbaum für jedes Gaffelsegel schlicht zum Standard, auch wenn die Decksmannschaft besser die Köpfe einzog, wenn der Baum bei einer Wende „überkam“ (Abb. z.B. s. auch Band 8 TAUE, BLÖCKE UND SEGEL S. 129).
Vielfach war es auch möglich, noch einen Leesegelbaum für den Treiber zu fahren (s. Kap. Leesegelrahen und Leesegelspieren). Gelegentlich wurde dieser Treiberbaum, ähnlich den Leesegelspieren, mit entsprechenden Eisen angebracht; in der Regel war er jedoch mit Tauzurrings angelascht.

Toppgaffel

Bereits um 1775 wurde vielfach über dem Gaffelsegel ein weiteres Segel installiert.

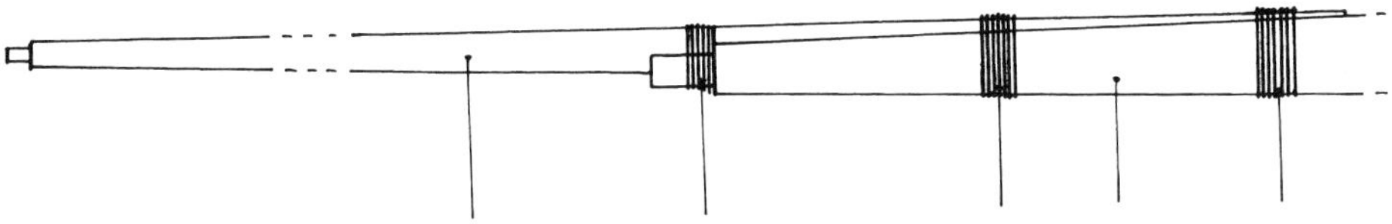

In der Regel wurde der Treiberbaum bei Bedarf mit Tauzurrings am Gaffelbaum angeschlagen. 1. Gaffelbaum, 2. Treiberbaum, 3. Zurrings.

Manchmal wurde es teilweise bis zu seiner Spitze an den Mast bzw. die entsprechende Stenge angeschlagen (Stehendes Gaffeltoppsegel). Manchmal wurde es nur an Stengetopp und Gaffelnock befestigt (Fliegendes Gaffeltoppsegel). Und manchmal wurde es mit dem Kopfliek an einer kleinen Toppgaffel angeschlagen (Abb. s. Band 8 TAUE, BLÖCKE UND SEGEL S. 57).
In Form und Bauweise entsprach die Toppgaffel der unteren Gaffel, nur eben entsprechend kleiner dimensioniert.

Modellbau

Mitunter sind die Pläne da nicht so ganz zuverlässig, was die Länge der Toppgaffen anbelangt. Aber da gibt es einen unfehlbaren Trick: Die Achterlieken von Gaffel- und Toppgaffelsegel standen immer *in einer geraden Linie*, die Gaffelnocken ebenso! Konkret können Sie also mit einem Lineal, das Sie zwischen der Nock des Gaffelbaums und der Nock des Toppgaffelsegels anlegen, auch die exakte Länge einer Toppgaffel ermitteln.

Amerikanisches Kanonenboot mit „Periagua"-Takelage – im 16. bis 19. Jahrhundert in der Karabik höchst beliebt und auch von den USA an der Nordostküste gerne übernommen. Die Bezeichnung „Periagua" wurde im New Yorker-Slang zu „Perry-Auger". Deutlich zu sehen das Perd am äußeren Gaffelbaum.

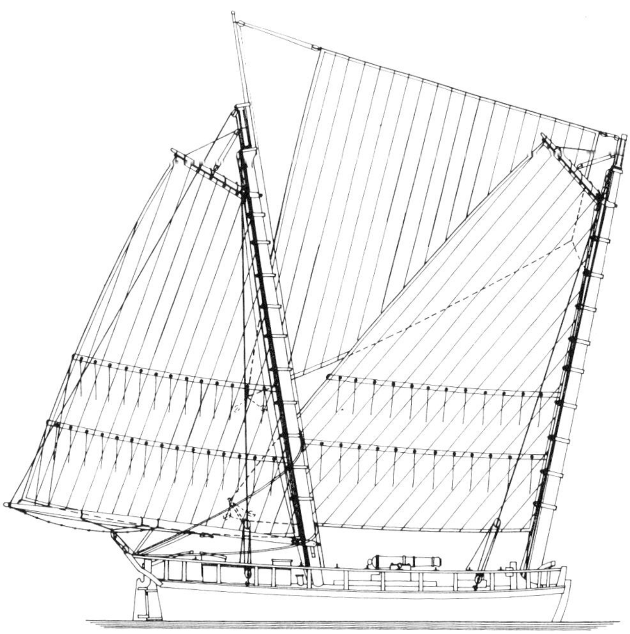

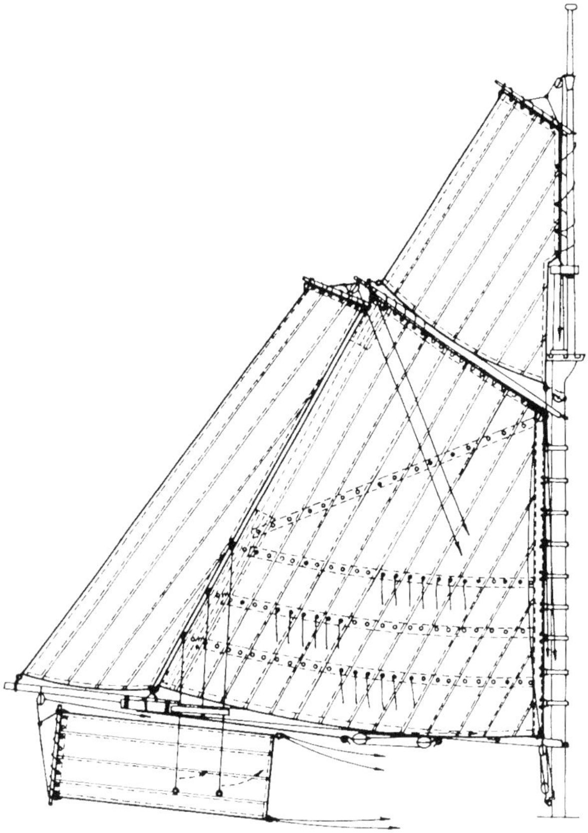

Besanmast mit Gaffelsegel, Toppgaffelsegel, Treiber und Wassersegel. (Zeichnung von Karl Heinz Marquardt, Montose/Victoria AUS)

Spreizgaffel

Sie war seit der Antike bekannt und erfreute sich sowohl im Mittelmeer wie in Nordeuropa bei kleineren Schiffen durchaus hoher Beliebtheit, war aber gelegentlich sogar in China anzutreffen.
Ihr Fuß wurde gewöhnlich im unteren Siebtel des Mastes mit einem Tau- oder Korallenrack angeschlagen und reichte dann schräg nach oben bis zum Nockhorn des zugehörigen Segels, um dieses entsprechend ausspreizen zu können.
Ihre Dimensionen entsprachen in etwa der einer lateinischen Besanrute.
Da sie nur auf kleineren Schiffen und auf Booten gefahren wurde, gehört sie eigentlich gar nicht wirklich in dieses Buch, sollte aber trotzdem, weil sie so bekannt ist, hier erwähnt werden.
Weiteres s. Band 5 Boote und Kleinfahrzeuge und Band 11 Allerlei Exoten.

Reservespieren und Reservemarsen

Jedes Schiff führte eine ganze Anzahl von Reservespieren mit und es ist verwunderlich, weshalb man sie auf Modellen so selten sieht!

Reservespieren

Spätestens seit den frühen Entdeckungsfahrten in der zweiten Hälfte des 15. und dem frühen 16. Jahrhundert waren sie für das „Überleben" eines Schiffes ganz einfach unumgänglich, wenn da im Sturm eine Rah oder gar ein Mast brach! Die Türen im Bugschott (s. Band 3 Der Rumpf S. 356–360) hatten übrigens keineswegs nur den Sinn die Matrosen „zum Pinkeln" bequem auf das Galion zu lassen, sondern vor allem die langen, auf der Kuhl liegenden Reservehölzer, vernünftig aus dieser heraus manövrieren zu können!

Bis Anfang des 18 Jahrhunderts ist zwar nicht bekannt, welche Reservespieren mitgeführt wurden. Es ist allerdings anzunehmen, dass sie sich – minus ein oder zwei – kaum von jenen „offiziellen-amtlichen" des 18. und 19. Jahrhunderts unterschieden.

Hier also eine Aufstellung der im 18. und der ersten Hälfte des 19. Jahrhunderts mitgeführten Reservespieren:
Kriegsschiffe: 1 × Großstenge, 1 × Fockstenge, 1 × Großrah, 1 × Fockrah, 1 × Großmarsrah, 1 × Fockmarsrah, 1 × Klüverbaum; eventuell 1 × Bramstenge, 1 × Gaffel.

Das spanische 50-Kanonen-Schiff Nuestra Señora del Pilar von 1731. Die Lagerung der Reservestengen ist historisch optimal dargestellt!
(Nahezu tadelloses Baukastenmodell im M 1:46 von OcCre, Mataró-Barcelona, im Vertrieb bei corona.net)

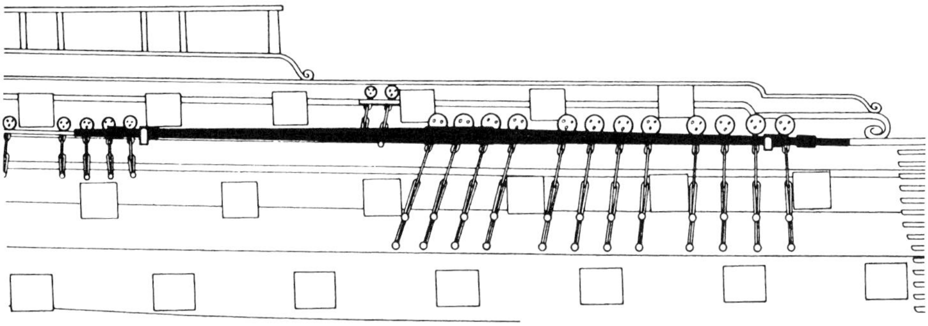

An Groß- und Besanrüste befestigte Reserverahen im 18. Jahrhundert bei französischen und spanischen Großschiffen.

Handelsschiffe große Fahrt: 1 × Großstenge, 1 × Bramstenge, 1 × Unterrah, 1 × Großmarsrah, eventuell 1 × Klüverbaum, 1 × zweite Marsrah, 1 × Gaffel.
Handelsschiffe atlantische Fahrt: 1 × Großstenge, 1 × Unterrah, 1 × Marsrah, eventuell 1 × Klüverbaum, 1 × Bramstenge, 1 × Gaffel.
Handelsschiffe Küstenfahrt: 1 × Stenge, 1 × Rah (meist Marsrah).

Gestaut wurden die Reservespieren gewöhnlich in der Kuhl neben dem Großluk bzw. der Großgräting. Bei allen Reservespieren wurden kleine Vierkanthölzer untergelegt, um sie trocken und „luftig" zu halten, damit sie sich nicht etwa durch Wasser und Sonne verziehen konnten.
In Frankreich wurden im 18. Jahrhundert die großen Reserverahen von Kriegsschiffen auf den Großrüsten gestaut (s. Band 4 Die Ausrüstung Kap. Rüsten). In Großbritannien war es vielfach üblich, die großen Reservespieren mit dem einen Ende auf dem Backdeck und mit dem anderen Ende auf dem Kampanjedeck aufzulegen, so dass sie frei die Kuhl überspannten. Auf diesen Reseverahen wurden dann die Beiboote verstaut (s. Band 4 Die Ausrüstung Kap. Beiboote). Nach dem ersten Drittel des 19. Jahrhunderts wurden kleinere Reservespieren gerne auch auf den Hüttendächern gestaut und in der Regel mit Segeltuch abgedeckt, um sie gegen das Wetter zu schützen.

Reservemarsen

In der zweiten Hälfte des 17. Jahrhunderts war es vielfach üblich auf niederländischen Schiffen bzw. solchen niederländischer Bauart, zwei Reservemarsen seitlich an der Bordwand im Bereich von Pupp- oder Kampanjedeck zu fahren. Da diese jedoch in einem Gefecht extrem dem feindlichen Beschuss ausgesetzt waren, waren sie oft schon kaputt, ehe man sie im Ernstfall benützen konnte. So wurden diese Reservemarsen weder von England noch Frankreich übernommen und verschwanden Ende des 17. Jahrhunderts auch auf niederländischen Schiffen wieder. Originalabbildungen s. S. 212; s. auch Band 1 Modelle und Vorkenntnisse S. 72 das Heck des von H. Ritter bis auf die Schnitzereien durchaus guten Modells eines kurbrandenburgischen Kriegsschiffes um 1680.

Immerhin ein guter Ansatz bei einem Baukastenmodell der HMS Neptune Ende des 17. Jahrhunderts. Wenn auch nicht so ganz historisch korrekt – für die absolut notwendigen Reservespieren zwischen Back und Schanz bzw. „Lagergalgen" – entsprechende Stützen. Schade, dass das Modell im Maßstab 1:90 zu klein ist, um wirklich Details zeigen zu können! (Baukastenmodell der Firma Corel, Mailand)

Holländische Fleute (Handelsschiff) mit teilweise abgebrochenem Galion im Eismeer auf Waljagd Mitte des 17. Jahrhunderts. (Radierung von Reiner Nooms/Zeeman im Museum Boymans-Van Beuningen, Rotterdam)

Holländisches Kriegsschiff zweite Hälfte des 17. Jahrhunderts. (Radierung von C. Dankerts, Amsterdam)

Holländisches Kriegsschiff zweite Hälfte des 17. Jahrhunderts. (Radierung von Jan van de Avele, Amsterdam)

Die Schiffe zeigen alle Reservemarsen am Achterschiff außenbords. (Diese Zeichnungen wurden von niederländischen, aber auch deutschen Verlegern jener Zeit, vielfach gerne kopiert, genauer gesagt „geklaut“. So auch von Cornelis van Yk in seinem Standardwerk „De Nederlandsche Scheeps-Bouw-Konst open gestelt“, Amsterdam 1697)

Firmenliste

„aero-naut" Modellbau
Modellbauholz und optimaler Lieferant für Klein- bzw. Beschlagteile.

ARCOWOOD
Wenn es um Holz für historische Schiffsmodelle geht, zweifellos die „Nummer 1" in Deutschland!

Baumärkte aller Art
In ihren Holzabteilungenfinden sich zwar kaum brauchbare Leisten, allerdings preiswerte Rundholzstäbe (meist aus Ramin) in allen erdenklichen Durchmessern.

CALDER CRAFT
Viele erstklassige Baukastenmodelle.

Corel
Gilt, von einigen Ausrutschern abgesehen, als die beste Baukastenfirma.

Krick
Vertreibt nicht nur Baukästen etwa von CALDER CRAFT, COREL u. a., sondern auch Holz und Beschlagteile.

SELVA
Obwohl eigentlich auf Uhren spezialisiert, ist die Firma eine wahre Fundgrube, zumal an Werkzeugen für jeden Schiffsmodellbauer.

Genaue Anschriften/Internet-Adressen können Sie etwa in Band 3, DER RUMPF, S. 427 ff. entnehmen.

Bildnachweis

Amsterdam, Nederlandsch Historisch Scheepvaart Museum: 56
Amsterdam, Jan van de Avele: 212 (unten)
Amsterdam, C. Dankers: 212 (Mitte)
Amsterdam, Reiner Nomms/Zeeman: 212 (oben)
Amsterdam, Cornelis van Yk nach Pieter Breughel: 50
Annapolis/Maryland, United States Naval Academy: 131
Athen, Graphitti am „Tessalion“: 29
Athen, Hellenic Maritime Museum, N. Kalogeropoulos: 29
Augsburg, Peter Rückert (Foto): 70, 86
Augsburg, Werner Zimmermann: 40,47, 54, 97 (Mitte und unten), 99, 101 (oben rechts), 103, 104 (oben und Mitte), 108
Barnstaple/Devon, Arlington Court: 132, 145
Bayeux, Musée de la Tapisserie de la Reine Mathilde: 98 (unten)
Bergen, Bryggens Museum: 97 (oben)
Berlin, Deutsches Technikmuseum: 117, 180, 181, 183, 209
Birmingham, Birmingham Museums and Art Gallery, Willem van der Velde d. J.: 114
Bourg en Bresse, Foto Gérard Piouffre: 38
Bremervörde, Freerk de Vries: 32, 135
Calgari, Museo Archeologico: 94
Cambridge, Trinity College: 149
Dasing, Peter Holz: 183, 203 (unten)
Delos, Haus des Dionysos: 101 (unten)
Edinburgh, Royal Scottish Museum: 109
Florenz, Uffizien, Lorenzetti: 59 (oben)
Genua, Bildarchiv Antchitata belle arti e storia: 139 (oben)
Greenwich, Cutty Sark: 70, 86
Greenwich, James Lees: 66–68, 80 (unten), 125 (oben rechts), 194 (Mitte links)
Greenwich, National Maritime Museum: 119
Greenwich, National Maritime Museum, John Payne: 88/89
Grenoble/Paris, Jean Boudriot: 64 (oben), 79 (unten), 189
Groitwich, Firma Calder Craft: 164
Hamburg, Internationales Maritimes Museum (Sammlung Peter Tamm): 129, 133
Hohenfurch, Wolfram zu Mondfeld: Fotos und Modelle: 22, 43, 65, 102 (oben rechts), 117, 180, 181
. Alle Zeichnungen und Abbildungen, so nicht anders ausgewiesen.
Kopenhagen, Dänisches Nationalmuseet (Foto Werber Forman Archive, London): 95 (oben links)
Kopenhagen, P. L. Maak: 160
Le Bardo, Musée National du Bardo: 98 (oben)
Leipzig, Friedrich Gröben nach G. S. Nares: 136
Leipzig, G. Nares: 142, 145
Lindos/Rhodos: 102 (oben rechts)
London, British Museum: 57, 95 (oben Mitte), 144, 162, 163, 167
London, Science Museum: 11, 115, 128, 177
Madrid, Bibliothek des Escorial: 58 (unten), 100 (oben)
Madrid, Bibliothek des Escorial, Juan de la Cosa: 104
Madrid, Museo Naval: 143
Mailand, Corel: 196, 211

Mailand, Mantua Model: 197
Mataró-Barcelona, Firma Ocio Creativo: 209
Montrose/Victoria, Karl Heinz Marquardt: 53, 84 u. 85 (teilweise), 126 (unten), 176, 188, 208
Nantes, Musée du Château des Duces de Bretagne: 33
Neapel, Museo Nazionale: 102 (Mitte)
Oldenburg, Wallmuseum (Foto H. Menzel): 46
Oslo, Universitetets Oldsaksamling: 95 (unten links), 96 (oben)
Padua, Basilika St. Antonio: 48
Paris, Bibliothèque Nationale: 44, 58 (oben), 203 (oben)
Paris, Bibliothèque Nationale, Jean Froissant: 34
Paris, Bibliothèque Nationale, Toudouze: 41
Paris, Musée de la Marine: 82, 139 (unten), 173
Pisa, Schiefer Turm: 58 (Mitte)
Polling, Elisabeth Gaudlitz-Holzschuher: 51
Portmouth/Hampshire, Royal Naval Museum: 76
Ravenna, S. Giovanni Evangelista: 29
Rom, Musei Capitolini: 102 (unten)
Salem/Mass., Peabody Museums: 175, 190 (unten), 200
St. Petersburg, Zentrales Marinemuseum: 204
Stockholm, Fredrik Henrik af Chapman: 18–23
Stockholm, Björn Landström: 107
Stockholm, Statens Historiska Museum (Foto Studio Granath): 95 (oben rechts)
Stockholm, Statens Historiska Museum: 96 (unten)
Ulm, Gulielmo Caoursin: 60
Venedig, Erzbasilika St. Marco (Foto Archivo Tesoro di San Marco): 29, 31
Visby, Gotlands Fornsal: 96 (Mitte)
Washington/DC, Library of Congress: 190 (oben)
Wyk auf För, Foto Walter Lüden: 105 (oben)
Wolfsburg, Karl-Heinz Noldt: 55
Yale, Beinecke Rare Book and Manuscrpit Library, Yale University: 30

?: 45, 174
?, Giovanni di Milano: 59 (unten)
?, Anton Koberger: 100 (unten)

Enzyklopädie des historischen Schiffsmodellbaus

von Wolfram zu Mondfeld / Barbara zu Wertheim (Hrsg.)

Als nächster Band der Reihe erscheint:

Band 9
Stehendes Gut

Best.-Nr. 50-09

Übersicht

Band 1
Modelle und Vorkenntnisse
(lieferbar)

Band 2
Material und Werkzeug
(lieferbar)

Band 3.1 und 3.2
Der Rumpf ***(lieferbar)***

Band 4
Die Ausrüstung

Band 5
Boote und Kleinfahrzeuge

Band 6
Sichtbare Schiffsmaschinen

Band 7
Masten und Rahen
(lieferbar)

Band 8
Taue, Blöcke und Segel
(lieferbar)

Band 9
Stehendes Gut

Band 10
Laufendes Gut

Band 11
Allerlei Exoten

Band 12
Flaggen, Lexikon und Nachträge

Band 1
Modelle und Vorkenntnisse

Umfang 120 Seiten
Abbildungen 133
Best.-Nr. 50-01
Preis € 16,80 [D]

Band 2
Material und Werkzeug

Umfang 160 Seiten
Abbildungen 394
Best.-Nr. 50-02
Preis € 22,– [D]

Band 3.1
Der Rumpf

Umfang 220 Seiten
Abbildungen 520
Best.-Nr. 50-3.1
Preis € 29,80 [D]

Band 3.2
Der Rumpf

Umfang 212 Seiten
Abbildungen 530
Best.-Nr. 50-3.2
Preis € 29,60 [D]

Kombi-Angebot:
Band 3.1 und Band 3.2
Best.-Nr. 50-03 Preis € 56,– [D]

Band 7
Masten und Rahen

Umfang 216 Seiten
Abbildungen 760
Best.-Nr. 50-07
Preis € 29,70 [D]

Band 8
Taue, Blöcke und Segel

Umfang 152 Seiten
Abbildungen 570
Best.-Nr. 50-08
Preis € 21,40 [D]